The Unexpected Truth about Animals

子どもには聞かせられない
動物のひみつ

ルーシー・クック Lucy Cooke　小林玲子 訳

青土社

子どもには聞かせられない動物のひみつ

目次

自然界の奇跡に目を開かせてくれた父の思い出に

子どもには聞かせられない動物のひみつ

序文

「ナマケモノって、あんなにどんくさいのにどうして絶滅しないんですか?」

動物学者にしてナマケモノ愛好協会代表であるわたしは、しょっちゅうそう問いかけられる。「どんくさい」がより細かく定義されていることもあり、いつも変わらず好まれるのは「ぐうたら」、「バカ」、「のろま」だ。質問にはこんな補足がついていたりもする。「進化って、要するに『適者生存』のことだと思っていました」。そう口にする相手は戸惑いの表情を浮かべていることもあれば、自分たちのほうがより優れた種だという傲慢さを漂わせていることもある。

そんなふうに訊かれるたびに、わたしは深々と息を吸って、精いっぱい落ちつきを保ちながら、ナマケモノはどんくさくなんかありません、と答える。どんくさいどころか、自然界に最もユニークな方法で適応した動物の一種で、非常にうまくやっているのだ。木の上を移動する速度はカタツムリ程度、全身を藻類で覆われ、虫にたかられ、週に一度しか排便しないというのは、たしかに憧れを集める生きかたとはいえないが、そう批判するわたしたちは中南米の過酷な森で生き延びようとしているわけではない。いっぽうナマケモノは、そんな環境で巧みに命をつないでいる。

わたしはナマケモノが大好きだ。生まれたときからニコニコしていて、抱きしめたくなるような動物なのだから。

動物を理解しようとするとき、鍵になるのは背景だ。

ナマケモノがぐうたらに見えるのは、極限まで耐久力を高めようとしているからだ。彼らは低エネルギー生活のお手本で、環境に適応するため何百年もかけて磨きあげたエネルギー節約のスキルの数々は、史上最も風変わりにして創造性豊かな発明家の名前にふさわしい。でも今、そのスキルの全貌を明らかにするのはやめておこう。ナマケモノの創意工夫に満ちた暮らしぶりについては、第三章で詳しく述べている。ここでは、わたしには形勢不利な動物の味方をしたくなる癖があるとだけ言っておこう。

ナマケモノの評判の悪さを見かねて、わたしはとうとうナマケモノ愛好協会を設立してしまった。（協会のモットーは「速いからって威張るな」）散々こき下ろされる彼らの意外な真実を伝えようと、各地を回って講演を重ねた。ナマケモノが悪く言われるようになったのは、十六世紀の探検家たちに原因がある――もの静かな菜食主義者および平和主義者であるナマケモノに、わざわざ「地球上に存在する最も愚かな動物」という烙印を押した男たちに。本書はわたしのこれまでの講演と、正確な事実を伝える必要性から生まれた。ナマケモノだけでなく、ほかの動物に関する真実も伝えていきたい。

わたしたちはどうしても、人間のごく限定された生きかたというレンズを通して動物の王国を眺めてしまう。ナマケモノの樹上生活はたしかに変てこで、ほかの動物とくらべて誤解が生じやすいのも無理はないが、彼らだけがおかしいというわけではない。動物の生態は千差万別、わたしたちの知らないことだらけで、一見単純な話でさえ複雑な背景を理解しなければいけないのだ。

進化という名の神は論理を欠いた不可解な動物たちをこしらえ、ろくに理解の手がかりも与えないという悪ふざけをする。鳥まがいのコウモリという哺乳類。魚まがいのペンギンという鳥類。謎に包まれた生殖活動をおこなうウナギに至っては、二千年に渡って人類を姿の見えない生殖腺探しに駆りたて、狂気の淵まで追いつめた。今でもウナギ研究者たちは、その淵のあたりをさまよっている。動物はそう簡単に秘密を明かしてくれない。

*

ダチョウにしてもそうだ。一六八一年二月、イギリスの知の巨人サー・トーマス・ブラウンは、宮廷お抱えの医師だった息子エドワードに手紙を書き、いっぷう変わった願いごとをした。エドワードはモロッコ王がチャールズ二世に贈ったダチョウを一羽、下賜（かし）されたところで、熱心な博物学者のサー・トーマスはその大きな舶来の鳥に強い興味を抱き、生態について報告してほしいとねだったのだ。ガチョウと同じくらい用心深いのか？　スイバは喜んで食べるが、ローリエは嫌うというのは本当か？　鉄は食べるのか？　三つめの問いについては、ソーセージロールのごとくパンで鉄を包んで実験したらどうか、とサー・トーマスは親切にも息子に助言した。「鉄のままでは食べないかもしれない」

奇妙なレシピの提案にも、ちゃんとした科学的な意義はあった。サー・トーマスはダチョウがどんなものでも胃に収め、鉄さえ消化してしまうという昔からの言い伝えを検証したかったのだ。ある中世ドイツの学者によると、ダチョウは悪食（あくじき）もいいところで、「教会の扉の鍵や蹄鉄を平らげた」という。ダチョウはイスラム教国の首長やアフリカ大陸の探検家からの贈りものとして、ヨーロッパの宮廷によく登場したので、歴代の熱心な科学者たちがこの異国の鳥にハサミ、釘、そのほか金属類をどっさり与えていた。

一見して正気の沙汰とは思えない実験だが、一皮めくれば科学者たちもそれほど的外れなことをしていたわけではなかった。ダチョウは鉄などを消化できないかわりに、鋭くとがった巨大な石を呑みこむことがある。理由は以下のとおりだ。世界最大の鳥類ダチョウは、長年をかけていささか変わった草食動物に進化し、消化に悪い草や灌木を主食にするようになった。そのいっぽう、同じアフリカの大地で植物を食べて過ごすキリンやレイヨウと異なり、反芻のできる胃袋は持っていない。歯さえ生えていないのだ。おかげで彼らはくちばしを使って地面から繊維質の草をむしり取り、丸呑みしなければいけない。では、筋ばったご馳走はどうするのかというと、消化器官の一つである砂肝に呑みこんだ石が溜まっているので（科学的には「胃石（いせき）」と呼ばれる）、それを使ってすりつぶし、消化しやすい形状に変えるのだ。体内に合計一キロもの胃石を抱えてサバンナを闊歩していることもあるダチョウを理解するにも、やはり大切なのは背景だ。

それと同時に、科学者が何世紀もかけて動物の真実を追い求めてきた背景も理解してやらなくてはいけない。サー・トーマスのようないささか風変わりな動物マニアが、本書にはほかにも大勢登場する。十七世紀には自然発生説にもとづき、糞の山にアヒルの死骸を載せてカエルを作ろうとした物理学者がいた（当時はそんな生命のレシピが流行していた）。また、あるイタリア人の神父は「007」シリーズの悪役にぴったりのラザロ・スパランツァーニという名前で、振る舞いもその響きにふさわしく、科学の名のもとにハサミを駆使して動物の被験者にオーダーメイドのズボンを作ったり、耳を切断したりしていた。

彼らはまだ啓蒙時代が始まって間もないころの科学者だったにしても、より最近の科学者も、真実を求めて変てこで誤った手段に頼ることがあった。たとえば二〇世紀のアメリカ人精神薬理学者は、好奇心のおもむくままゾウの群れにアルコールを与えて泥酔させ、案の定ひどくおぼつかない実験結果を得た。いつの時代にも妙ちきりんな研究者が絶えることはなく、これからもそういった人間は大勢あらわれるだろう。人類は最小単位といわれた原子を分割し、月を征服し、ヒッグス粒子の存在を突き止めたが、動物を理解する道のりはまだ長いのだ。

これまでの道のりで人間が犯してきたあやまちに、わたしはひどく興味をそそられる。知識の穴を埋めようとこしらえられた神話も魅力的だ。それらは新発見が成立する過程と、発見に関わった人間の思考形態についていろいろと教えてくれるからだ。カバが皮膚から赤い液体を分泌するのを見た大プリニウスは慣れ親しんだ理屈、すなわちローマの医学に答えを求め、健康を保つため瀉血（しゃけつ）しているのだと考えた。瀉血とは血液を体の外に出すことで症状を改善するという治療法で、現在は効果を否定されているものの、ローマ時代は一般的だったのだから無理もないだろう。大プリニウスは間違っていたが、カバの赤い「汗」をめぐる真実は古い神話に負けず劣らず不可思議だ。おまけに実際、その液体は健康に効果があるといえるのだ。

動物をめぐる大いなる誤解の数々にメスを入れていると、微笑ましい理屈が姿をあらわしてくる。世界の大半が謎に包まれていて、何が起きても不思議ではなかった時代にタイムトリップし、どこまでも素朴だった当時の精神にふれたような気分になる。渡り鳥が月に行ってはいけない理由はなんだろう。ハイエナは季節ごとに性転換するかもしれないし、ウナギが泥から生えてきたってかまわないではないか。のちに明らかになる真実も、同じくらい突飛なのだから。

最高にナンセンスな動物の神話が続出したのは、ローマ帝国が崩壊し、誕生したばかりの博物学がキリスト教に乗っ取られた中世だった。当時は動物が主役を務める物語の花盛りで、動物の王国を解説したこのころの本は、想像力を問われる図版と不可思議な動物の宝庫だ。たとえばツバメラクダ（現在のダチョウ）、ラクダヒョウ（現在のキリン）、ウミノシキョウ（半分司教で半分魚の生きもの）などが登場する。これらの物語に、動物の生態を明らかにしようという深い意図があるわけではなかった。どの物語もたった一冊の資料、すなわち四世紀の教本『フィシオロゴス』を典拠とし

中世では一般的に、陸の動物には必ず海の中に分身がいると信じられていた。ウマにはウミウマ、ライオンにはウミライオン、司教には・・・ウミノシキョウ。上の怪しげな聖職者はコンラッド・フォン・ゲスナーの『動物誌』（1558）収録。ポーランド沖で目撃されたそうだ（『ドクター・フー』のセットから抜け出してきたように見える）

ていたが、それは民話に一握りの事実をまぶし、宗教的寓意を大量に混ぜたようなしろものだったのだ。『フィシオロゴス』は中世において聖書に次ぐ大ベストセラーになり、十を超える言語に翻訳され、エチオピアからアイスランドまで途方もない動物の伝説を広めた。

『フィシオロゴス』はセックスと罪に関するみだらな逸話の宝庫で、教会の図書室に置くために写本し、挿画を描きながら、修道士たちはさぞかし楽しんでいたことだろう。不可解な動物たちが次から次へと登場する。口から受精し、耳の穴から出産するイタチ。すさまじい臭いのおならで狩人を撃退するバイソン（中世の名称は「ボナコン」）。狩人たちは朦朧としながら引きさがったという（似たような経験は誰しもあるだろう）。発情期にひととおり性欲を満たすと、ペニスが抜けかわる牡ジカ。そこには少なくない数の教訓が含まれていて、動物寓話という形で大勢の教区民に伝えられた。なんといっても、神が創造したすべての生命のうち、人間だけが無垢を喪失したのだ。写本に携わった職人たちにとって、動物の王国とは人間を教え導くための存在だった。そんなわけで彼らは『フィシオロゴス』の記述の正しさを検証するかわりに、動物の中に人間的な性質を、その行動の中に神が紛れこませた道徳的な規範を見出そうとした。

おかげで寓話に登場する動物のいくつかは、およそ原形を留めない。たとえばゾウは最も貞節にして賢明な動物とされ、「優しくおとなしい」のでゾウだけの宗教を持っているとされた。ネズミのことを「ひどく憎む」いっぽう、郷土愛に満ちていて、母国のことを思い浮かべるだけで涙を流したという。性的なことがらに関しては「最も貞節」で、三百年という長い一生を通して伴侶に忠実だとされた。不貞を忌み嫌い、そのような行為に耽っている仲間を見つけたら罰を与えたそうだ。

一夫多妻制を謳歌している平均的なゾウが聞いたら、腰をぬかすことだろう。

＊

動物を人間の鏡として扱い、教訓を引きだしたがる傾向は、啓蒙主義の時代を迎えてもいっこうに絶えなかった。このジャンルにおける最大級の罪人で、なおかつ本書における最大級のスターといえば、高名なフランス人の博物学者ジョルジュ゠ルイ・ルクレール・ド・ビュフォン伯だろう。偉大なる伯爵は科学革命を代表する人物で、教会の影響のもとにあった博物学を独立させようとした。そのいっぽうで彼の遺した全四十四巻の事典は、滑稽なほど宗教にどっぷり浸かった書物で、当時の解説文の形式にのっとって書かれた華麗な散文は、科学的分析というより通俗小説のようだ。その生きかたが気に入らないナマケモノのような動物は「創造物のなれの果て」と容赦なく切り捨て、お眼鏡にかなった動物は大げさなほど称賛した。どちらの種類の記述も微笑ましいほどでたらめだ。ビュフォン伯はビーバーを一匹飼っていて、第二章で詳しく紹介するように、その勤勉ぶりにいたくご満悦だった。でも真実を知ってしまえば、偉大なビュフォン伯もただの道化にしか見えなくなるだろう。

動物を擬人化したいという欲求は、現代でもよく見られる。パンダのたまらない愛くるしさについ保護本能を刺激され、冷静な判断力を失ってしまうというようなことだ。パンダは不器用でつつしみ深く、人間の助けなしには生き延びられないというわけだ。でも実際のところ、彼らは強力な顎をもつサバイバルの達人で、乱交を好む。

わたしは九〇年代前半に、偉大な進化生物学者リチャード・ドーキンス博士のもとで動物学を学び、生きものどうしの遺伝子的な類似性をもとに世界を構築する方法を教わった。その共通性の程度によって、行動パターンも似たり似なかったりするというわけだ。ただし、わたしが学んだことの一部は最近の研究によって既に更新されていて、ゲノムが細胞レベルで読みこまれる過程そのものも、その内容と同じくらい重要だとされている。人間とギボシムシはDNAが約七十パーセント一致しているのに、人間だけがパーティの席で冗談を飛ばすことができるのはそういうわけだ。つまりわたしを含む歴代の科学者が、先人より動物のことをよく知っていると自負しているものの、本当はまだわかっていない事柄も多々あるということだ。おおかたの動物学は、知識にもとづいた当てずっぽうといってもいいだろう。

ただしテクノロジーの進化のおかげで、その当てずっぽうも精度を増している。わたしは自然に関するドキュメンタリーを作ったり、TV番組の司会を務めることがあり、おかげで真実を掘りおこそうと最前線で研究にあたる世界の科学者たちに会う機会に恵まれた。マサイマラ国立保護区では動物のIQテストを行う科学者を取材し、中国では「パンダ・ポルノ」の商人に話を聞き、ナマケモノのお尻の穴に突っこむ体温計（ちゃんと科学的な意図がある）を発明したイギリス人や、世界初のチンパンジー語辞書の編纂に取りくむスコットランド人にも会った。わたし自身、ヘラジカはアルコール依存症という噂の真偽を追い、ビーバーの「睾丸」をかじり、カエルが原料の媚薬を飲み、ハゲワシの群れと空を飛ぼうと崖から身を投げ、片言のカバ語を口にした。こうした経験のおかげで、動物の知られざる真実の数々に触れ、動物科学の現在地を実感することができた。以降の章では動物に関する驚きの事実を紹介しつつ、偉大なるアリストテレスからウォルト・ディズニーのハリウッドの末裔まで、さまざまな人間が生みだしてきた動物の王国に関する大いなる誤解、誤謬、神話を一挙公開し、本書を「誤解された動物たちの庭」としたい。

それでは、奇想天外な物語をお聞きいただこう。ただし、すべてが本当の話とはかぎらないのをお忘れなく。

第１章

ウナギ

その誕生と生態について、これほどの誤解や馬鹿げた逸話を持つ動物はほかにない。

レオポルド・ヤコビー『ウナギの論点』(一八七九年)

アリストテレスはウナギに悩まされていた。

何回身を切り開いても、偉大なギリシャ人哲学者には生殖器の痕跡が見つけられなかったのだ。レスボス島の研究室で解剖したほかの魚にはどれも、目立つところに美味しそうな卵があり、体内とはいえわかりやすい場所に精巣があった。ところがウナギときたら、生殖器の影も形もなかった。そんなわけで紀元前四世紀、同時代の誰より論理的な自然哲学者だったアリストテレスも、自身初の動物本の中ではこう結論するしかなかった。「ウナギは幼生として生まれてくるのでも、卵として生まれてくるのでもなく」、「地球の胎内から生まれる」。つまり泥から自然発生的に生まれてくるというわけだ。湿った砂を掘ると見つかるミミズの糞は、アリストテレス曰く、地上に芽吹こうとするウナギの胚だった。

アリストテレスは人類初の本格的な科学者にして動物学の父で、何百種類もの動物を正確かつ科学的に観察した。でも、ウナギには騙された。しかたないだろう——のらりくらりと秘密を隠すのが、特別うまい生きものなのだから。泥から生まれるという発想も秀逸だったが、真実はさらに斜め上をいっている。いわゆるヨーロッパウナギ、学名アンギラ・アンギラの一生は、大西洋でいちばん深く塩辛いサルガッソー海の奥底の藻に卵を産みつけられるところから始まる。米粒ほどの大きさもないその生命のかけらは、長くて三年かかる放浪の旅を経てヨーロッパの川にたどりつき、その間にネズミがネコになるくらいの大変身を遂げている。川に到着したあとは何十年も泥のなかで過ごし、ひたすら体を肥やして、母なる大西洋に帰還する六千キロの過酷な旅に備える。そうして最後に、うっそうと暗い大陸棚の陰で卵を産み、息絶えるのだ。

要するにウナギが性的に成熟するのは、その驚異的な生涯の果てに起きる、四度目にして最後の変身のときなのだ。そのせいで誕生の過程があやふやになり、神秘的な生きものにされてしまったのだろう。何世紀もの間、ウナギの謎は国どうしの競争を引きおこし、人類を大海原の果てに向かわせ、動物学の歴史に残る優秀な頭脳を苦しめた。誰もが競いあって奇抜な説をひねり出しては、ウナギの出生の秘密を解こうとした。でも、どれほど奇抜でも、ヨーロッパウナギの奇妙な真実をしのぐ物語はない。ウナギを餓死させてしまったナチス、憑かれたように生殖腺を探した海洋学者、AK-47を持った漁師、世界一有名な精神分析学者、そしてわたし自身など、物語の種は尽きないにしても。

*

子どものころ、わたしもウナギに興味津々だった。七歳のころ、父が古いヴィクトリア朝風のバスタブを庭に埋めこんでからは、人間の沐浴用に滅菌されたその器を雑多な生きものが暮らす池に作り替えることに夢中になった。のめり込みやすい性格の子どもだったわたしは、その作業に全身全霊を傾けた。日曜になると、父にロムニー・マーシュという名前の沼地に連れていってもらい、古いレースのカーテン二枚で父がこしらえた網を使って、せっせと水中の生きものをすくい続けた。夕方ごろには、ヴィクトリア朝の探検家顔負けの高揚感に浸りながら、意気揚々と帰宅するのだった。父の古びた小型トラックの後部座席では、わたしの王国の一員になるその日の収穫(ワライガエル、スベイモリ、トゲウオ、ミズスマシ、アメンボウ……)が水に揺られていた。ぜんぶ二匹ずついて、種類の確認がすむと、わたしのバスタブ・パーティに参加させられた。残念なことに、そこにウナギはいなかった。愛用の網にはかかるのだが、つるつる滑るウナギをバケツに移すのは、水をつかもうとするようなもので、捕まえるたびにずるりと抜けだして、安全な場所へと逃げられてしまった。水から出た魚というより、ヘビのようだった。とらえどころのない生きものだ。彼らを捕獲するのがわたしの人生の目的になった。

何も気づいていなかったのだが、もし万が一目的を達成していたら、ウナギはわたしのパーティの参加者を片っぱしから食べて、素敵なバスタブ・パーティに終止符を打っていただろう。一生のうち、淡水で過ごす時期のウナギは、肉体改造に励むアスリートのように体を作って、子孫を残すためサルガッソー海に戻る長い旅に備える。そのためには動いているものなら何でも食べるし、共食いも厭わない。その恐るべき食欲の全貌は一九三〇年代後半、パリで二人のフランス人科学者が行ったグロテスクな実験によって明らかになった。二人は千匹のシラスウナギ、つまり体長八センチメートル程のウナギの稚魚を水槽に入れた。稚魚には毎日きちんと餌が与えられたのに、一年後に残っていたのはわずか七十一匹で、それぞれが三倍くらいの大きさになっていたという。三ヶ月後、地元の記者が「共食いの日常」と評した光景の果てに、一匹のチャンピオンが残された。優に三十センチはあるメスのウナギだ。彼女はひとりぼっちで四年生きながらえたあと、パリを侵略したナチスのせいで不慮の死を遂げた。ナチスのせいで、みんな彼女に餌を与えるどころではなくなってしまったのだ。

恐怖の共食い物語は、過去の博物学者たちを震えあがらせることだろう。ウナギは無害な菜食主義者で、なかでも豆類に目がないと信じていたのだから。豆好きのあまり水の世界を出て、汁気たっぷりのご馳走を求めて陸をさまようとまでいわれていた。この手の話のおおもとは、十三世紀のドミニコ会修道士アルベルトゥス・マグヌスで、著書『動物について』にはこう書かれている。「ウナギは夜になると陸に上がり、エンドウ豆やレンズ豆を探す」自然派を志すヒッピーのような食生活だ。そんな説は一八九三年になってもまだ信じられていて、『スカンジナビアの魚の歴史』の著者は、美味しそうな効果音つきの解説文を披露した。ハミルトン伯爵夫人の地所を浸食したウナギたちは、「餌をむさぼり食うブタのように、ぴちゃぴちゃ舌鼓を打ちながら」豆を食べてしまったというのだ。食事のマナーはさておき、伯爵未亡人のウナギたちは女主人の地位にふさわしく舌が肥えていて、「柔らかく汁気のある皮」だけ食べて残りは捨てていったらしい。確かにウナギはぬるぬるとして皮膚呼吸ができる体表のおかげで、四十八時間水から出ていても死なないが(日照りのとき水辺に移動するための能力だ)、舌鼓を打ちながら豆を盗み食いしたという逸話はいかにも眉唾ものだ。

食べ盛りの淡水期、ウナギはたしかに相当大きくなるが、過去の博物学者が主張したほどではない。「逃した魚は大きい」という諺(ことわざ)のとおり、魚はほら話の種になりやすいようだ。古代ローマの偉大な博物学者、大プリニウスは大著『博物誌』に「ガンジス川から来たウナギは体長一〇メートルあった」と記している。いくら作り話が珍しくないとはいえ、ちょっとばかりやりすぎだろう。十七世紀に『釣魚大全』を記したアイザック・ウォルトンはもう少し節度があって、自身がピーターバラの川で釣ったウナギは「一ヤードと四分の三」（約百六十センチメートル）だったと述べるに留めた。疑り深い読者を牽制したかったのか、ウォルトンはいささか不用意にこう付け加えた。「信じられないというのなら、ウナギはウェストミンスターのキングストリート沿いのコーヒーハウスにいる」ウナギの標本があると言いたかったのだろうか。コーヒーハウスでウナギはカプチーノを飲みながら、若き日の海での冒険譚を披露して、客を楽しませていたことだろう。

そうこうするうちに、コペンハーゲンの博物館に勤めていたヨルゲン・ニールセン博士がもっと正確な計測を行った。田舎の池で見つけたウナギの死骸を調べたのだ。博士は『ウナギの書』の著者トム・フォートに、その特大の個体はきっかり百二十五センチメートルあったと語った。ぬるりとした怪物は不運にも、池の持ち主が大事にしていた水鳥の置物を襲っているところを見つかり、シャベルで叩かれて絶命していた。

昔、わたしの網にかかったウナギはそれよりずっと小さく、長さも太さも鉛筆くらいしかなかった。まだ淡水期に入ったばかりで、それから六〜三十年かけて成長するところだったのだろう。中には相当に長生きのウナギもいる。一八六三年にスウェーデンのヘルシンボリ近郊で捕獲されて

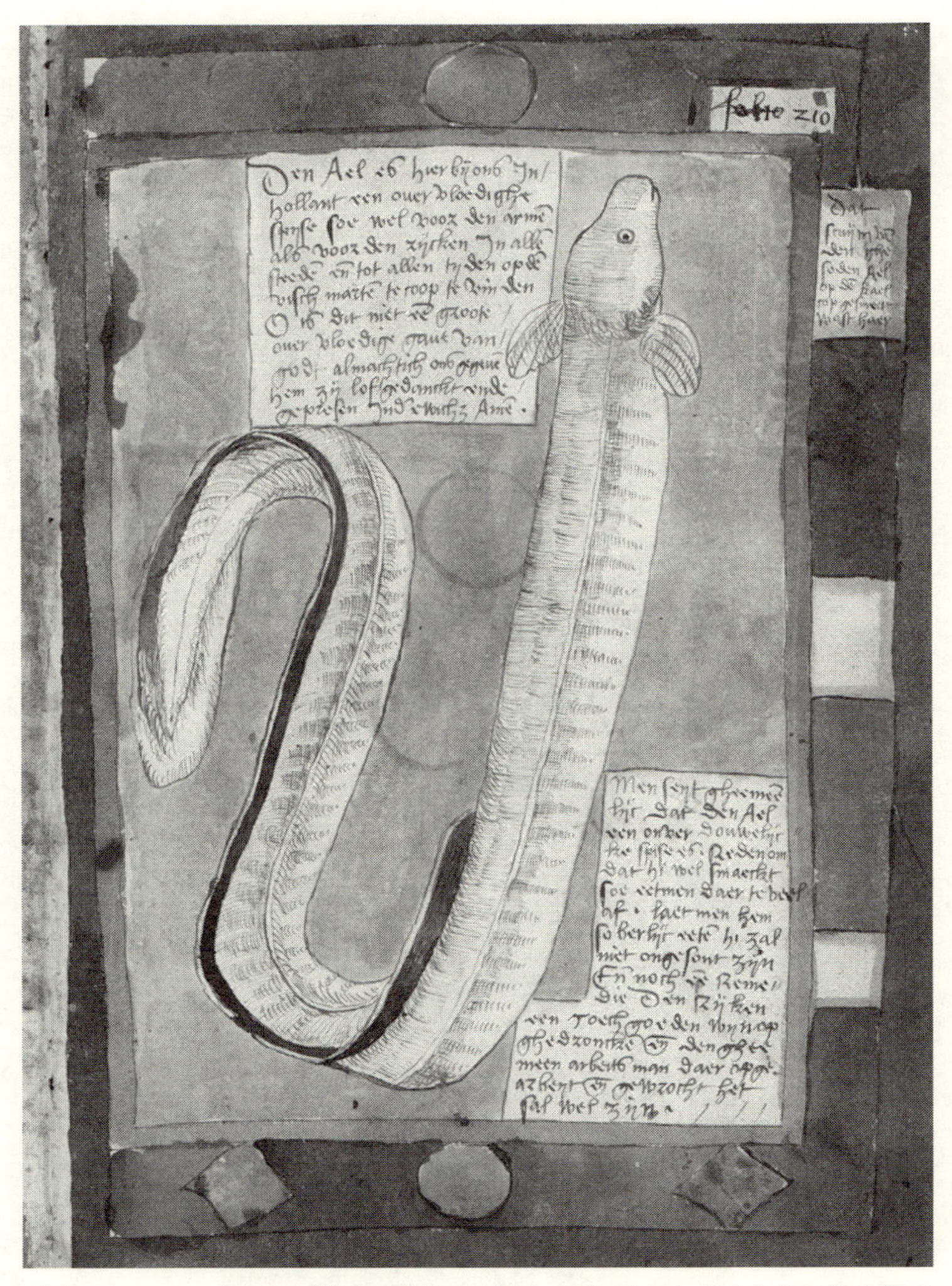

アドリアン・コーネンの『釣魚大全』(1577) 収録のウナギはまさに怪物級で、体長「四十フィート」もあったという(大プリニウスの言及以降さらに十フィート育ったようだ)

「プッテ」と名前をつけられたウナギは、一生を地元の水族館で過ごし、八十八歳でこの世を去ると新聞にいっせいに追悼記事が載った。世界一の長寿を達成したおかげで、ぬらりとした魚には通常まず望めない、ある種のセレブの域に達していたのだ。

そこまで長命なのはほぼ間違いなく何らかの形で捕獲されて、生まれ故郷の海に戻るという本能を抑えつけられた個体だ。ペットにされていることも多い。ウナギをペットにするなんて、ちょっと妙な話だ――抱きしめて可愛がるわけにもいかないのだから。ところが古代ローマの弁士クィントゥス・ホルテンシウスは「長年溺愛していた」ウナギが息を引きとると、はらはらと落涙したという。それやこれやの話を聞いていると、わたしは幼いころウナギをバケツに移せなくてよかったのだろう。そのウナギといまだに縁が切れていなかったかもしれないのだ。

ウナギの淡水期は長く、食欲に満ちたものではあるが、その波乱万丈な生涯のひとつの側面に過ぎない。（ただし、わたしを含む歴代の博物学者が唯一はっきり目にすることができた側面ではある）。淡水期をもとに誕生、繁殖、死について推測するのは至難の技だ。それらは海の奥深くで、予想もしない形で行われるので、約二千年にわたる国際的な謎の生殖腺探しという事態を引き起こしたのだった。

*

一見して生殖器を持たないウナギの誕生の謎に、最初に頭を悩ませたのがアリストテレスだった。彼はその謎を、ハエやカエルなど、およそ繁殖の手段がわからない雑多な生きものに大ざっぱに当てはめていた「自然発生説」の枠組みで強引に説明しようとした。数世紀ののち、古代ギリシャの先人たちからアイデアを拝借していた大プリニウスが、自身の想像力を使ってウナギの誕生について考えはじめた。彼の仮説では、ウナギは岩に体をこすりつけることで「削りくずが生命になって」繁殖するのだった。この問題に最終的な審判を下すべく、ローマ人の博物学者は重々しく述べた。「ほかに彼らが繁殖する手段は考えられない」けれど大プリニウスの、性的な行為を含まない「こすりつけ仮説」は、真実にかすりもしていなかった。

それ以降も、ウナギの繁殖をめぐる奇想天外な説は際限なく増えつづけた。ほかの魚のえらや清らかな朝露（特定の季節にかぎる）、謎めいた「電気妨害」から生まれるといわれたりしたのだ。ある「敬虔な司教」は、世界最古の科学協会であるロンドンの王立協会に、ウナギの卵が茅葺き屋根の上で孵るのを見たと申し出た。卵は茅に産みつけられ、太陽の熱で孵化したそうだ。ただし教会と関わりのある博物学者も全員、その種のうさん臭い話を支持していたわけではなかった。『知的所有の歴史』の著者トーマス・フラーも、牧師の内縁の妻や婚外子はウナギの姿を借りることで地獄行きを免れるという、ケンブリッジシャー一帯で広く信じられていた話を一蹴した。フラーに言わせれば、そんなものは「嘘八百」だった。ことの重大さを強調しようと、彼は説教くさく付けくわえている。「この呪わしい嘘を最初に広めた人間は、相応の報いを得たことだろう」その報いとは、残りの生涯をずっとウナギとして過ごすことだったただろうか。

啓蒙時代にもなると、優秀な科学者たちはこういった突飛な話と距離を置き、よりまっとうな説を提唱するようになったが、相変わらず正確さには欠けていた。一六九二年、初めてミクロの世界を探索して細菌と血球を発見したオランダ人科学者アントーニ・ファン・レーウェンフックは、ウナギは哺乳類と同じように「胎生」、すなわちメスが稚魚を出産するという間違った説を唱えた。ただし少なくともレーウェンフックは近代的な科学の手法にのっとり、実際の観察にもとづいて仮説を立てていた。顕微鏡をのぞきこんで、ウナギの子宮らしき部分に稚魚らしきものがいるのを確認していたのだ。残念ながら「稚魚」はウナギの浮き袋に巣食った寄生虫で、二千年ほど前にアリストテレス自身が観察し、そのようなものとして片付けていた。

*

十八世紀のスウェーデン人動植物学者カール・フォン・リンネも、ウナギは胎生で、成熟したメスの体内に稚魚がいるのを見たと主張した。学問を極め、ラテン語で「カロルス・リンナエウス」を名乗った、分類学の偉大なる父に反論できる人間はいなかっただろう。けれど困ったことに、分類学の大家はどうやら種を取り違えていたことがやがて明らかになった。あいにくリンネが解剖したのは、現在ではゲンゲと呼ばれる、ウナギに似た魚だったのだ。ゲンゲは魚としては珍しく胎生だというだけで、ウナギとはほとんど関係がない。ただしリンネの誤りを指摘した人びとも、事実を正確にとらえていたわけではなかった。ある学者はリンネの主張を検証し、どうして取り違えが起きたのか調べようとしたものの、アリストテレスに惑わされたのか、リンネが発見した「ウナギの稚魚」は寄生虫だと結論づけてしまった。こうして生と死をめぐる議論は果てしない混乱の渦におちいった。

学者たちが空騒ぎを演じる中、ある大胆不敵なアマチュアが名乗りを上げた。スコットランド生まれのデヴィッド・ケアンクロスという男で、一八六二年、ダンディーで暮らす一介の機械工の身ながら、歴代の哲学者や博物学者を悩ませてきたウナギの謎を解いたと宣言したのだ。「読者諸兄にお知らせする……ウナギは小型のゴキブリから生まれる」と、ケアンクロスは無知蒙昧な人間特有の自信たっぷりな口調で言いきった。本人の言い分を信じるなら六十年ほど継続中の実験の成果で、真摯ではあるものの科学的には混乱しきったその説は、『銀ウナギの起源』という短い本にまとめられて世に出た。

ケアンクロスの本は、近代科学のルールや常識を学ぶ気がまるでないことへの弁解から始まる。「博物学者がさまざまな動物を分類する際の名前や用語を使いこなせと、私に求められても困る。そのようなことについてはあまり知識がない」その口調は、いささか言い訳がましい。彼の珍妙にして効果てきめんな解決法は、「私自身が名前や用語を作る」ことだった。こうして既存の動物の分類は、三つのナンセンスな山に分け直された。偉大なリンネは墓の中で地団駄を踏んでいたことだろう。おかげでケアンクロスのただでさえ混沌とした説を分析しようとする人間は、さらなる難関に行き当たるのだった。

ケアンクロスの発見者としての旅は、わずか十歳のとき、蓋のない下水溝の中で「カミノケウナギ」（本人の名づけ）がうごめいているのを見つけたとき始まった。「どこから湧いてきたんだろう」と、デヴィッド少年はいぶかった。すると友人のひとりが、ウナギの稚魚は「水を飲む馬の尻尾の毛から落ちてきて、水に浸かると生命が宿る」という昔からの言い伝えを教えてくれた。さっぱり筋の通らない説明を鼻で笑ったデヴィッド少年は、下水溝の底で息絶えていたゴキブリからひらめきを得て、同じくらい不可解な説をひねり出した。カミノケウナギとゴキブリは繋がっているのかもしれない、と考えたのだ。それから二十年、その不可思議な光景はケアンクロスの頭を離れず、「たびたびその謎を反芻していた」と、彼は回想している。

ある夏の日、ケアンクロスはダンディーの自宅の庭で、一匹のありふれたゴキブリを見かけた。一心にその姿を見つめ、思考回路を読もうとする彼の目の前で、黒い昆虫は迷わず水たまりに向かって進んでいき、ぼちゃんと飛びこんだ。ケアンクロスの観察によると、ゴキブリは水から上がる前に「ひどく心配そうな様子で」、「しばし周囲をうかがった」。ケアンクロスがどのようにしてゴキブリの心理状態を把握したのかは不明だ。それはさておき、『銀ウナギの起源』に一点だけ収録された図版が、昆虫の次なる奇怪な行動を理解する貴重な手がかりになってくれる。図版の題名は「ゴキブリの分娩」。いつもは主役の座を占めることのない昆虫が仰向けになって、お尻から投げ縄のようなものを二本出している。ケアンクロス曰く、ゴキブリは二匹のウナギを出産していたのだ。

ケアンクロスは「我発見せり(ユリイカ)」と叫んだことだろう。さらなる探求に身を捧げた彼は、ゴキブリの腹を割いて「カミノケウナギ」を取りだし、それぞれ限られた時間とはいえ手もとに置いて飼った。「珍説に見えるだろう」と素直に認めるいっぽうで、「植物の世界に目をやればいい」と、自身に言い聞かせていた。一本の木に別の木をつなぐ挿木という行為が可能なら、「偉大なる創造主には昆虫どうしを接着することもできるのではないか」。

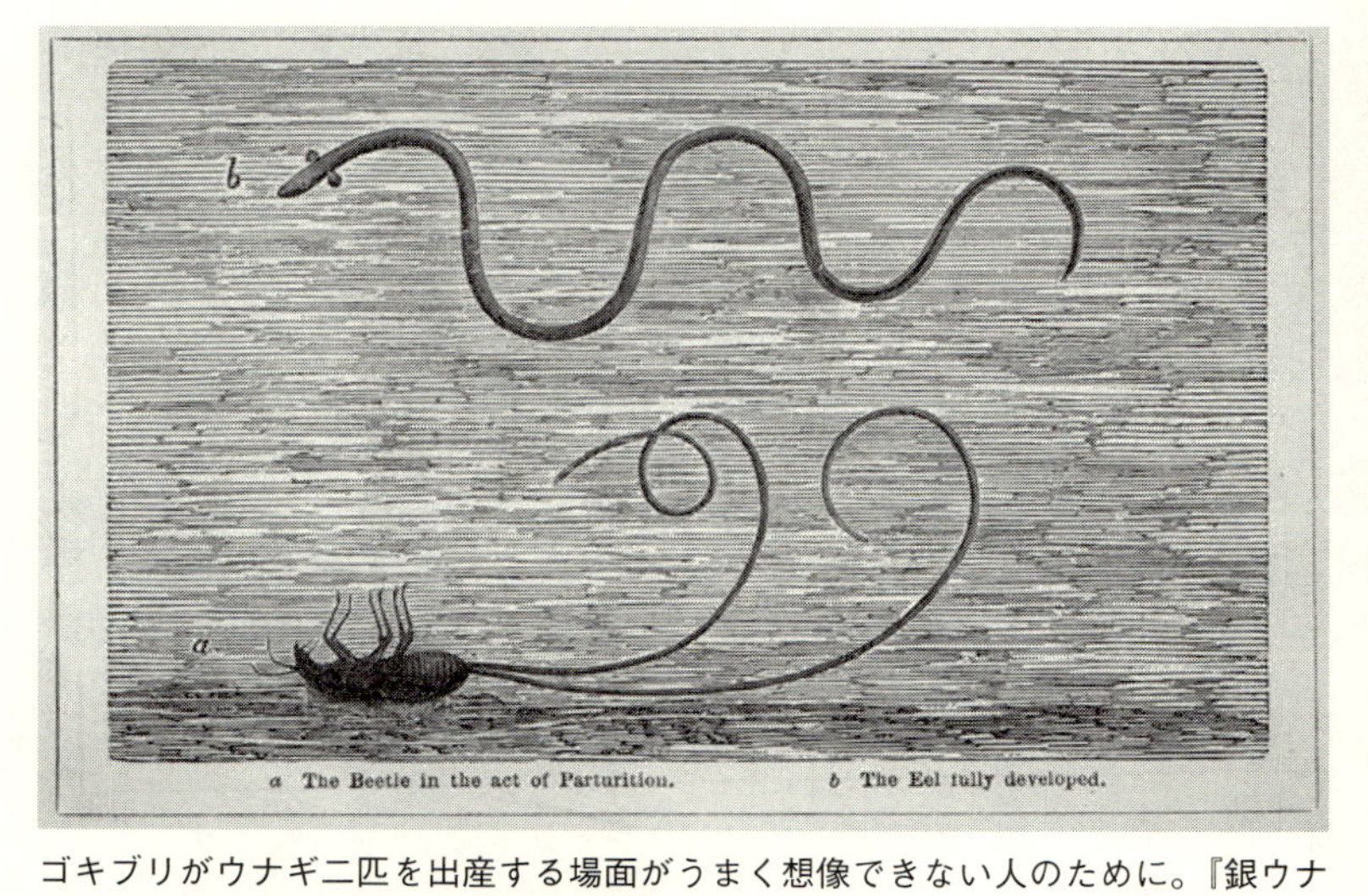

ゴキブリがウナギ二匹を出産する場面がうまく想像できない人のために。『銀ウナギの起源』には著者の大胆な主張を裏づけるために、こんな素敵な図版が載っている。努力は認めるけれど、やはり納得はできない。

現代の科学実験室では、人間の軟骨細胞を移植されたネズミや、クラゲの遺伝子を使って作られた蛍光色の魚など、フランケンシュタイン顔負けのさまざまな生きものが誕生している。ケアンクロスの説を実証するようだが、彼らを作りだしたのは偉大なる創造主ではない。

ケアンクロスが自身の発見を王立協会に届け出ていたら、「カミノケウナギ」は目障りな寄生虫の一種で、成長の初期段階のウナギではないと知らされていただろう。けれど機械工だった彼には、専門家たちの判断を仰ぐという発想がなかった。世紀の発見を王立協会に諮って厳密な審査を受けるかわりに、農地の排水溝にウナギが大量発生するのを疑問に思っていたという二人組の農夫に真偽の判定を委ねた。ケアンクロスは、ウナギの群れはゴキブリから生まれてきたと説明し、彼らの反応を見て大いに喜んだ。「二人とも私を信じた」と、著書には誇らしげに記されている。「彼らは謎が解けたことに満足していた」

農夫たちには歓迎されたものの、ケアンクロスの説はウナギ研究の大きな枠組みを変えるには至らなかった。六十年近く、知的な孤立状態で研究に励んでいたせいで、ウナギの生殖腺探しが劇的に進化していたことを知らなかったのだ。ダンディーから遠く離れたヨーロッパでも、エリート科学者たちは「ウナギ問題」に魅入られていて、その研究はひとつの山場を迎えようとしていた。

*

先頭を走っていたのはイタリア人だった。幻の生殖腺探しは、悩める国家のプライドを支える思いがけない手段となっていたのだ。

イタリア人は、おもに膨大な量を消費するという意味で、昔からウナギとは密接な関係にあった。ウナギは飛びぬけて脂肪分が高い魚だ。六千キロの長旅に耐えて、サルガッソー海の底の繁殖地を目指すなら、脂肪を蓄えるのは進化の必然だった。あいにく脂の乗った魚は美味しさもとびきりで、人類に目をつけられないわけがない。世界初ともいえる料理本を記した古代ローマの美食家マルクス・ガビウス・アピシウスは、ユリウス・カエサルの戦勝を祝う宴には六千匹のウナギが供されたとしている。マルクス・ガビウス・アピシウス曰く、ウナギは「ドライミント、ベリー、固ゆで卵の黄身、ペッパー、ラベージ、蜂蜜酒（ミード）、湯で溶いた酢、油」を混ぜたソースに浸けると「より風味が増す」。もうひとつ食欲をそそられないが、いまだにウナギを茹でて冷やしてゼリー状にして食べているイギリス人よりはましだろう。ウナギの煮こごりは、食材をダメにするという長く豊かな歴史を持つイギリスでも一、二を争う「食に対する罪」だ。こういったお粗末な料理法にもかかわらず、ウナギは昔からご馳走や美食の代表とされている。レオナルド・ダ・ヴィンチは〈最後の晩餐〉に、ウナギに舌鼓を打つ弟子たちの姿を描き、悪名高き飽食家マルティヌス四世の死因はウナギの食べ過ぎだといわれている。

かつて最高級のウナギは北イタリアの街コマッキオと、あたり一帯の灰色の湿地、つまりポー川デルタ地帯で採れたものだとされていた。ヨーロッパ最大のウナギ漁の地で、ハイシーズンには一晩に三百トンものウナギが捕獲された。そこはウナギの生殖腺をめぐる混沌とした説の産地でもあった。まず一七〇七年、地元の医師が、水揚げされたウナギの山の中に目立ってふくよかな一匹がいるのを見つけた。腹を切り開いてみると、成熟した卵が詰まった卵巣らしきものがあった。その妊娠中のウナギを受けとった医師の友人にして優秀な博物学者、アントニオ・ヴァリスネリは、何世紀も続いたウナギの生殖器探しにとうとう片がついた、と早々に宣言したという。学識豊かだったヴァリスネリは既に、一般的には「アマモ」と呼ばれる藻の正式な名称に自分の名前を貸していたが、メスのウナギの生殖器に名前を残すことはできなかった。詳しく調べたところ、「卵巣」は病変して膨らんだ浮き袋に過ぎないことがわかってしまったのだ。

ヴァリスネリがあと一歩で栄冠を逃すのを目の当たりにしたイタリアの科学者たちは、「ウナギの真の卵巣を見つけること」を至上命題とするようになった。当時、イタリア半島は諸外国に占領されていて、産声を上げたばかりの国家はひどく不安定な状態だった。イタリア人の多くが革命に希望を託す中、少数のエリート科学者たちは、この美味なる魚の幻の生殖腺を見つけることで国民を勇気づけようとしていたのだ。

科学者たちは計画を立てた。毎日、コマッキオ周辺では大量のウナギが捕獲されるのだから、卵の詰まった個体をいち早く提供した漁師にはたっぷり報酬を出す、と言えばいいだろう。実はドイツでは、報酬を出す計画が大失敗に終わっていた。アイデアを出した博物学者のもとにウナギの内臓が山のように送りつけられ、本人が「もう勘弁してくれ」と嘆く羽目になっていたのだ。ところがイタリアではすぐさま結果が出た——と、思いきや、ずる賢い漁師が別の魚の卵を詰めていたことが発覚して、勝利の宴は早々にお開きとなった。

その屈辱的な失敗から、イタリアの科学者たちは五十年ほど立ち直れなかった。ようやく一七七七年、新鮮で、太って、ぬらぬらした魚がコマッキオの海岸に打ちあげられた。近くのボローニャ大学の解剖学教授カルロ・モンディーニがすぐさま調べたところ、驚くべき事実が明らかになった。ウナギの腹の内側についている「ひらひら」は、それまで言われていたような脂肪組織のへりではなく、わかりにくいがメスの卵巣だったのだ。

イタリアの科学者たちは歓喜の声を上げたものの、今回もまた少し時期尚早だった。結局のところ、ウナギの精巣は見つかっていなかったのだし、この謎の魚が繁殖する方法も不明だったのだ。こうしてウナギの生殖腺の全貌を明かす使命は、思いがけない人間が背負うことになった。野心あふれる若い医学生で、のちにウナギではなく人間の欲望の原理を解き明かして名を上げるジークムント・フロイトだ。

*

のちに精神分析学の父と呼ばれる、ウィーン大学の十九歳の学生フロイトにとって、それは初めて任された調査だった。彼は一八七六年、イタリアのアドリア海沿岸の街トリエステの動物学研究所に到着し、ウナギの精巣探しという仕事に取りかかった。

ウナギの性別を特定するには、腹を切り開くしかない。「ウナギは日記をつけないようだからね」と、フロイトは友人に宛てた手紙に皮肉っぽく綴っている。数週間というもの、朝八時から夕方五時まで、彼は暑くて臭い研究室でひたすら作業を続けた。目的はウナギの精巣を発見したというポーランド人学者、ジモン・シルスキの主張の真偽を検討することだった。「シルスキは顕微鏡というものを知らないようだ」と、フロイトは手紙のなかで愚痴をこぼした。「おかげで精巣の詳しい描写が欠けている」

四週間かけてウナギ四百匹のはらわたの山を築いたのち、フロイトは降参した。「自分自身とウナギを散々に痛めつけたが、何の成果もなかった。私が切り開いたウナギはすべてメスだった」そう嘆くフロイトの手紙には、薄笑いを浮かべるウナギの落書きがいくつも描かれている。こうして完成した論文「ウナギのループ状の臓器、すなわち精巣とみなされる臓器の形状および微細構造の観察」は、フロイトの初の出版物だった。彼はシルスキが正しいのではないかと思っていたものの、その主張を肯定も否定もできなかった。

ウナギの生殖腺を求めて腹を切り開くことに費やした長い日々が、のちにフロイトの提唱する

ジークムント・フロイトが友人に宛てた手紙の落書き。ウナギの精巣を探して悪戦苦闘していた時期の精神状態が伺える。フロイトをさんざん苦しめた謎のウナギ、幻の精子と卵子が描かれている（精神分析医なら卵子は乳房のように見えると言うだろう）

「人間の性心理の発達における男根期」にどれくらい影響したのかはわからない。いずれにしても、以降の彼は人間の精神というもっと捕まえやすいものを研究対象に選んで、はるかに大きな成功をおさめた。

二〇年後、一匹のオスのウナギがとうとう秘密をさらけ出した。そのウナギに巡り会った幸運な若い生物学者は、これまたイタリア人のジョヴァンニ・グラッシといって、精子でふくらんだ生殖器を抱えてシチリア島沖を泳いでいた個体を捕らえたのだった。グラッシは既にシロアリの体の構造について、決定的とまではいえなくてもそれなりに価値のある研究を行い、新種のクモに妻の名前をつけていた（夫婦愛というべきだろうか）。けれどウナギについては桁違いの運の持ち主だった。国際的なウナギの精巣探しレースにイタリア代表として優勝しただけでなく、前の年にはウナギの謎の生涯の重要な段階を発見するという、同じくらい大きな仕事をしていたのだ。

一八五〇年代後半からイタリアの海岸では、小さく透明で、体の大きさや厚みは柳の葉そっくり、飛び出た目は黒く、威圧的な反っ歯をした魚が大量に打ちあげられるという事態が起きていた。この小さな怪物は、リンネ式分類法におおまかに従って「レプトセファルス・ブレビロストリス」、すなわち「頭が薄く、鼻が短い魚」と名付けられ、濁った海の底に大量に生息する有象無象（うぞうむぞう）の一種として片づけられていた。ところがグラッシは、その透明な生きものに魅せられ、それが成魚ではなく幼生ではないかと考えて、手の込んだ策を立てた。胚の状態での脊椎の数を数え（平均百十五個）、ほかの種類でそれに匹敵する魚を探したのだ。見つかったのはヨーロッパウナギだった。これぞ偉大な発見、ウナギの不可思議な一生の空白を埋めるものだった。

科学者の一部は既に、ウナギは沖合で生まれるという予想を立てていた。大胆なアイデアだった。長距離を移動する魚は、サケのように淡水で生まれて海水を目指すのが通常だからだ。でも沖合と考えなければ、毎年秋に大量のウナギが決然と川を下り、毎年春に小さなウナギが川を上ってくることの説明がつかない。それでも、この仮説を支える証拠は見つかっていなかった。海でウナギの幼生が発見されたことはなかったのだ。グラッシは幻の幼生期を発見しただけでなく、ウナギが超一流の変身の名人だということも突き止めたのだった。

グラッシは水槽を用意して、自分の目でその驚異的な変身を見届けることにした。賢明な判断だった――さもなければ誰にも信じてもらえなかっただろう。数週間のうちに、柳の葉のような生きものは頭と尾の両方から厚みを増し、まぎれもないウナギの形に成長した。胴は約三分の一に縮み、鋭い歯は消滅し、どういった消化の都合なのかは不明なものの、肛門の位置は移動した。数日後には完璧に透明で、目はぎょろりとした麺類のような生きもの、その名もシラスウナギが水槽の中を泳いでいた。歓喜に酔ったグラッシは、シチリア島沖のメッシーナ海峡こそすべてのウナギの生誕の地だと宣言した。舌鼓を打って豆を食べ、不可解な一生を送る魚は、統一間もないイタリア王国の財産というわけだ。

ところがウナギにふさわしく、性急な勝利はあっという間にイタリア人科学者の指の間をすり抜けていった。捕まえた透明な魚はすべて体長約七センチメートルだったという事実を、グラッシは都合よく無視していたのだ。つまり非現実的なほど大きな卵から生まれていないかぎり、これらの幼生は海峡にあらわれた時点で既にかなり成長していたことになる。本当に彼らは、イタリアの沖合で生まれたのだろうか。

ウナギの謎がそう簡単に解けるものか、と思っていた男がいた。

*

その男、デンマーク人の海洋学者ヨハネス・シュミットも、多くの先人と同じく、ウナギの産卵場所を突き止めたいという異様なほどの情熱を持っていた。約二十年を費やして、「病的な熱心さで」大西洋をしらみつぶしに捜索し、生まれたばかりの松葉ほどの幼生を探しまわったほどだ。その遠大にして困難を極めた調査は、誰も予想しなかった結末を迎え、イタリア人の指の間をすり抜けた栄光のウナギ物語は、デンマーク人の手中に収まることになる。

幼生探しの旅は一九〇三年、若き日のシュミットがタラやニシンといった食用の魚の繁殖について調査するデンマークの研究船〈トール〉号に、生物学者として乗りこんだときに始まった。その年の夏の日、大西洋のフェロー諸島沖を西に航行していたとき、ちっぽけな幼生が巨大で目の細かいトロール網にかかった。その取るに足らない魚こそ、ヨーロッパウナギの幼生だとシュミットは気づいた。地中海以外の場所で見つかるのは初めてだった。この一匹がひどく道に迷ったのでなければ、ウナギの産卵場所はイタリアの沖合ではなく、およそ四千キロ北に離れた場所のはずだ。

シュミットはウナギの真の産卵場所を突き止めようと躍起になり、その没頭ぶりときたら、先立つ探究者のアリストテレス、ケアンクロス、フロイト、モンディーニ、グラッシを凌ぐほどだった。この粘り強いデンマーク人科学者が恵まれていたのは、前年に世界的なビールメーカー〈カールスバーグ〉の跡取り娘と婚約していたことだった。〈カールスバーグ〉は、海洋調査に気前よく出資することで知られていて、野心に満ちた探究者が縁を結ぶにはおそらく最適の相手だった。ただしシュミットの花嫁がこの成り行きに満足していたかどうかは、誰にもわからない。新婚の夫は、ちっぽけな魚を追って二十年もの長きに渡って海に出てしまったのだから。

若さと情熱に満ちたシュミットは、極小の魚を見つけだす大冒険に乗りだした。論理的にいって、幼生さえ見つかれば産卵場所にたどり着けるはずだった。「その課題のもたらすとてつもない困難は、想像すらできなかった」と、シュミットはのちに記している。「課題は年々、予想もつかない規模に拡張されていった」彼は目の細かいトロール網を「アメリカからエジプト、アイスランドからカナリー諸島まで」引きまくり、その間に四隻の大型船がダメになった。一隻はヴァージン諸島沖で座礁、沈没し、あやうくシュミットの集めた貴重な幼生のサンプルを道連れにするところだった。続いてやってきたのが第一次世界大戦で、協力を依頼していた船の多くが、ドイツの潜水艦に撃沈されてしまった。

シュミットは海で格闘するだけでなく、その血のにじむような努力をいっこうに認めようとしない学会の大御所たちとも戦わなければいけなかった。一九一二年、彼は初の論文を発表し、ヨーロッパの海岸から遠ざかるほどウナギの幼生は小さくなったので、ウナギの産卵場所は大西洋に間違いないと説いた。ところが王立協会の反応は鈍く、グラッシのイタリア沖合説に「十分な正当性がある」としたため、シュミットはふたたび船に乗って海に戻るしかなかった。

世紀の大発見は一九二一年四月十二日、サルガッソー海の南で訪れた。過去最小の幼生が網にかかったのだ。体長わずか五ミリで、生後一、二日だとシュミットは推測した。二十年近い調査を経て、シュミットの旅もついに終わりに近づいていた。ようやく自信をもって主張できる――「ここにウナギの産卵場所あり」。

まさに驚異の結果で、シュミット自身もその意味するところに呆然としていた。「生涯をまっとうするのに地球の円周の四分の一を移動する魚など、いまだかつて聞いたことがない」と、シュミットは一九二三年に記した。「幼生がこれだけの距離と期間を移動すること自体、動物の王国では前代未聞だ」かくしてグラッシらイタリア人は敗北し、ウナギの謎を解いたという栄冠は、永久にシュミットとデンマークの大地に輝くのだった。

でも、科学だろうと人生だろうと、「永久に」などという言葉を使ってはいけない。

百年近くが経った今でも、ウナギの生涯に関する理解は手の込んだ推理ゲームの域を出ていない。数十億ドルの資金と最新鋭のテクノロジーを投入したにもかかわらず、ヨーロッパウナギの成魚がヨーロッパの川を出発して、サルガッソー海に到着する過程を完全に追えたためしはないのだ。また誰も野生のウナギの交尾を見たことがないし、卵が見つかったこともない。〔ニホンウナギの卵は二〇〇九年にマリアナ海溝で発見された〕

わたしはデンマーク工科大学の主任研究員にして世界屈指のウナギ研究者、キム・オーレストループに、ヨーロッパウナギは本当にサルガッソー海で生まれたと断言できるのか、と訊いてみた。答えは「残念ながらそうはいえないだろう」とのことだった。

決して努力が足りないわけではない。近年の科学者たちは、大人のウナギを水中音波探知装置(ソナー)で追う試みを何度も繰りかえしてきた。ところが大西洋を横断して、深海の幻を追跡しても、実のところ正しい相手を追っているのかどうかさえわからない始末だった。それらしい魚を尾行するのが精いっぱいだったのだ。そこで科学者たちは、ウナギの大群に繊細なタグを装着するという手法に賭けた。けれどあいにく、高価なタグの大半はサメやクジラの胃におさまってしまった。タグは胃の中からも信号を出し、データを送りつづけるので、科学者たちは困惑しながら、ウナギの通常の生息圏から遠ざかる捕食者を追う羽目になるのだった。ある狡猾な科学者はウナギを「現行犯」で捕まえようと、サルガッソー海の深くに罠を仕掛けた。中には人工的なホルモンを与えられ、交尾が待ちきれない状態になった妖艶なメスが入っていた。ところがそんな熟れたメスでさえ、オスをおびき寄せることはできなかった。すべらかな肌をした妖精たちの罠は海の藻屑と消え、発情したオスのウナギを捕らえる希望もついえたという。

調査がうまくいかない理由のひとつは、サルガッソー海という場所そのものの特異さにある。サルガッソー海は想像を超える深さで、大陸棚に割れ目が生じた部分では水深七キロにもなる。およそ四千万年前に誕生したヨーロッパウナギは、ヨーロッパとアメリカが（地理的な意味で）もっと密接だったころ、この深海の溝で繁殖を始めたとされている。大陸が分離すると、ウナギも生まれ故郷に帰るのにより長い旅をしなければいけなくなった。ウナギの交尾の瞬間をとらえようという試みの前には、この果てしなく深い海が立ちはだかるのに加えて、危険なうねりも邪魔をする。サルガッソー海は世界で唯一、大陸ではなく強力な時計回りの海流、つまり北大西洋還流に囲まれた五百万平方キロメートルの渦を巻く海域なのだ。ウナギの繁殖期が毎年のサイクロンの季節と一致していただけでなく、オーレストループに言わせれば、サルガッソー海は昔から危険とされた「バミューダ・トライアングルのちょうど真ん中」だった。

わたしの頭の中では今でも、一九七〇年代のバリー・マニロウが歌う〈バミューダ・トライアングル〉が流れることがある。数えきれないほどの船を呑みこんできた、悪名高き海域が関わっているのだから、海の神ポセイドン自身がウナギの性生活を隠蔽しているという言い伝えが生まれたのも無理はないだろう。七〇年代の大ヒット曲も、ウナギの危うい遠距離恋愛を歌っていたのかもしれない。

*

ウナギの秘密のベールを剥がす試みには、今では栄冠だけではなく、巨万の富がかかっている。ウナギは一大ビジネスだ。古代の人びとの胃袋を満たした魚は、既に多くの国の食文化から消えてしまったが、日本ではまだ熱烈に求められていて、年十億円の市場になっている。脂の乗ったウナギは日本の伝統的な料理で、暑さをしのぎ、疲労を回復するといわれているせいで、とりわけ夏の季節には人気だ。日本人がうなぎコーラを飲みながらうなぎアイスを食べるという説の真偽はさておき、一般的には焼いて甘辛のたれをかけ、ご飯に載せて食べる。ニホンウナギの消費量は毎年、数万トンにものぼる。これだけ捕まえるのは大変なことだ。

今、世界的にウナギの数が減少していて、一部では九十九パーセント近くが消滅したという報告もある。原因は乱獲や環境汚染に加えて、巨大な水力発電ダムがウナギの生息する川を寸断してしまうといった環境の変化だ。大規模なウナギの絶滅危機を受けて、ヨーロッパウナギなどかつては十分な数がいたウナギが、国際自然保護連合（IUCN）のレッドリストに載った。つまりウナギを食べるのは、今やパンダの肉を寿司ネタにするくらい「政治的に正しくない」行為なのだ。外見はヘビと大差ない、ぬらりとした魚が、大きなぬいぐるみのような白黒のクマほど同情を集めることは難しいにしても、現状を受けて養殖ウナギの研究も盛んに行われている（マスコミはあまり好意的でないけれど）。膨大な資金をつぎ込み、数十年かけて研究した結果、日本ではある程度ニホンウナギ（学名「アンギラ・ジャポニカ」）の繁殖に成功するようになった。本来は太平洋の真ん中の海溝で交尾するのだが、ホルモンを使って人工的に交尾させる方法が開発され、食わず嫌いな幼生にパウダー状のサメの卵という特殊な餌を与えて育てることも可能になったのだ。ただしひとつの絶滅危惧種に、多くの人手をかけて別の絶滅危惧種の卵を食べさせるのは、現実的な解決法とはいえないだろう。キム・オーレストループ曰く、日本の研究室でシラスウナギ一匹を育てる費用は約千ドルだ。バランスが悪いというしかない。

そんなわけで日本は当面、減りつつある野生のシラスウナギを調達するしかなくなっている。淡水期の始まりに川をのぼったところを捕獲し、アジアの養殖場で人工的に太らせるというわけだ。捕獲する一部はニホンウナギやヨーロッパウナギだが、大半はごく最近になるまでほとんど国内で消費されることのなかったアメリカのものだ。アメリカウナギ、学名「アンギラ・ロストラータ」はヨーロッパ産に近い品種で、産卵場所はやはりサルガッソー海だが、幼生はアメリカの東海岸の川に移動する。かつて飢餓に苦しむメイフラワー号の入植者たちは、鷹揚なネイティブアメリカンからウナギの捕獲の方法を教わって、命をつないだという。ところが命の恩人であるはずの脂っぽい魚は、シチメンチョウにスターの座を奪われてしまった。（感謝祭の食卓にのぼるのは詰め物をしたシチメンチョウで、ウナギではない）。メイフラワー号上陸の数百年後、就任直後のジョージ・W・ブッシュ大統領が、青い大統領章を入れたウナギ皮のカウボーイブーツという格好で登場した。元大統領は友人たちにも、紋章のかわりに自身のイニシャルを入れたカウボーイブーツを贈ったという。けれどあいにく、この一件にもアメリカのウナギ市場が活気づくことはなかった。

世界的なウナギの減少という事態を受けて、そんな国内事情も一変した。今やアメリカのシラスウナギの漁師は、川に二十五ドルの罠を仕掛ければ一晩で十万ドル稼げる。年四千万ドルと化したシラスウナギ市場は、幼生の漁業が許可されているメイン州で、ゴールドラッシュに匹敵する騒ぎを引き起こした。同時に不穏なビジネスも始まり、怪しげなウナギ商人がモーテルの駐車場で仲買人に数百万ドルの現金を渡したり、最高の漁場をめぐってＡＫ－４７で武装した漁師たちが衝突したりしている。地元の報道によると、漁師が棚ぼた式に手に入れた金の大半を違法な薬物に使うせいで、中南米のマフィアも入りこんできているそうだ。ただし、ウナギで人一倍儲けたある女性の漁師は、豊胸手術に大枚をはたいたといわれている。

＊

一八七九年、米国漁業協会に寄せたアメリカウナギに関する報告書の中で、ドイツ人の海洋生物学者レオポルド・ヤコビーはこう述べている。

科学の徒たる我々にとって、いささか恥ずべき事態と言うべきだろう。世界の多くの場所においてごく平凡な魚であるウナギが……市場や食卓で日常的に見られる魚が、近代科学という強力な武器に対して、その繁殖、誕生、死を我々の目から隠したままでいるのだ。今日においても、その謎は解き明かされていない。博物学はその誕生の瞬間から、ウナギという謎を抱えつづけてきた。

数世紀が経っても、ヤコビーの指摘した事態はさほど進展していない。ウナギが姿を消しつつある今、謎を解くために残された時間はわずかだ。

専門家の中には、ウナギの種の存続は宝くじのようなものだとして、先行きを危ぶむ声もある。一定数のウナギが毎年サルガッソー海に帰還し、交尾を行っているかぎり、ひとまず問題はない。ただし帰還する数が十分でなければ、交尾の相手を見つけられず、たちまち巨大な渦巻きに呑みこまれるようにして姿を消してしまうだろう。そうなった場合、ウナギは繁殖に関する秘密を墓まで持っていってしまうというわけだ。

ウナギは深海で過ごすことで、その生態を人間の目から隠してきた。そういった謎めいた生涯からは、神話が生まれやすい。人間の目に見える動物なら、多少なりとも生態を理解する可能性は高まるだろう。第二章に登場する「誤解された動物の庭」の住人ビーバーは、ウナギより人間の目の届く範囲で暮らしているようだが、いっぽうその習性の大半は水の中や、見えづらい巣の奥で発揮されるので、突飛な想像の種にされてきた。そしてウナギの生殖腺と同様に、ビーバーの奇妙な「精巣（睾丸）」も、この大きな水生のげっ歯目に関する途方もない神話を生み出したのだった。

第2章

ビーバー

ビーバーという温和な動物がおり、その睾丸は薬として非常に有効だ。『フィシオロゴス』には猟師に追われたビーバーは自身の歯で睾丸を噛み切り、猟師に投げて逃げていくという話が載っている。

『中世の獣の書』（十二世紀）

動物について調査を重ねるうちに、わたしは何度か奇妙な冒険をすることになったが、中でもいちばん困惑の度合いが大きかったのは、ビーバーの真実を追うのに情熱をかたむけたときだ。始まりはある秋の早朝。ランデブーの場所は車道の待避所で、相手は一八二センチの長身、車のトランクに弾丸をこめたサイレンサーつきのライフルを保管する男だった。名前をマイケル・キングスタッドという、プロのビーバー猟師だった。

マイケルはわたしが訪れた中でも、たぶんどこよりも清潔で緑豊かな首都、ストックホルム市に雇われていた。歴史の香りがする、落ちついた色合いの中心街からさほど離れていないところに動物が数多く棲む森があって、彼らはよくふらりと出てきて都会の暮らしを探索する。マイケルの仕事は、そういった闖入者たちに目を光らせることだった。ウサギ（「面倒なやつらだ」）、ネズミ（「俺の天敵さ」）、ガチョウ（「山ほど糞をする」）を森に送りかえし、酔っぱらったと思しきヘラジカの世話をしたこともあるという。ときには、めっぽう忙しいビーバーが目に留まることもあった。

マイケルとは気の置けない付き合いをしていたが、わたしはふつうプロの動物の暗殺者と行動を共にしたりしない。今回はどうしても、第一線のビーバー猟師に会って訊きたいことがあったのだ。

「ビーバーが自分の睾丸を噛みちぎって、投げつけるのを見たことがありますか？」

マイケルは笑った。でも、わたしは真剣だった。ビーバーが自分から去勢するという話の真偽を確かめることが、今回の旅の主たる目的だったのだ。調査していくうちに睾丸のアイデンティティ、見当外れな道徳観、さまよえる子宮、ヨーロッパの川からのビーバーの消滅というトピックの森へ迷い込んでしまうなどとは思いもしなかった。

*

数ある動物神話のなかでも最大級のナンセンスさを誇るのは、間違いなくビーバーをめぐる話だろう。遠い昔、この勤勉すぎるげっ歯類は、粘り強く材木を扱う技術で知られていたわけでも、ずば抜けた建築のセンスで知られていたわけでもなかった。彼らはその「睾丸」ゆえに知られていたのだ。古代の医師たちは、その薬効のためにビーバーの睾丸を珍重していた。

いっぽう動物寓話においては、ビーバーは知恵の回る生きものとして描かれていた。猟師に追われると大きな黄色い歯をむき出して、すぐさま去勢をはじめ、（察するにボートの櫂のような尻尾に盛りつけて）「家宝」を敵に差しだし、命乞いをしたというのだ。これぞ、匠の技。ただし多くの寓話では、ビーバーの名人技はそれだけに留まらない。十二世紀の聖職者にして著述家のジェラルド・オブ・ウェールズは、ビーバーにはさらなる知恵があると主張した人間のひとりだ。「既に去勢したビーバーが猟犬に追われた場合、彼は賢明にも高所に登り、股を開いて、目的の品はそこにないことを猟師に示す」

こんな芝居がかったやり方でビーバーが自分から去勢するとは考えにくいが、中世の動物寓話の執筆者たちはあまり気に留めなかったようだ。刺激的な行為に含まれた宗教的な意味合いは、いつも真実を踏みつぶす。げっ歯類の知恵に関する下品な寓話には、確かにある種の教訓がこめられていた。人間は平穏に生きていきたければ、悪徳をすべて切除して悪魔に渡さなければいけないのだ。この問答無用かつ厳格なる教えを、キリスト教徒の道徳家たちは歓迎した。ビーバーの寓話がヨーロッパ各地に根づいたのも不思議はない。

ビーバーの巧みな脱男性化を取りあげたのは、動物寓話だけではなかった。この伝説は古代ギリシャを皮切りに、ビーバーに関するほぼすべての記述に登場する。古代ローマの著述家クラウディオス・アイリアノスは、今でもドラァグクイーンが愛好しているトリックはビーバーが編みだしたと主張して、話をいっそう混乱させた。彼の動物に関する大著にはこう書かれている。「しばしばビーバーは陰部を股に挟む」こうして機転の利くげっ歯類は、「宝物を守りながら」悠々と姿を消すというのだった。

のちにはレオナルド・ダ・ヴィンチも、ビーバーは自身の生殖腺の価値について驚くほどよく理解していると綴った。「話によるとビーバーは追跡されたとき、それが睾丸の医学的な価値のためだと理解し、逃げられないと悟れば足を止める。そして追っ手と和解するため、鋭い歯で両の睾丸を噛みきり、置いていくのだ」。残念ながら、偉大な画家は図版を残さなかったので、ダ・ヴィンチのビーバーがモナ・リザ風の神秘的な微笑みを浮かべている場面は想像するしかない。

一六七〇年になってもまだ、スコットランド人の地図学者ジョン・オギルビーは『アメリカ――新しい世界の正しい叙述』にこう記していた。「ビーバーは陰部を噛みちぎり、猟師に投げてよこす」卑猥さと道徳的な価値がうまく配合されていて、つい話したくなるような逸話だったのだろう。

必要だったのは真実を追う冷静な頭脳が、たえず陰部を失いつづける運命から気の毒な生きものを解放することだった。こうして十七世紀、神話バスターのサー・トーマス・ブラウンが登場する。ダチョウが鉄を消化できるか否か関しての怪しげな執念を除けば、彼は混迷の時代のただひとつの理性的な声だった。オックスフォード大学卒の医師兼哲学者であったサー・トーマスは、一六四六年に『荒唐世説』を出版し、俗信に知の力で戦いを挑んだ。当時は動物寓話やそれに類するものが、世間一般の膨大な誤解を生み、初期の自然科学の発展を妨げていたのだ。

サー・トーマスは戦いに際して「三つの真実の要素」、すなわち「権威、常識、理性」を厳格に守ることにした。こうして近代科学の手順を提唱したことで、彼は科学革命の頂点にその名を刻む。「明白かつ正当な真実を手にするには、我々はこれまで知っていたことの多くを忘れ、縁を切らなくてはいけない」かくしてサー・トーマスは、アナグマは左右の足の長さが違う(「自然の摂理と矛盾するではないか」)などといった、巷にはびこる誤解の数々を覆していった。死んだカワセミは風向計にするといい、という俗信もあった。カワセミのなきがら二体を使って実験したサー・トーマスは、その言い伝えが嘘だと確信した。絹の糸で吊ってみたところ「彼らは一定の向きに回転せず」、意味もなく逆の方向に振れつづけたという。

ナンセンスに敏感なサー・トーマスの鼻は、ビーバーの睾丸からも同じくらい怪しげな臭いを嗅ぎとった。彼曰く、ビーバーにまつわる俗信は「非常に古く、世間に広まる時間があったという点でほかの逸話と違った」サー・トーマスの研究によると、発端は古代エジプトの神聖文字(ヒエログリフ)の内容を誤解したことだった。そこにはなぜかビーバーが自身の生殖腺をかじり取るという記述があったのだが、それはあくまで人間が不貞行為のせいで罰を受けることの比喩だった。その記述を人気の寓話作家イソップが拾いあげ、ビーバーの物語として世に送りだした。寓話はやがて初期ギリシャ・ローマの科学的散文に吸収され、事実として定着してしまったというわけだ。

サー・トーマスの推測では、この話が長年語りつがれたのはビーバーの奇妙な体の構造に依るところが大きかった。多くの哺乳類と違って、彼らの睾丸は見えるところにぶら下がっているのではなく、体の内側に隠されている。「宝物」が外から見えないせいで、ビーバーはどうやら去勢されているらしいという説の信ぴょう性が増してしまったのだろう。しかしそんな体の構造をしていたら自分で噛みちぎることだってできないはずだ、とサー・トーマスはもっともな指摘をしている。「自ら去勢しようとしても意味はないどころか、まったく不可能で……本人以外が行ったとしても非常に危険だ」

伝説が成立した理由のひとつは語源にもあった。サー・トーマスが人一倍鋭い感覚を持っていた分野で、それというのも彼自身が、いわば言葉の作り手だったからだ。明晰かつ科学的な彼の論理は、華美で長々しい言葉の数々に彩られていて、その多くは彼自身が作った新語だった。サー・トーマスは英語に八百近い新語をもたらしたとされ、「hallucination（幻覚）」、「electricity（電流）」、

ドイツ語版『イソップ物語』（1685）収録の木版画。ビーバーが猟師に供出しようと自分の睾丸を噛みきる場面がはっきり描かれている。

「carnivorous（肉食性の）」、「misconception（誤解）」といった単語は、今でも日常的に使われている。ただし「retromingent（後方に放尿する）」などは、同じような幸運にはあずかれなかった。

サー・トーマスはその洞察力で、ビーバーのラテン語名「カストール」が、「去勢する（カストレート）」という意味の単語としばしば混同されることに気づいていた。セビリアの大司教は、ふたつの単語をごっちゃにした大勢の写本者のひとりだ。「ビーバー（カストール）という名前は、去勢という単語に由来している」と、彼は七世紀に編纂した語源辞典の中で、誤って述べている。ラテン語の「カストール」の語源は「去勢」ではなく、サンスクリット語で「麝香（じゃこう）」を意味する「カストゥリ」だ。それこそが、何世紀にも渡って人間がビーバーを執拗に追いかけてきた理由だった。ビーバーは「カストリウム」（海狸香）と呼ばれる油っぽい茶色の分泌物のために、猟師に狙われてきたのだ。ただしそれは言い伝えのように睾丸で作られるのではなく、すぐ近くにあるよく似た一対の器官で作られるのだった。

偽の睾丸の正体を、サー・トーマスより数年早く喝破していたのは、フランス人の物理学者にして食道楽のギヨーム・ロンドレだった。一五六六年にイチジクの食べ過ぎで世を去る前、解剖の名手ロンドレは二匹のビーバーにメスを振るい、オスもメスも貴重なカストリウムを分泌することを確認していた。カストリウムは肛門のそばにあって、尿路に接している一組の洋ナシ型の袋に蓄積される。たいていの哺乳類は肛門腺を一組だけ持っていて、そこから分泌された粘液で異性を惹きつけたり、縄張りに匂いをつけたりする。ロンドレの発見によると、ビーバーだけがもう一組、ガチョウの卵ほどの大きさの肛門腺を持っていて、それが睾丸に瓜二つなのだった。

いわゆるカストール袋と生殖腺は非常によく似ているので、ロンドレほど腕のよくない解剖学者たちはしばしばメスのビーバーを雌雄同体と取り違え、いっぽうで四つの「宝物」を抱えた突然変異体のオスがいると発表したりした。けれどサー・トーマスがお得意のウィットを込めて指摘したように、外見を信じてはいけない。「睾丸か否かはその機能で判断されるべきで、位置や周囲の状況は関係ない。サー・トーマスは「それらの塊の類似性と状況」が「間違いの根本」だと結論づけ、ビーバーの神話は解体されたものとした。

古の世界でカストリウムが薬として珍重されていたのは、その並外れた臭いの強さのためだ。当時は臭いが治療に大きな効果を持つといわれていた。臭ければ臭いほど、治る可能性は高いというわけだ。そんなわけで糞便はとりわけ医師たちに愛好され（患者には異論があっただろう）、医師のもとを訪れた昔の患者は、たとえばネズミ、場合によっては人間のものを含む三十種類ほどの薬用の糞便を嗅がされることもあった。患者はますます体調を崩したことだろう。それに比べたら、ビーバーの「睾丸」の匂いはバラの花壇並みだったはずだ。

十七世紀の英国人の聖職者にして博物学者のエドワード・トプセルは、自身の名高い動物寓話本『動物史』の数頁を、カストリウムの臭いの解説に割いている。「これらの石は、非常に強烈な臭いがする」茶色い分泌物は歯痛から（温めたカストリウムを痛む側の耳に流しこむ）、お腹の張りまで（やり方は各自でご想像あれ）、なんでも癒すことができるとされた。ただし主な使用法は、婦人科系の疾患の治療だった。驚くこともないだろう。古代や中世の医薬品には、ペニスを連想させる素材が掃いて捨てるほどあり、ヒョウタン、動物の角、テッポウウリなどが性的な疾患に日常的に処方されていた。（背景にあったのは、病んだ女性にはペニスさえ与えればいいという考えかただろう。形の似た野菜を処方すれば簡単に治るというわけだ）。ビーバーの「石」は、女性の健康をペニス類で守るという時代の方向性によく馴染んだのだった。

カストリウムは女性の生殖器官の働きを抑えるといわれた。古代ローマ人は粘ついた茶色の分泌

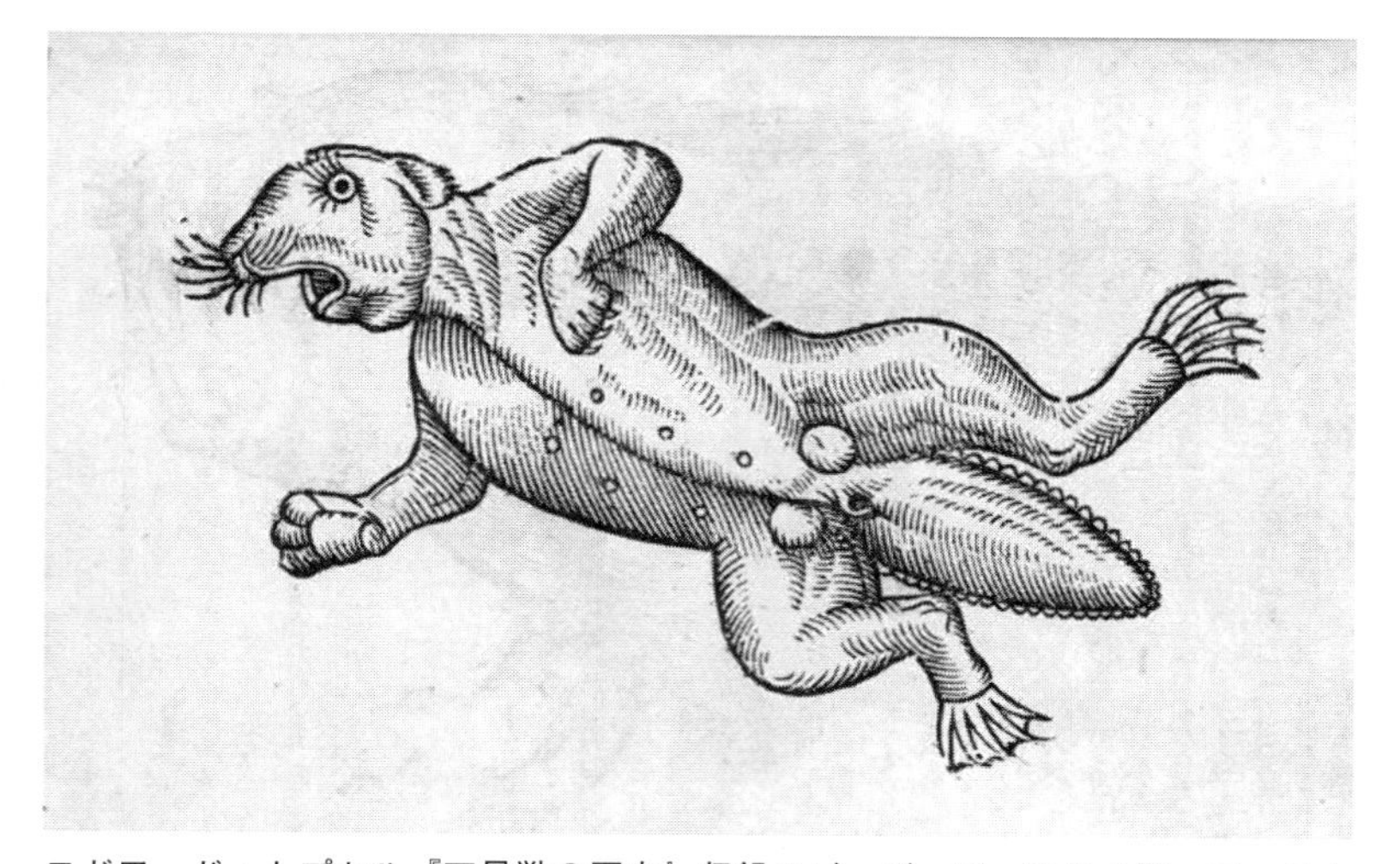

エドワード・トプセル『四足獣の歴史』収録のビーバーは、ひどく驚いているようだ。たぶんメスで、毛を剃られて乳首と「石」が丸見えになってしまったせいだろう。トプセル曰く「石」は歯痛からお腹のガスまで効く万能薬として需要が高かった。

物をランプの中で焚いて、流産を引き起こそうとしたし、トプセル曰く「カストリウム、ロバの糞、ブタの脂で作った香水は閉じた子宮を開くとされた」。そんなふうに偽の睾丸の堕胎作用が喧伝されたせいで、生きたビーバーあるいはその死骸をまたぐだけで、妊娠中の女性は流産すると信じられていたほどだった。

とはいえカストリウムの最も一般的な使用法は、ヒステリーの治療だった。ヒステリーとはいわゆる「女性の病気」で、症状はとりとめがなく、あらゆる不定愁訴、パニック、不安、漠然とした不快感が含まれる。古代ギリシャ語の「子宮」を語源とするヒステリーは、病んだ子宮が体内をさまよい、ほかの臓器の働きをかき乱すことで起きるとされた。症状が曖昧模糊としているせいで、古代エジプト以降のあらゆる体調不良の女性に、ひとまずその疾患の診断が下されることになった。十七世紀、英国人の医師トーマス・シデナムは、ヒステリーは熱病に次いでよくある疾患で、人間の病の六分の一を占めると推測した。彼曰く、「ヒステリーと無縁の女性はほぼ存在しない」

数世紀のあいだ、穏やかなものでは骨盤のマッサージ、不穏なものではエクソシズムまで、あらゆるヒステリーの治療法が考案された。それでも「ビーバーの睾丸」の臭いを深々と吸う治療法は、十九世紀半ばを過ぎても生きながらえていた。一八四七年、アメリカ人の医師ジョン・エバールは、ビーバーの肛門付近の分泌物こそヒステリーの究極の薬で、「繊細かつ神経質な」女性にはとりわけ効くと主張した。

本書の執筆にすべての時間を取られ、いささかヒステリー気味だったこともあって、わたしは自分でビーバーの怪しげな生殖腺を入手して嗅いでみることにした。まずオンラインで見つけた猟師たちに、丁寧に自己紹介したのち、狩猟で入手したビーバーの生殖腺を郵送してくれないか、と頼むおかしなメールを何通も送った。誰も返事をくれなかった。そこでインターネットの裏表に詳しい友人の協力をあおぎ、ある雨の土曜の午後、カストリウムを求めてネットの海を漂った。散々探したあげく、ようやくeBayに売りに出されているものが見つかった。ほんのひと切れで五十四ドル九十九セント。ビーバーのカストリウムはまだ需要があり、ヒステリーの解消よりさらに奇妙な用途に使われているのだった。

八十年以上、ビーバーの油っぽい茶色の分泌物はカップケーキからアイスクリームまで、さまざまなお菓子にバニラ風味を加えるのに使われてきた。（これらは皮肉にも、わたしがよくヒステリックな気分を抑えるために自己判断で飲む「薬」だ)。この事実がどうやって発覚したのかは知る由もないが、現在カストリウムはアメリカ食品医薬品局によりGRAS(一般に安全)な食品添加物だとされている。ビーバーたちにとっては幸運なことに、それほど使用の頻度は高くない。使用する際、製造者は「自然由来のバニラ風味」とだけ記載すればいい――ビーバーの下半身で「自然に」生成された「自然の」成分なのだから。このことを知ったら、アイスクリームに目がない人も考えを変えるのではないか。

カストリウムはジバンシィⅢやシャリマーなど、人気の香水の多くにも欠かせない要素だ。こちらのほうが驚きは少ない。香水業界はエキゾチックな動物の分泌物と長い付き合いがあるからだ。クジラの吐しゃ物(龍涎香)、ジャコウネコやジャコウジカの生殖腺付近の分泌物が使われているといわれたら、買う気になれないだろうが、それらが魅惑の源泉なのだ。

「香水をつけるのは、『その気』があると大々的にメッセージを発することです」と、匂いの専門家ケイティ・プクリックは言う。「動物のお尻の臭いを漂わせているのは、要するにそういうことなんです」つまり臭いは、人間が体を洗わなかったころのセクシーな記憶を呼び覚ますというわけだ。動物の分泌物は、技術的な面でも価値があって、揮発が速い香りを定着させるのに使われている。「香りのブレンドにセクシーな色合いが加わります」とのことだ。ケイティは香水用語を使って教えてくれた。「『スカンク』(香水マニアの用語)は、花と人間の橋渡しをするんです。動物の臭い抜きでは、芳香剤をつけているようになってしまいます」

わたしの「スカンク」は一週間後に届いた。封筒から出てきたものを見ると、ビーバーの去勢の逸話がどうやって完成したのか、よくわかるような気がした。転がり出たのは、しなびた茶色い睾丸のようなものだった。鼻が曲がりそうな臭いがして、睾丸が触れたものにはすべて、木とも革ともつかない奇妙な移り香がついた。百貨店に充満する強い香水の匂いと似ていなかったこともない。エドワード・トプセルは、臭いの強さに注意すれば偽物のカストリウムは見抜けると主張した。本物は臭いを嗅げば「鼻から大量に出血するくらいだ」という。わたしの入手した「睾丸」は強烈な臭いがしたが、幸いにも鼻血が出るほどではなかったし、動物の肛門のすぐ近くにある生殖腺の産物だと考えるなら、そこまで不快ということもなかった。それはともかく、袋がこれほどの臭気を放つ理由には、その内容物が関わっている。

*

自然界では植物とそれを食べようとする動物のあいだで、武器の開発競争が続いている。我が身を守るため化学兵器をの開発に余念がない植物たちは、単に苦いだけから即死の危険がある毒まで、幅広い物質を生成する。草食動物はこれらの毒を分解し、毒を抜き、危険な化学物質を再利用する方法を進化させることで、敵の防御を破ろうとする。すると植物は、さらに多くの毒を生成することでハードルを上げる。こうして戦いは続く。

ビーバーは長く繁栄してきた水生のげっ歯類の末裔で、少なくとも二千三百万年のあいだ、木を噛みくだいて巣を作り、木の皮や根、芽を食べて生きてきた。その年月を通して、植物の化学兵器に対抗する技をあれこれ生みだした。最も独創的なのは、毒物を体内で隔離し、自身の防御システムとして再利用してしまう技だろう。カストリウムには膨大な植物の成分が含まれている――アルカロイド、フェノール樹脂、テルペン、アルコール、酸。すべてビーバーが植物から横取りし、臭いによる「身分証明書」の作成に使っているものだ。ビーバーは隣人や家族を化学物質の臭いによって識別し、カストリウムはよそ者を追いはらうのに使う。植物から盗んだ化学物質を使って、縄張りにマーキングし、「ここから出ていけ」とメッセージを送るのだ。

これらの化学物質の多くは、人間にとっても貴重だ。カストリウムのバニラの匂いはカテコール、つまりハコヤナギから抽出されるアルコールで、駆除剤や食品の香料に使われる。いささか抵抗のある組み合わせかもしれないが、カストリウムに含まれる四十五種類の成分の多くは、驚くほどの効能を持っている。ヨーロッパアカマツから採取されるフェノールには麻酔作用があるし、ブラックチェリーの安息香酸は皮膚真菌感染症の治療に使われる。そして何より、ビーバーのお気に入りのヤナギに含まれるサリチル酸はアスピリンの成分だ。

ということは、古代の医師たちがビーバーの「陰部」を薬として処方したのは正しかったのだろうか。答えはおそらく「ノー」だ。常識的に考えて、アスピリンを飲んだところで「邪悪なもの」と戦う助けにはならないし、カストリウムが癒すとされていた病気には、それが実際の症状だろうが想像の産物だろうが効き目はない。仮にカストリウムが奇跡の薬だったとしても、当時患者に与えられていた分量では少なすぎて、ほとんど効果がなかったはずだ。わたしはビーバーの生殖腺の専門家にメールを送って、ただの頭痛を抑えるのにどれくらい飲まなければいけないのか、と訊いてみた。答えは「大量に」だった。

それはともかく、サー・トーマス・ブラウンの実験精神に倣って、わたしも試してみることにした。都合よく発熱するのを待ち、郵便で届いた香嚢の片方をそっと齧ってみた。癖のある苦みが口中に広がり、後味がいつまでも残って、歯磨き粉をたっぷり使って歯を磨いても消えなくなった。一時間ほど経つと、強烈な革の匂いのするげっぷが出るようになった。全身の毛穴から絶えず匂いが放たれているようで、わたしは途方に暮れた。その晩は不運にも、ＢＢＣの収録で「デイム」の称号を持つ歌手のシャーリー・バッシーと会わなければならず、わたしは自分の体から漂うビーバーのお尻のような匂いに、神経をすり減らす羽目になった。

きちんと調べれば、そうなることはわかっていたはずだ。十八世紀のエディンバラ在住の外科医ウィリアム・アレクサンダーが、カストリウムの効能を自分の体で試して、デイムとの面会予定はなかったものの、同じような目に遭っていたのだから。彼はまずわたしと同じように少量を口に含み、しだいに増やしていって、とうとう八グラムに達したという（心からの敬意を表したい）。それからの一週間、肉体的な変化は「数度の不快なげっぷ」だけだったらしい（本当だろうか）。この臭い万能薬に対するアレクサンダーの判定は「現存する薬の一覧表に加えられる価値はない」だった。

*

怪しげな生殖腺が役に立つとしたら、それはビーバーを捕らえるときだろう。スウェーデン人の猟師マイケルによると、ビーバーは相当に縄張り意識が強いので、ある一匹のカストリウムを別の一匹がマーキングした泥の山に塗りつけておけば、最初の一匹は自分の臭いで上書きしなければ気がすまないという。猟師としては、黙って待っていればいいだけだ。ビーバーの睾丸をめぐる伝説も、皮肉な展開になったものだ。追っ手から逃れるどころか、猟師の罠に近づく危険を呼びこむことになってしまったのだから。

ビーバーにとっては、災難というしかないだろう。女性のヒステリー患者が絶えないせいで、カストリウムには常に大きな需要があった。ヨーロッパ全土で、臭い万能薬を入手するためにビーバーが捕らえられ、やがてその数は目に見えて減っていった。イギリスとイタリアのビーバーは十六世紀に絶滅し、ほかの国でも頭数は激減した。ところがビーバーがヨーロッパから姿を消すいっぽう、彼らが山ほど生息する新しい大陸が発見され、この水陸両用の生きものについてますます奇妙な逸話が生みだされたのだった。

「半人前の頭脳をしたゾウの話などもうやめよう。連中はアメリカのビーバーと比べたらただの間抜けだ」と、フランシス・サートル・ジェイミソンは一八二〇年刊行の『アジア、アフリカ、アメリカの大陸と島々の人気のある航海と旅』に記している。この地味なげっ歯類の知性が、脳が少なくとも百倍は重いゾウに匹敵するというのだろうか。アメリカの初期の探検者たちも、ビーバーの知力に目がくらんでしまったようだ。ネイティブアメリカンの民話に触発され、あるいはビーバーの建築家としての技量に過剰に感心し、入植者たちは祖国に「動物版アインシュタイン」ことビーバーの物語を送った。ビーバーはその頭脳を使って、警察組織と法律が完備され、人間に匹敵する洗練された社会を運営したという。

おそらくビーバーに関するこの種の空想を最初に抱いたのは、フランス人貴族にして冒険家のニコラ・デュニだった。一六三二年に新大陸へ出発し、現地で有力な地主兼政治家になった人物で、新大陸の博物誌を、最も早い段階で記したひとりでもあった。デュニの意見では、「勤勉を旨とするすべての動物の中でも」、「あらゆることを教えこんだサルでさえ」ビーバーと比べたら単なる獣なのだった。デュニ曰く、それは大きな驚きに値することだった。なぜならこの下等な動物は「魚と大差ない」からだ。

旧大陸でドゥニがどんなサルや魚を目にしていたのかは定かではない。けれど彼は驚くべき精密さで、ある夏の日、新大陸のビーバー四百匹が一致団結してひとつのダムを作りあげる場面を描写してみせた。彼らは高いスキルを持つ集団で、直立歩行し、歯はのこぎりとして使い、尻尾はモルタルを載せて運んだり、こての要領で壁をならしたりするのに使ったという。集団には「石工」、「大工」、「穴掘り」、「運び屋」がいて、それぞれ「互いに邪魔をせず」黙々と仕事をこなしていた。これらの技術集団をまとめていたのは八~十四匹の「司令官」で、彼らもまた一匹の「建築家」の指示のもと動いていたそうだ。「建築家」は、ダムを作る場所と方法を計算していたらしい。

確かに立派な集団作業だが、ドゥニは同じくらい熱い筆致で、そこはビーバーの楽園などではなかったと指摘した。怠け者がいたら司令官は「彼を叱責し、殴打し、体の上に飛びおり、噛みついて仕事を続けさせた」という。ビーバーの強制労働収容所が実在したという話をにわかに受け入れられない読者に対しては、その信ぴょう性について誠心誠意こう述べた。「この目で見たのでなければ、私も信じられなかっただろう」

ドゥニは眼鏡の度が合わなくなっていたか、単に将来の政治家としてのキャリアを見据えて嘘をつくスキルを磨いていただけだろう。真相は不明だが、どのみち彼が真実を語っているはずがなかった。スウェーデンのビーバーのダムを見に行ったとき、ドゥニの物語を聞かせるとマイケルは大笑いした。ビーバーはミツバチではなく、集団で作業することはない。そうするには単純に縄張り意識が強すぎるのだ。ひとつのダムはひとつのビーバー一家の持ち物だ。ダムを作るのは水かさを上げて、いつでも使える水中の入り口を備えた小屋を作るためで、そうしたら水中に隠れて餌を集めることができるし、捕食者に姿を見られる危険も少なくなる。もし、よそのビーバー一家がダムの建設を手伝おうとしたら、住人のビーバーはマイケルの表現を借りるなら「キレる」のだった。長さ一キロ弱、横幅アメリカのフーバーダムの二倍ほどの最大級のダムにしても、ひとつの家族の仕事でしかない。建築に関わるのは多くても一度に六匹で、何世代もかけて作り上げる。確かに二足歩行をする姿は目撃されていて、赤ちゃんや小枝を前足と顎に挟んで運ぶのも知られているが、尻尾をこて代わりに使うのは誰も見たことがない。

それでも新世界の逸話を祖国ヨーロッパの人間は喜んで受け入れ、ドゥニが想像力を駆使して描写したビーバーの働きぶりの物語は、現代でいう「拡散」状態で遠くまで伝わった。植民地で旅行記を書いていたフランス人の作家たちは、飽きることなくドゥニの物語を繰りかえし、初期の有名な地図に添えられるという形で説得力あふれる図版が次々と生まれた。ある図版では五十二匹のビーバーが、整然と列をなして丘をのぼっている。腕には小枝、尻尾には泥を抱え、ナイアガラの滝つぼにダムをこしらえようというところなのだ。勤勉を絵に描いたような微笑ましい光景だが、じっくり眺めて、それぞれのビーバーの役割に関する解説文を読んだら印象は変わるだろう。そこ

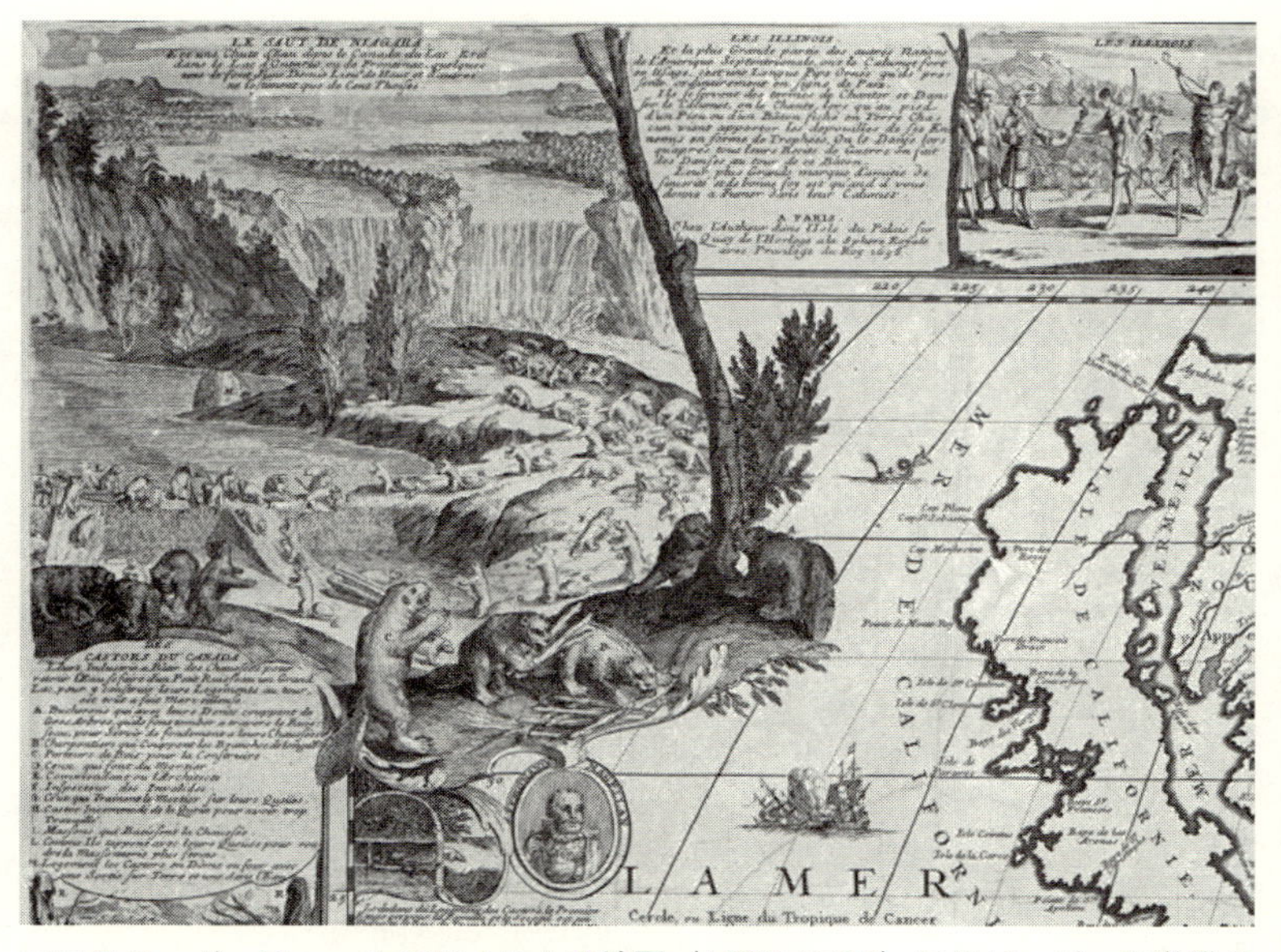

ニコラス・ド・フェールのアメリカの地図（1698-1705）にはビーバーの労働の様子が想像力を駆使して描かれている。新世界でのビーバーの役割がよくわかる。「過労で動けなくなり」あおむけになったビーバーにはなりたくないものだ。

に描かれたビーバーの中には「働きすぎて尻尾が動かなくなった者」がいて、高圧的な「不具の ビーバーの監視役」が、仮病を使っているビーバーを見抜き、無理やり労働に従事させていたという。

物語が普及するにつれて、ビーバーの社会はより組織的なものとして描かれるようになった。「奥地でひっそり暮らすビーバーは建築家のようにダムを作り、成熟した社会を維持する」と、人気の本『地球の歴史』（一七七四）の著者オリヴァー・ゴールドスミスは述べた。フランス人のイエズス会司祭ピエール・ド・シャルルヴォワも、ビーバーは「ある種の理性的な生きもので、法律、政府、独自の言語を持つ」と記した。

ビーバーは必ず奇数で集まるともいわれていた。そうすれば民主主義の場において、一匹が事態を決定する一票を投じられるからだ。ところがげっ歯類の共和国にも、全体主義的な気配がないわけではなかった。「彼らの社会では正義がすべてだ」と、別のフランス人の探検家ディエルヴィーユも述べた。市民の義務を逃れようとする「怠惰な」ビーバーは「ほかのビーバーたちによって追放された……スズメバチが、ミツバチによって駆除されるように」。フランス人のロマン主義者フランソワ＝ルネ・ド・シャトーブリアンによると（ステーキの「シャトーブリアン」は彼の名が由来だ）、集団を追われたビーバーは毛皮を剥ぎとられ、地面に掘った穴の中で孤独に過ごすことを余儀なくされたという。そうした彼らは、フランス語で「土」を意味する「テール」を語源に「テリア」と呼ばれた。

こうして新世界においても、ビーバーはその暮らしぶりを想像され、道徳的な指針として扱われた。けれどこの話が複雑なのは、その道徳的な指針はビーバー自身の毛皮を頼りにする、生まれたての国家を支えるために作られたということだ。ビーバーの毛皮は貴重な商品で、最初はつばの広い帽子に、やがてヨーロッパ一お洒落な服の裏地として使われるようになった。毎年、数えきれないほどの毛皮が輸出された。〈ハドソンズ・ベイ・カンパニー〉は一七六三年、たった一度の商いで五万四千七百六十着売った。ビーバーの毛皮は、新大陸では公式な通貨でもあって、「メイド・ビーバー・コイン」一枚と交換でき、靴一足、やかん一個、八本のナイフを地元の市場で買うことができた。ビーバーを夢中で追ううちに、入植者たちの足はアメリカの西部に向かった。ビーバー天賦の才は、二度と花開くことはなかった」。彼らが「怯えたように、孤立した暮らしをするのもにはそう綴られている。人間の支配のもとにあったヨーロッパでは「恐怖によって委縮した彼らの産性は無になり、技芸は失われた」ビュフォン伯の十八世紀の事典に収録されたビーバーの解説文に成り下がったり、反逆者として扱われたりしたあげく力ずくで追放され、その社会は消滅し、生「人間が自然界での地位を向上させるにつれて、動物たちの地位は低下していった。奴隷の立場

れば、動物の社会は驚くべき栄光を達成するはずだ、と述べた。

想天外な説のひとつの中心に据えていて、堕落した人間から遠く離れた場所で栄えることさえできフォン伯も、この話がより深い真実の証拠であると考えた。ビュフォン伯はビーバーを、自身の奇とされた。突飛な考えと縁のあるフランス人の博物学者ジョルジュ＝ルイ・ルクレール・ド・ビュ語ったのはビーバーの睾丸のことばかりで、おかげでその驚くべき勤勉ぶりは新大陸のみの現象だたのだ。そんなものはそもそも旧大陸に存在しなかったという事情もある。古代の哲学者たちが絶滅していたので、その素晴らしい建築の才能や、優れた社会にお目にかかる機会はまるでなかっ旧大陸の博物学者たちも、アメリカのビーバーの話に飛びついた。ヨーロッパのビーバーはほぼ

間には罰が与えられた。

て、独力で手っ取り早く「バック」（こちらも動物の毛皮をもとにした通貨）を手にしようとする人よかった。ビーバーの集団作業の話は、道徳的な指針を示すことに使われた。一方で文明社会を捨独立心旺盛ながら進んで仲間と協力し、公共の事業に携わる姿勢。それらは清教徒（ピューリタン）の倫理と相性がとはいわば入植者たちの理想像で、正しい生き方の寓意だったのだ。厳しい労働を厭わない性質、

不思議ではない」。けれど、人間こそがよそ者である新大陸の自然の中では、ビーバーたちも「かつての知性を発揮する機会に恵まれた」のだった。

ビュフォン伯の華麗なる自説の元になったのは、旅行者の回想録ばかりではなく、一七五八年にカナダから送られてきたビーバーと実際に接した経験でもあった。ビーバーは彼の注視のもと、パリのロイヤル・ガーデンで数年間過ごした。出会いから一年後、ビュフォン伯は到底満足しているとはいえなかった。ビーバーは「ふさぎこむ傾向があり」、その努力は「不十分な」ものだった。長時間「牢獄の門」を齧りつづけるいっぽう（当然だろう）、ダム建設を始める意思は見られなかった。ビュフォン伯は苦い失望を味わった。新大陸のビーバーが作る精巧な巣は、三十匹も住むことができるほど大きく、数階建てで窓があり、「新鮮な空気を吸い、水浴びをするためのバルコニー」さえついていると信じていたのだ。ところが手もとのビーバーときたら、憂うつそうにあたりをうろつき、時おり思いついたように地下の水路を泳ぐだけだった。

ビュフォン伯はビーバーの半水生の生態にも強く惹かれ、それが「尻尾と尻」を絶えず水につけておくための習慣だと解釈した。こうして新たなトンデモ説が生まれた。ビーバーは「肉体の性質を魚のそれ」に変化させ、魚らしい味、匂い、うろこを備えるようになったというのだ。体の各部がつぎはぎだという「事実」にもとづいて、ビュフォン伯はビーバーの評価をいっそう下げ、ある種の「四足獣と魚の中間」と捉えるようになった。そのような下等なダム製造動物は、取るに足らない奇妙な動物という程度の扱いだっただろう――ビーバー社会の驚くべき完成度という物語がなければ。ビュフォン伯の意見では、その社会は人間に汚染されることなく、幻のユートピアが存在するかもしれないという希望を人間にもたらすのだった。

彼らの社会では、どれほど構成員が多かろうと、全般的な平和が維持されている。その共生は共同作業によって確たるものにされている。互いの利害の一致、共に享受する豊かな実りの約束によって、それらは常に可能になるのだ。適度な欲望、単純な嗜好、血と殺戮の嫌悪が、略奪と戦争から彼らを遠ざける。彼らはすべて可能な善を享受する。人間はそれらに恋焦がれることしかできない。

*

夢を壊すようなことを言ってしまうが、ビーバーは一匹でも何の不自由もなくダムを造る。ビュフォン伯が自身のビーバーの技巧を見たければ、近くで水の音を流し、勤労欲を刺激するだけでよかったのだ。水の流れをせき止めるのはビーバーの本能で、ごぼごぼという渓流の録音を聞かせるだけでも、本物の水がどこにもないにも関わらず、騒音のもとであるスピーカーの上に猛然と小枝を積みはじめるのだ。

驚きの発見をしたのは一九六〇年代の大半を、科学の名のもとにビーバーをからかうことに費やしたスウェーデン人の動物学者、ラルス・ウィルソンだった。彼は多くの幼いビーバーを親から引き離して人工の環境で育て、巣作りの能力は本能的なものか、学習されたものか見極めようとした。囲いの壁の裏にスピーカーを設置すると、熱意あるビーバーにはかすかな聴覚的刺激を与えるだけでいいことがわかった。水音を聞かせる必要さえなく、似たような音なら用をなしたのだ。電気かみそりのブーンという音でさえ、ビーバーが壁際に一心不乱に小枝を積みあげだすという結果を呼んだ。無我夢中で流れをせき止めようとしていたのだろう。

そんな機械的な反応が明らかになったあとでは、ビュフォン伯が絶賛したビーバーの共和国も、愚かな想像の産物というしかないだろう。ウィルソンの実験は、著名な動物学者ジョルジュ・キュヴィエを兄に持つフランス人の科学者フレデリック・キュヴィエにも、「ほら、ごらん」と言わせたかもしれない。一八〇四年、キュヴィエはビュフォン伯が数十年前に憂うつ症のビーバーを飼育したパリの庭園を管理することになった。ただしキュヴィエの観察結果は、ビュフォン伯のものとは大いに違った。彼の飼っていたビーバーはやる気に満ちていて、親の指導がないにも関わらず、ダム作りに励んだのだ。その姿はキュヴィエ曰く、本能に突き動かされているようだった。

キュヴィエは著名なフランス人科学者ルネ・デカルトを信奉していた。十七世紀に動物は機械的に振る舞うことしかできず、理性にもとづいて行動できるのは人間のみだと論じた人物だ。キュヴィエの時代は感傷とは無縁のそういった考え方が圧倒的に優位で、動物寓話のようなあからさまな擬人化への激しい反発が起きていた。知性とはげっ歯類から反芻動物へ、徐々に向上し、厚皮動物、肉食動物の順で進化していくとキュヴィエは考えていた。動物王国の高みには、霊長類の驚くべき頭脳が君臨し、そこには彼の同胞である人間もいた。結果としてキュヴィエは、単なるげっ歯類であるビーバーに才気の片鱗など認めなかった。それ以前の十年ほどで発見された、道具を使うタコ、問題の解けるハト、数を数えるカラス、言葉の話せるオウムなら、動物の知性に関する彼の意見は必ずしも筋の通ったものではない、とキュヴィエに教えてやれただろう。口頭で伝えられるオウムには特に易しかったはずだ。

わたしはビーバーの世界的権威、ディートランド・ミュラー＝シュヴァルツ博士に、ビーバーの知能について詳しく尋ねてみた。ニューヨーク州の自宅から電話をくれた博士は（映画監督ヴェルナー・ヘルツォグを思わせるドイツ訛りの英語だった）、まだわからないことは多いと教えてくれた。

博士曰く、ビーバーの驚くべき建築のスキルは大半が本能の為せる技で、一連の単純な規則性によっているだけだ。「流水音が聞こえたら枝を積み上げる」といった、ここ最近で知られるようになった規則などだ。博士はとりわけ興味深い事例を教えてくれた。ビーバーは、木を伐採することにかけては非常に巧みで、必ず水源のほうに倒れるように仕向け、森の木に引っかからないようにするといわれてきた。「ところがビーバーがしていることといったら、木に切り込みを入れ、無計画に倒れるよう仕向けるだけだ」と、ミュラー＝シュヴァルツ博士は言った。「その場合、ほぼ川の方向に倒れる。木は光のほうに向かって育つものだから、そちら側にはもっと枝が多く、重量もある。どのみち、川のほうに倒れるのだ」。

ただし、本能とて完璧ではない。最近イギリスのタブロイド紙には、ノルウェーのひどく不運なビーバーが自ら伐採した木に押しつぶされている写真が掲載された。こんなキャプションがついていた。「木づきもしなかった」。人間は果てしなく「人の不幸は蜜の味」を求めるし、ビーバーがいつも正しいとはかぎらないという証拠である。ただしほとんどの場合、失敗もそこまで大事に至らずにすむし、学習して適応する機会になる。ビーバーはそのどちらにも貪欲で、とりわけダム

倒木注意！　ツイていないこのビーバーは、どんなに賢くても失敗は避けられないという残念な教訓だ。

を造ったり、修繕したりするときはそうだ。学習能力と高度な生活スキルこそ、ビーバーの子どもが一年強という比較的長い時間、両親の庇護のもとで過ごす理由なのかもしれない。

ここ最近のビーバーの知性の研究の第一人者は、これまたフランス人科学者のP・B・リシャールだ。リシャールは古典的な動物の知能テストの手段として、ビーバーにパズルの箱を与え、彼らが鋭敏な頭脳と器用な手先を兼ね備えているのを確認した。ひとたび複雑な鍵の開け方を辛抱強く学んだら、あとは簡単に課題をこなすことができたという。

学習と独創性に対するビーバーの意欲は、ほかにも多くの研究者が記録している。彼らの多くは、ビーバーの建築への意欲を目の当たりにし、自身がこの熱心な建築家たちと頭脳比べをする羽目になった。ビーバーの群れを小さな池で飼育し、観察していたある科学者は、周囲に高い金網を張りめぐらし、彼らが庭の大事な木を噛みちぎるのを防ごうとした。金網の土台は地中深くに埋め、てっぺんは木の枝にくくりつけた。これで大丈夫だろう。ところがいくらも経たないうちに、リーダー格の一匹が監視役の科学者を出し抜いた。泥と木の枝で足場をこしらえ、金網を楽々と乗り越えて、たちまち木の枝を噛みちぎってしまったのだ。ほかのビーバーも毎晩リーダーの知恵を真似したので、庭の木の枝はすべてなくなってしまった。

雨水管や排水溝も、都市に住む素行不良のビーバーの格好の標的だ。彼らの恐るべき学習能力のせいで、アメリカのお役所は毎年莫大な負担を強いられている。

それでも、ビーバーの知的能力については疑問も残る。何にせよ知性を測るのは難しいもので、夜行性かつ一生の大半を水中あるいは頑丈な巣の中で過ごす動物の場合はとりわけそうだ。ビーバーの身体的な能力のほうは、はるかに測りやすい。何百万年もかけて進化するなかで、この水中の建築家には職業にふさわしい道具が備わった。一生伸びつづけ、手入れの必要もない歯と、水中ゴーグルの役目を果たす透明なまぶた、水に入ると自動的に閉じる耳と鼻の孔、前歯の後ろで閉じることのできる唇だ。その唇のおかげで、ビーバーは水中でも溺れずに木を齧ることができるし、鬱陶しい木くずを飲みこむこともない。きっと脳も高性能なのだろう。ただし、その知的な道具箱の中をのぞきこむのは至難の業だ。

これまでに明らかになったビーバーの生態は、本能と学習された行動の境界線について、またげっ歯類の理解力について、興味深い質問を提示している。ビーバーは自身の睾丸を噛みきって命を守るほど賢くはないし、民主的な社会を築くほどの能力もないが、どれほど保守的な動物行動学者でも、偉大なる動物生態学者ドナルド・グリフィンの意見は認めざるを得ないだろう。「ビーバーは自身の置かれた状況について、単純ながら意識的に把握することができる。また自身の行動が、環境に望み通りの変化を起こすかどうか思考することもできる」

デカルトの「時計仕掛けの生きもの」とは、ずいぶんな差だ。

＊

最後にビーバーをめぐる逸話をひとつ披露して、本章を終わりにしよう。わたしたち自身の知性が問われるかもしれない逸話だ。二〇世紀までに、人間はほぼあらゆる地域のビーバーを絶滅寸前まで追いこんだ。ヨーロッパとアジアを合わせて個体数は千二百匹を割りこみ、生き残った個体は八つの小さな地域で見られるのみになった。そこでアメリカ産のビーバーが投入されて、これで生息数は増えるし、ヨーロッパのビーバーも絶滅から救われるだろうとされた。

アメリカ産のビーバーの投入は劇的な効果をあげ、新参者たちは新しい土地で生きのびた。ところがその後、アメリカとヨーロッパのビーバーはまったく異なる種だと判明した。外見こそよく似ているが、アメリカのビーバーはヨーロッパのそれより攻撃的だ。そんな「ヤンキー」の粗暴な振る舞いのせいで、ヨーロッパのビーバーはさらなる絶滅の危機に追いこまれてしまった。こうして外来種は抹殺すべし、という宣言がなされた。けれど政府の役人も、環境保護主義者も、猟師も、二種類を見分ける術を持たなかった。染色体を数えないかぎり、識別はほぼ不可能だったのだ。

すると一九九九年、セントラルワシントン大学の科学者ふたりが、カストリウムの色調に着目すれば「手軽に」二種類を見分けられると発表した。彼らはフィールドで使う手軽な判別用の凡例まで作った。（ファロー&ボール社のカラーチャートに酷似したしろものだ）。

こうして、めぐりめぐってビーバーの「睾丸」は、彼ら自身を猟師の鉄砲から救うことになった。ただしそのためには、まず捕らえられ、急所の色を綿密に調べられ、抹殺に値する種かどうか判定されなくてはいけない。かつての動物寓話より、よほどばかげた話ではないだろうか。

さて、それでは勤勉な生活を送る、動物王国の最も評価の高い一員から、対極に位置する動物の話に移ろう。怠惰という永遠の烙印を押された動物だ。第三章では、誤解された動物の庭でも古参のメンバーであるナマケモノを取りあげ、世界で最も気楽に暮らす哺乳類が、なぜ生存競争に勝ちつづけているのか、考えてみることにしたい。

第3章

ナマケモノ

> ナマケモノという堕落した種は、およそ自然が薄情に扱った唯一の生物であろう。
>
> ビュフォン伯『一般と個別の博物誌』（一七四九年）

「名前に意味なんてない」と、世間では言われる。でも、あの許されざる罪を思わせる名前だとしたら、かなり大きな意味があるはずだ。

気の毒なナマケモノ。この世で最悪とされる罪のひとつを背負わされた瞬間、彼らの破滅は決まった。怠け者なんて呼ばれたら、誰であろうと評判ガタ落ちだ。でもその不名誉なレッテルを貼られるずっと前から、彼らは不可解な生き方ゆえに、動物としてはほとんど類のない辛辣な言葉をあびていた。あれが人間の邪魔をするわけでもない、もの静かな菜食主義者にして平和主義者、そして元祖「木を抱くひと（ツリー・ハガー）」［環境保護論者を軽く揶揄する言葉］への仕打ちだろうか。中南米の森で穏やかに暮らそうとしているだけなのに。

ナマケモノが最初に出会った敵のひとりが、スペイン人騎士ゴンサロ・フェルナンデス・デ・オビエド・イ・バルデスだった。新世界の探索に数年、その際の発見の記録にそれ以上の年月を費やし、全五十巻のとりとめない事典として一五二六年に出版した男だ。当時の博物学は、まだ事実が宗教や神話から切り離されていない段階だったが、オビエドが動物の王国を探索するにあたって何

pa algun arbol luego se va à el è se sube à la cumbre mas alta de las
ramas è se està en el arbol ocho, y diez, y veinte dias è no se pue-
de saber ni entender lo que come

Periquito
ligero.

Yo le he tenido en mi casa, è lo que supe comprender de aqueste
animal es que se debe mantener del ayre è desta opinion mia +
hallè muchos porque nunca se le vido comer cosa alguna ni

スペイン人入植者オビエドは南アメリカで見つけたナマケモノを即座に切り捨てた。彼の画力には物申したい。身近でも下手なナマケモノの絵は見たことがあるけれど、十六世紀の事典に掲載されたこの絵はオビエド自身の表現を借りるなら「世界一阿呆らしい」

を重視したかは、もっぱらその胃袋が左右していたようだ。

オビエド曰くバクは「食用に適する」が、つづく記述は食欲をそそるとはいえそうにない。「その足は二十四時間煮込むと美味だ」ナマケモノはなおさら彼のお眼鏡に（舌に）かなわなかったようで、「この世で最も愚鈍な動物」とされている。オビエドは歯に衣着せないことで知られ（真実を語る人間でもなかったが）、ナマケモノの無気力な性質をこんな大げさな言葉で語っている。「その動きは極めて不器用で鈍く、五十歩の前進に日暮れまで要する」。この一節を補完する文章はいささか不穏だ。「怒鳴り、叩き、突いたが、この生物は頑として慣れ親しんだ速度より早く動こうとしなかった」

オビエドが淡々とついた嘘は、伝言ゲームのように旅行者のあいだに広まった。偉大なる海賊(バッカニア)にして作家のウィリアム・ダンピアが一六七六年に記すころには、ナマケモノはほぼ動かないものとして語られていた。「三インチ前進するにも八〜九分要する」と、ダンピアは想像力を駆使して書いた。「鞭で打とうと速度に変化はない。彼らを叩いてみたが、痛みを感じていないのか、脅してもすかしても速度を上げなかった」。ダンピアとオビエドがもし出会っていたら、いい相棒になったことだろう。

わたしはナマケモノの観察に積極的に時間を費やしてきたが、確かに彼らは気が遠くなるほどのろく、糊をかきわけるか、その上を進んでいるように思える。平均的な移動はせいぜい時速〇・三キロで、これではカメにだって到底勝てないだろう。ただし、それでもオビエドやダンピアが言ったほど遅くはない。わたしはその気になったナマケモノが、驚くほど身軽に木を登るのを見たことがある。ただし最速一・五キロ以上出すのは、筋肉がゆっくり動く仕様になっているので、身体的に不可能だ。飼い猫のような、同じくらいのサイズの哺乳類と比べたら十五倍も遅い。

木の上のナマケモノを見るのはバレエ「白鳥の湖」をスローモーションで観るのに似ている。彼らは太極拳の名人並みの優雅さとコントロール力で回転し、体を揺すり、枝からぶら下がる。ところが「正しい」向きに置いたとたん、重力が彼らの威厳を奪う。あとは手足を地面に広げて、平地で山登りでもしているかのように、長い爪を使ってのろのろと前進するしかない。そうやってぶざまに移動する姿が、もっぱら初期の博物学者たちの不評を買っていたのだ。彼らは間違った方向からナマケモノを観察していた。

「彼らは四肢動物である」と、オビエドは珍しく科学的な響きのある言葉で言った。「小型の足ひとつにつき、鳥の如く水かきを備えた四本の長い爪を持っている」。実際のところ、爪が四本あるナマケモノなど存在しないし、水かきなど論外だ。まあ、そんな専門的なことに固執するのはやめて、豪胆な騎士の説に耳をかたむけてみよう。「だが爪も足も、ナマケモノの体を支えることはできない。脚は極度に細く、体は極度に重く、ゆえに腹を地面に引きずらんばかりの有様である」
ナマケモノは確かに四肢動物だ——世界で唯一の上下逆転した四肢動物だ。彼らは毛むくじゃらの動物版ハンモックとして、木に爪を立ててぶら下がるべく進化した。その結果、腕を伸ばすと盛りあがる人間の三頭筋のような、体重を支える伸筋はほぼ必要としなくなった。代わりにほぼ人間でいう二頭筋のような筋肉のみで、木から木へと移動できるようになった。あの奇妙な姿勢を維持するには、直立したときの半分程度の筋肉量でよく、ほとんどエネルギーを消費しないで長時間ぶら下がっていられるというわけだ。また、驚くほどの強靱さと機敏さも手に入れた。彼らは後ろ足二本だけで垂直な木の幹につかまることができるし、空いた前足二本を使いながら、後ろに九十度反ることもできる。あるナマケモノ研究者曰く、人間なら「サーカスで披露するような特殊能力」だ。

たぶんオビエドは、樹上のナマケモノを一度も見たことがなかったのだろう。動物は地元の人びとが捕獲し、スペイン人騎士にお目にかけるため村に持ってきたのだ。自然とはかけ離れたそんな状況で、ナマケモノは目と鼻の先の水場にたどりつけない瀕死の人間のごとく、惨めに地べたを這っていたことだろう。こうしてオビエドは結論づけたのだ。「あのように醜く無益な動物は、後にも先にも見ることはなかった」

血も涙もない言葉だが、ナマケモノの歴史においては、このとき与えられた名称はやや皮肉がきついにしてもまだましな部類だった。スペイン人騎士は嘲りをこめて「ペリコ・リゲロ」、すなわち「機敏なる某氏」と呼んだのだった。英国人の聖職者エドワード・トプセルは十七世紀に記した動物事典の中で、この「恐るべき奇形の獣」を「猿熊」とした。

このころキリスト教教会は「七つの大罪」の確立に手をつけ始めていた。いわゆる魂を堕落させる悪徳の一覧表で、民衆を引き締めようという意図である。だが「怠惰」、すなわち精神的あるいは物理的な怠けは、まだ一覧表入りを果たしていなかった。ようやく十七世紀になって、紆余曲折の末に聖なる権力者たちは七つを確定した。怠惰は四番目に居場所を見つけ、カトリック教徒の探検家たちがあの奇妙な生きものに新しい別名を与える際に閃きをもたらした。そして罪と結びつけられるようになったが最後、そのいっぷう変わった生態に関する一切の共感的な理解の道筋は断たれた。

罵倒の大波が最高潮に達したのは、フランス人貴族のビュフォン伯が登場したときである。彼は自身の手による『一般と個別の博物誌』の中で初めてナマケモノに科学的解説をほどこしたが、まったく手心を加えなかった。「母なる自然は類人猿に豊かな生命力、行動力、喜びを与えたが、ナマケモノには遅さ、鈍さ、硬さしか与えなかった」と、嘲笑ったのだ。「あの不格好な姿態は鈍重、愚鈍、半永久的な痛みの源でもある」ビュフォン伯の意見では、ナマケモノは動物界の最下層に位置していた。「あとひとつ欠点があれば、生き延びられなかっただろう」

ビュフォン伯の著書が出版されたのは、ダーウィンの『種の起源』が自然選択説という斬新なアイデアで世界を揺るがす百年も前のことだ。それでも彼はダーウィンの先達として知られ、進化生物学の大家エルンスト・マイヤーなどから、進化を科学的思考の領域に導いたと評価されている。伯爵の意見では、嘆かわしいナマケモノはなんらかの手段で、すべての動物に固有の完璧さをもたらした自然の力を逃れたのだ。「あらゆる証拠が彼らの哀れむべき状態を浮き彫りにし、母なる自然の不完全な素描を思わせる。そのように描かれた者たちは存在を可能にする力をほぼ持たず、この世界に短い期間存在したのちに生物の一覧表から消滅した」

ビュフォン伯は同時代で最も敬意を集めた博物学者で、彼の手による博物誌は世界的なベストセラーになった。骰（さい）は投げられた。進化のはぐれ者、ナマケモノの運命は決まった。

*

言うまでもないことだが、わたしはナマケモノに弱い。あの突飛な生態には激しく心惹かれる。そのいっぽうナマケモノ愛好協会の創設者であるわたしは、あんなどんくさい生きものがどうして過酷な自然淘汰を乗り越えてこられたのか、としょっちゅう訊かれる。弱い者は滅びるのではなかったのか？　そんなときわたしは呼吸を整えて、ナマケモノは進化に置き去りにされたわけではないと説明する。彼らは彼らなりの生命力を備えた動物で、二つの属において六種類が現存しているのだ。学名は「Choloepus」（不具）、「Bradypus」（鈍足）と、ひどく侮蔑的だが。

実のところ「不具」と「鈍足」は、遺伝子的にはネコとイヌほど違って、三千～四千年前に進化の木から枝分かれしている。けれど両者とも、上下逆転したスローモーな暮らしぶりだ。二種類もそんな進化を遂げるとは、そのライフスタイルにはなんらかの利点があるのだろう。

「不具」は、一般的にはフタユビナマケモノとして知られている。後ろ足の指は三本あるので、やや誤解のあるネーミングだ。『スター・ウォーズ』に登場するウーキーをブタと掛けあわせて上下逆さまにし、爪を生やしたような外見をしている。長く豊かな毛はブロンドからブルネットまであるが、その色やぬいぐるみのような雰囲気と裏腹に驚くほど怒りっぽい生きものだ。単独で行動する性質で、触られるのを嫌い、人間の手のような見慣れないものが近づいてくるとシューッと音を立て、恐ろしげな二本の牙をむき出しにする。幸い、攻撃はゆっくりなので簡単にかわせるが、あの爪と不潔な特大の牙にやられたら大怪我をするだろう。

「鈍足」またの名をミユビナマケモノは、四本の足にそれぞれ三本の指がある。頭は中世風のおかっぱで、怒り心頭のときでさえ笑っているような表情は変わらない。たっぷりした灰色と茶色の毛を差し引けば飼い猫くらいのサイズで、指が二本の親戚より少しだけ小さく、そこまで神経質ではないものの、より謎めいている。四種類いる中で一番大きいのはその名の通り立派なたてがみを持つタテガミナマケモノで、房のついたココナッツを連想させる。一番小さくて、たぶん一番風変わりなのは、ミニチュアのミユビナマケモノだ。ほかのミユビナマケモノの半分の大きさもなく、パナマ沖のある島のマングローブ沼にしか生息していない。この小さなナマケモノにはほとんど捕食者がいなく、おかげでのんびり優雅に暮らしながら、精神安定剤に似た性質のアルカロイドを含むとされる葉を咀嚼している。つまり彼らは朦朧としているように見えるのではなく、実際に朦朧としているのだ。なんというか、進化のどんづまりのような存在だ。

ナマケモノはすべて異節上目の動物だ。異節上目は古くからある哺乳類の分類群のひとつで、この素敵にごった煮なグループには、アルマジロ、アリクイ、そして我らがナマケモノなど、地上で最も宇宙人的な容姿をした変わり者たちがいる。『スター・トレック』を彷彿とさせる名前同様、彼らの見かけも確かにSF風だ。一見したところ、現代のはぐれ者たるこれらの面々に共通点はないように見えるが、よく観察するとそれぞれ脳味噌は小さく、歯は明らかに少なく、体の外に睾丸がないことがわかる。幸いにも現時点では、彼らはその宇宙人的な特徴ではなく、それ以外の共通する性質、すなわち例外的にしなやかな脊椎から名づけられている（「異節」とは「奇妙な関節」という意味）。

異節上目の珍妙さは約八千年前、南米大陸がアフリカ大陸から分離したばかりだったころ、孤立した状態でひとつの祖先から進化したことに由来する。初期のナマケモノは千年をかけてこの原初の森の大地で繁殖し、百を超える種に分かれながら、それぞれが独自の存在になった。砂浜でくつろぎ（「観光客」という、外見の異なる現代のナマケモノを思わせる）、藻類を食べる（これは人間らしくない）大型の水上ナマケモノがいた。最大で幅二メートルもあるトンネルを掘った巨大な穿孔ナマケモノもいた。進化で最も成功を収めたのは最大の「メガテリウム」、つまり地上性のオオナマケモノで、ゾウほどの大きさがあった。

約一万年前、これらの巨大ナマケモノはふっつりと姿を消し、後に残ったのは現在知られるミニチュアサイズの樹上暮らしの従兄弟たち一握りだった。何がこれらの巨大な菜食主義者たちを地上から消し去ったのか、古生物学者たちは長いこと頭を悩ませ、手がかりを求めて骨が大量に残された洞窟や化石化したナマケモノの糞を調べまわった。

いっとき学者たちは、最後の氷河期が原因だという見解で一致していたが、それは違った。残念な答えだが、おそらく人間が食べてしまったのだ。約三百万年前に南米と北米の大陸が衝突し、ふたつの大陸のあいだに陸路ができると、地上性のナマケモノの一部は気まぐれに北を目指し、新しい魅惑の土地で繁殖しようとした。いっぽう手斧を携えて南の大地を覆いつくしていたのは、大勢の飢えた人間たちで、無防備な肉の塊を前に舌なめずりしていた。天敵もいないまま何千年も生きてきた巨人たちに抵抗のすべはなく、片っ端からバーベキューになってしまったのだろう。

もうひとつの可能性は、大陸間の行き来の始まりにともなって、彼らが人間の病気にやられたことだ。どちらにしても、原因はおそらく人間にある。生き延びたナマケモノが、樹上に隠れることができるくらい小型だったことの説明にもなるだろう。

威風堂々たるナマケモノたちの消滅を嘆いているわたしのような人間にも、一縷の望みはある。アマゾンの民話には人間より背が高く、体にはみっしりと毛が生え、悪臭を放ちながらジャングルの闇をうろつく巨大な生きもの「マピングアリ」が登場する。この伝説上の生きものこそ、密林の奥深くを闊歩する地上性ナマケモノなのではないだろうか。是非そうであってほしい。

*

種全体として言うならば、ナマケモノはさまざまな外見をとりながら六千四百万年を生き延び、人目を避けるという戦略のおかげで、サーベルタイガーやマンモスとは運命を異にしている。今日生存する六種類のうち、絶滅を危惧されているのはピグミーナマケモノとタテガミナマケモノだけだ。怠惰なろくでなしにしては悪くないし、オセロットやクモザルのような、体格の似ていた派手な哺乳類と比べたらはるかに上出来だろう。それどころか一九七〇年代の科学的検証では、ナマケモノは「大型の哺乳類としては最も数が多く」、哺乳類の生物量(バイオマス)の四分の一近くを占めるとされたのだった。平たくいうなら、ナマケモノに気を遣うのはやめてほかの動物をケアしよう、ということになる。

「彼らはサバイバーなんです」と、イギリス人のナマケモノ研究者ベッキー・クリフはわたしに言った。サバイバルの秘訣は、あのだらけた性質だという。

わたしがベッキーに会ったのは、彼女が働いていたコスタリカのナマケモノ保護区のドキュメンタリーを制作していたときだった。ナマケモノはサバイバーではあるが、密林に縦横に敷かれた道路や電線とは相性が悪い。怪我をした成体や親を失った赤ちゃんがこの保護区に連れてこられ、ナマケモノと心を通わせるジュディ・アヴェイ＝アロヨの庇護のもとに置かれる。彼女には野生動物をケアする独自の方法がある——具合の悪い赤ちゃんにスポーツ用の靴下で作った一点もののパジャマを着せたり、「バターカップ」と名づけたペットのナマケモノを（彼女は「わたしの娘」と言う）、柳細工のハンモックチェアで飼ってみたり。ベッキーの仕事は、それらエモーショナルな成分に科学的調査という側面をもたらすことだった。

「人間はナマケモノの真実に目をつぶりたいんじゃないか、という気さえします。彼らが怠惰な

上下逆転して生きているナマケモノに立って歩くための挙足筋は必要ない。おかげで方向を間違うと惨めなことになる。コスタリカの道路を横断するこのナマケモノは車に轢かれたあとのようだ。

おばかさんでいてくれるほうが、なんだかおもしろいのでしょう」と、ベッキーは言った。「科学者としては、ナマケモノがずっとそんなふうに言われてきたことには多少腹が立ちます。だって、それは真実ではないから」

ベッキーは確かな科学と実験観察を通して、ナマケモノを取り巻く数々の神話のベールを剥がそうとしている。彼女曰く、ナマケモノのナマケモノらしさを理解するには、まず胃袋から始めるべきだ。

征服者オビエドはナマケモノが「霞を食って生きている」と思ったようだが、実際は木の葉をメインに食べている。そのうち多くは硬く、食べられないような強い毒性を持つ。葉食動物として枝葉に戦いを挑むにあたって、ナマケモノの武器は牛のようにいくつもの袋に分かれた巨大な胃だった。ただし牛と違って反芻はしないし、食い戻しを咀嚼することもない（枝から逆さにぶらさがって食物を逆流させるのは、控えめに言ってかなり難しいだろう）。それに噛むこともナマケモノの得意分野とはいえない。ミユビナマケモノには前歯がなく、奥歯も申し訳程度のしろものだ。つまりナマケモノの胃袋には、ほぼ丸のままの葉が送りこまれることになり、友好的な腸内細菌の助けを借りて分解するしかない。ひどく時間の掛かる作業だ。

この消化マラソンに要する正確な時間については、一九七〇年代にジーン・モンゴメリーという米国人科学者が調査している。モンゴメリーは自身の手で、消化不可能なガラス玉をいくつかナマケモノに与え、消化管を通過してふたたび陽の目を見るまでの時間を測定した。彼は延々と待ちつづけた。もう頭がおかしくなってしまうと思った瞬間、ガラス玉入りの糞が出てきたという。体内の旅が始まって五十日後のことだった。

モンゴメリーの実験を再現するにあたって、ベッキーはガラス玉のかわりに赤い着色料を使った。ガラス玉が消化管のどこかに引っかかって「滞在期間」を引き延ばし、実験結果を歪めたということはないか、と危惧したのだ。それでもベッキーの手に入れた結果はモンゴメリーとほぼ同様で、やはりナマケモノは哺乳類で最も消化の効率が悪い動物なのだった。

「多くの哺乳類の場合、消化の速度は体の大きさと比例していて、大型になるほど時間が掛かるはずなんです。でも、ナマケモノはそのルールを鮮やかに破っています」と、ベッキーは説明してくれた。彼女の見立てでは、平均的なナマケモノの胃は二週間強かけて木の葉に含まれる植物繊維や毒性を分解する。それ以上速めると、たぶん肝臓の働きが追いつかなくなり、みずから口にした毒にやられてしまいかねないのだ。食生活の大半を占める木の葉はせいぜい百六十カロリーで、一日にポテトチップスの袋をひとつ空にするのとかわりない。そんなわけでナマケモノはできるだけエネルギーを消費しないよう進化した。彼らは自然界でも群を抜いたぐうたら屋で、樹上でのんびりくつろぎ、ゆっくりと葉を消化することで、不要な努力をせっせと回避しているのだ。

ナマケモノの体には、低エネルギーかつ上下逆転した生活を支える巧みな機能が数多く備わっている。血管と喉はエサを呑みこみ、重力に逆らって血液を循環させられるよう、独自の進化を遂げている。毛の流れは通常の反対で、お腹の真ん中に分け目があり、雨粒をはじきやすい。密林式の大雨に遭っても、日光の当たるところで体を乾かしていればいいのだ。ベッキーの最近の発見によると、肋骨にはべたついた突起があり、時間をかけて葉を消化するにあたっては全体重の三分の一を担うことにもなる胃袋が、肺を押しつぶさないようになっているそうだ。

おまけにナマケモノは異様なほど代謝が悪く、同じサイズの哺乳類の半分にしかならない始末で、体の深部の温度もせいぜい二十八〜三十五度だ。ほとんどの哺乳類はいつも温かい三十六度の体内環境に助けられているのだが。カロリーを使って体内の燃焼エンジンを動かし、体を温めるかわりに、ナマケモノは熱帯暮らしだというのに南極大陸の動物なみの分厚い毛皮を着ている。毒性のある葉と違って太陽エネルギーは無償なので、その利点を生かすべくナマケモノは木の上にたむろし、トカゲのように日光浴をしている。そして冷血動物の例に漏れず、彼らは一日のあいだに体温が数度上下しても問題ない。「ナマケモノはとても効率のいい動物で、手に入るものすべてを最大限使いこなしているのです」と、ベッキーは言う。「必要に迫られたり、厳しい環境に置かれたりしたら、彼らはじゅうぶんな耐久力を発揮して、第二第三の選択肢を使います。代謝にしてもそうで、必要に迫られたときは、自力で代謝率と体温を上げられるようなのです。ただ、ほとんどの場合その必要はありません」

長いこと、ナマケモノは体温をコントロールする能力が完全に欠けているとみなされていて、それも彼らが温血動物に比べて進化の度合いで劣るという見かたの一因になっていた。忘れてはならないのは、ナマケモノが他のどんな動物より不正確な科学の犠牲になってきたという点だ。ナマケモノが劣っているとされる根拠の大半は、二〇世紀前半に行われた素人くさい調査と伝聞だ。ベッキーは現代的なテクニックと機器を用いることで、調査の方法を大きく進化させた。たとえば代謝を調べるにあたっては、特注の代謝測定室のほかに体温計を用意して、潤滑油を塗った上で気のいいナマケモノのお尻に挿入した（ナマケモノの秘密に迫るためには綺麗ごとなど言っていられない）。「新しいデータが手に入るたびに、ナマケモノは今まで言われてきたような生存競争の落伍者ではないと確信するんです」と、ベッキーは自信を持って語った。

「だって、六千四百万年も生き延びてきたんですよ……体温を上げる能力がまるっきりないのなら、とっくの昔に絶滅していたはずです」

ベッキーの予測ではナマケモノの代謝の悪さこそ、彼らの生存を決定的にした特別な力——死をあざむく力なのかもしれないのだ。ナマケモノと死は、彼らをめぐるしぶとい神話のひとつではあるが、多少の真実は含まれているようだ。

この世にしがみつくナマケモノの能力は、何世紀ものあいだ多くの憶測を生んできた。一八二八年、イギリス人の博物学者チャールズ・ウォータートンはこんな記録を残した。「あらゆる動物の中でも、この惨めで不格好な生物は最も生への執着が強いようだ」こうも書いている。「彼らは他の動物なら息絶えるだろう怪我を負ったあとも、長期間生き延びる」ナマケモノが木から三十メートルも転落して無傷だったとか、四十分も水中にいて死ななかったとか、冷蔵庫で二十四時間生き延びたとか、その種の逸話は数多くある。あるナマケモノなど脳を除去されて三十時間も持ちこたえたといわれている。文字通り、脳の働きが停止しそうな話だ。

もちろん、これらの話の多くは誇張されているが、ベッキー曰く、ナマケモノがとてつもなくタフなのは本当だ。コスタリカのナマケモノ保護区の職員たちは、電線で感電したり、犬に襲われたり、車に轢かれたりしたナマケモノたちが奇跡に近い回復を遂げるのを目にしてきた。

「瀕死の重傷を負った彼らがなぜ復活できるのか、その謎は今も残っています」と、ベッキーは言った。マンチェスター大学でヤモリの遺伝子発現と肢の再生を研究するエンリケ・アマヤ教授との会話が、彼女に貴重なヒントを与えてくれた。「教授の話では、ヤモリは尾を再生しなければいけないとき『胎児状態』に入るそうです。簡単にいえば体を癒すのにすべてのエネルギーを注ぎ込むため、代謝率を下げるのです」ナマケモノの代謝の悪さにも同じような機能があるのではないか、とベッキーは考えているが、今のところまだ実験でその仮説を証明することはできていない。

ナマケモノの代謝の悪さはがんの発病を逃れたり、先天異常をあえて維持して進化を支え、有効な新しいシステムを構築したりするためではないか、という意見もある。たとえばキリンよりも椎骨の多い、珍妙な長い首がそうだ。あの長い首のおかげで、自然界のぐうたら屋である彼らは首を二百七十度回し、無駄に体を動かして貴重なエネルギーを空費することもなく、四方の葉を食べつ

初期の博物学本の挿絵画家たちは、華麗なまでにひどいナマケモノの絵をひねり出した。外見は人間によく似ていた。図版は1770年のジョージ・エドワードとマーク・ケイツビーによるもので、フレディ・クルーガーばりの恐ろしい爪は別にしてやけにヒッピー風だ。

くすことができる。進化の過程で、余分な肋骨が椎骨の一部になったのだろう。それは広い意味での奇形で、ふつうなら哺乳類の免疫システムの作用で排除されるが、ナマケモノの場合は環境への適応としてそのまま残ったのだ。

*

ナマケモノの代謝の速度は誰が見ても遅いが、だからといって四六時中眠っているわけではない。いわゆる世界一怠惰なこの動物は、一日二十時間近くをうつらうつらしながら過ごすと言われてきたが、最近の研究では、野生のナマケモノはその半分程度の一日平均九・六時間しか眠らないとされている。

「じっとしているからといって、寝ているわけではないんですよ」と、ベッキーは言った。ナマケモノと寝食を共にした人間の言葉には重みがあった。「とりわけミユビナマケモノは、ほかの動物みたいに、いっぺんに九〜十時間眠ったりしないんです」彼らの一日はいわば瞑想状態で、静かに、両目を開けてぼんやりと宙を見つめながら、木の枝からぶら下がった格好で過ごす。意識はあるが動作はしないこの状況こそ、エネルギーを節約し、生き延びるための鍵なのだ。

まるで禅のようだ。けれどいつも昼寝している、いわば動かぬ草の発酵袋のような存在が、どうして天敵にやられずにいられるのだろうか。

ナマケモノの主な捕食者はオウギワシ（ハーピーイーグル）という恐るべき動物で、死者を冥界に運んだ古代ギリシャ神話の風の精霊にちなんだ名前がついている。オウギワシは世界でも一、二を争うサイズとスピードを誇る猛禽類で、爪はハイイログマ並みに大きく、翼を広げると二メートルにもなる。トップスピードは時速百三十キロだ。レーザービーム並みの視力があり、顔の周囲には聴力を増すための羽根が生えていて、遠くで葉がかさりと鳴ったのも聞き逃さない。

こんな最強の捕食者に、ナマケモノが太刀打ちできるはずがないと思うだろう。視覚も聴覚も不十分で、霧の中で生きているような動物なのだから。そんな、なまくらの感覚では、翼を持った残忍な暗殺者の到来を予知することはできないはずだ。おまけにトップスピードは時速一・五キロにも及ばないのだから、走って逃げるなど問題外だ。

ナマケモノに防御の能力が欠けていることが、ビュフォン伯の揶揄の対象になったのだった。「ナマケモノには攻守において何の武器もない。鋭い歯もなく、目はたてがみで覆われている」伯爵はそう記し、さらに辛辣な評価を下した。「そのたてがみも、枯れた薬草のようだ」伯爵が博物館に展示された、古びた毛皮を眺めるのではなく、ナマケモノの巣である密林で観察を行っていたら、その装いについてもう少し好意的だったのではないか。

ナマケモノは擬態の達人で、密林の奥に姿を隠すことに長けている。エドワード・リアの詩に登場する老人の顎ひげ並みの毛皮は、非常に高機能だ。毛皮に刻まれた段差は水を集め、八十種類を超える藻類と菌類のオアシスになっている。ナマケモノが緑色がかって見えるのはそのせいだ。ある研究によると、一匹のナマケモノが九種類の蛾、六種類のダニ、七種類のシラミ、四種類のカブトムシを養っていたそうだ。カブトムシには一匹につき九百八十もの寄生者がいた。(重箱の隅をつつく科学者のために言っておくが、シラミのうち三種類は厳密にいえば肛門に寄生していた)

全身に虫がたかり、地面を引きずり回されたような外見では、ビューティ・コンテストでの優勝は望めない。ただしそのかわり、彼らは見た目も臭いも、木にそっくりだ。そしてほぼ一日中、木のようにじっとしている。体を動かすときでも、サルのように物音を立てたりしない。ナマケモノの空中バレエは穏やかなそよ風のようで、驚くほどのろく、樹上を旋回して獲物の動きを察知する恐るべきオウギワシのレーダーにも引っかからないといわれている。

ナマケモノの静かな生存戦略を早いうちに認めた学者の一人が、動物を野生の姿で観察することを主張し、フィールド生態学の父といわれているアメリカ人の博物学者ウィリアム・ビーブだった。ビーブは生涯の大半を、危険な探検の数々に費やした。世界中のキジの生態を観察するため地球を一周したせいで、一時は精神を病み、結婚生活は破綻した。「潜水球」と名づけた恐ろしげな金属の球体を使って、三十五回以上も深海を探索したりもしている。ビーブは水深五千メートル超に達した最初の人類だ。八十歳を優に超えても、密林の木に登って鳥の巣を観察していた。

ビーブは一九二〇年代の大半を、フランス領ギニアで暮らす野生のナマケモノの観察に費やした。その結果、この奇妙な動物の生態を嘲笑するのではなく、関心を抱くに至ったというわけだ。彼はビュフォン伯の古色蒼然とした、狭量な観察眼を嘲笑った。「仮にナマケモノがパリにいたならば、このフランス人科学者の予言も当たっただろうが、ビュフォン伯が密林の枝から逆さにぶら下がったなら、パリのナマケモノよりももっと早く絶滅していただろう」

ビーブの指摘の多くは現在でも参考にされているが、その手段についてはいささか風変わりだったというべきだろう。たとえば彼は、ナマケモノが泳げると指摘した人間の一人だが、それはナマケモノを次々と川に放り込んだ結果だという。

「ナマケモノの性質において特筆すべきは、水を恐れないところだ」――人間の手で投げ込まれた場合も。だがビーブの指摘どおり、ナマケモノは水泳の名人だ。その奇妙な消化システムのおかげで大量のガスが発生するが、進化の過程で行き場のない空気にも適切な役割が与えられた。内なる生物学的ブイというわけだ。実際ナマケモノは、長い腕で犬かきの真似ごとをして、陸にいるときの三倍も速く進むことができる。ある科学者によると、あおむけにしたら背泳ぎ式の動作もできるということだ。

ビーブはナマケモノを水に放り込むかたわらで、銃を撃っていた。「居眠りをするナマケモノと、赤んぼうにエサを与えるナマケモノの近くで発砲してみたが、どちらも気にするそぶりはなかった」こうして彼は、ナマケモノは耳が聞こえないとまではとはいえなくても、「音に対して全般的に関心が薄い」と結論づけた。近くで鳴き声をあげるタカにさえ無反応だったのだ。「映像も音も、彼らを包む不透明な膜を破ることはなかった」

わたし自身にも覚えがある。わたしは銃のかわりに、ナマケモノに対して「わっ！」と言ってみた。彼らのささやかな反応は（何度も試したのだが）、たっぷり間を置いてからぼんやりと顔をこちらに向けるだけだった。決して驚かないという性質は、これまた巧みなカモフラージュ戦略の一環なのだろう。オウギワシを見るたびに飛びあがっていては、隠れているべき動物の反応としてふさわしくない。

ナマケモノはおおむね単独行動を好む。つまり聴覚が極端に弱いことも、ほぼあらゆる形式の声

野外生物学の父ウィリアム・ビーブが腕を伸ばし、ナマケモノを川に投げ入れるところ。背泳ぎができるか見たかったそうだ。

を使ったコミュニケーションを放棄したことのあらわれかもしれない。ひとつだけの例外は、セックスを求めて叫び声をあげるメスのミユビナマケモノだ。発情したメスは木のてっぺんに登り、周囲数キロに響きわたる金切り声をあげ、交尾の準備ができたと伝える。ビーブのおかげで、そのヨーデルの正確なピッチはD#（レのシャープ）だとわかっている。ほかの音は、半音下げたDにしても効果はなかった。「彼らはただひたすらD#だけ聴きとれるようになっているのです。C（ド）やE（ミ）、そのあとB（シのフラット）も試してみましたが、効果はありませんでした。あらためてD#を鳴らしてみると、間髪を入れずに反応がありました」。ビーブによると、この鋭い声はキバラオオタイランチョウの鳴き声と完璧に一致している。これまた隠れるための巧妙な戦略だ。メスは全身を使って木の上で居場所を知らせているときでさえ、身を隠すことを忘れないのだ。

ビーブはラブソングを聞くことはあっても、実際の交尾を目にすることはなかった。派手な高音のヨーデルと対照的に、ナマケモノの性生活は地味で、おかげで数々の神話に包まれている。インターネット上で根強い噂のひとつが、鈍重なナマケモノはセックスに二十四時間かけるというものだ。それは事実ではない。野生のナマケモノの交尾を初めて映像に記録した人間として言うが、彼らのセックスは驚くほど素早く、躍動的だ。オスがメスに近づき、短いあいだ派手な身振りを見せたあと、行為はあっという間に終わる。セックスはナマケモノが唯一、素早くこなせるものかもしれない。

あまりロマンチックとはいえないが、理には適っている。交尾しようと思ったら、無防備な姿を捕食者にさらすことになるのだから、瞬時に終わらせてしまうほうが合理的なのだ。行為を長引かせていたら、貴重なエネルギーの空費にもつながるだろう。ただし、わたしが観察したナマケモノは、午後いっぱいを交尾に費やしていた。およそ三十分ごとにオスはその場を離れてセクロピアの葉を頬張り、深い睡眠をとるのだった。

*

ナマケモノの生態をめぐって最も意見が分かれるのは、おそらくよりプライベートな側面、つまり謎めいた排便の習性についてだろう。普段は怠惰なこの葉食動物は、わざわざ地上まで下りて用を足すという不可解な習性を持っている。長い時間をかけた儀式的な行動で、木の根もとにしがみつき、地面にお尻をこすりつけ、ずんぐりとした尾を使っててていねいに穴を掘り、糞をするのだ。その後はたいていじっくりと臭いを嗅いでから、葉っぱできれいに痕跡を隠し、長い時間をかけて帰宅する。五～八日後、同じ手順を繰りかえす。

その手の込んだ行動はナマケモノにとって非常に大事なことのようなので、コスタリカのナマケモノ保護区は前庭に専用の「トイレ棒」を立て、両親を失った赤ちゃんたちにトイレトレーニングを施している。トレーニングの責任者はナマケモノとは正反対の性格のクレアという女性で、アメリカの高セキュリティの刑務所に長年勤め、エネルギーがありあまっているような人物だった。早期退職したのち、ナマケモノの保護区で幸せに過ごしていたものの、赤ちゃんたちに排便の方法を教えることにかけては、矯正施設のストレスフルな環境に適応してきた人間らしい真剣さをもって取り組んだ。ナマケモノが実際に用を足しているときは、「うっとりした表情」を浮かべるので見分けがつくそうだ。そんなとき、ナマケモノは「ちょっと放心したような笑みを浮かべるのです」と、クレアは言った。人間なら誰でも共感できるのではないか。

ナマケモノのトイレ習慣は満足感をもたらすものだろうが、その代償もある。森の地面への旅は多くのエネルギーを必要とするし、とても危険なのだ。木の枝が密集したところを離れれば姿は丸見えになり、ジャガーのような地上の捕食者の鋭い目に留まってしまう。ナマケモノが命を落とすのは半分以上、用を足しているときだと言われている。隠れながら一生を過ごす者が、また木の枝にぶら下がる生活に完璧に適応していて、そこで生まれ、交尾をし、死んでいく者が、サルのように単純にその場で排便をしないのはとても不思議なことだ。

排便問題はナマケモノの研究者の間でも熱い議論の的で、さまざまな意見がある。保護区で働くスタッフは、地面に降りてくるのはお気に入りの木に栄養を与えるためだと言った。感心なことで、ヒッピーが喜ぶだろうが、ナマケモノの糞は一か月近くかかる消化の産物であり、森に還るときは既にコンパクトな繊維質の塊になっていて、堆肥としてはほとんど用をなさない。地面に降りてくるのは土を食べて、葉っぱばかりの食生活では欠けているミネラルを補うためで、地上でオオナマケモノとして過ごしていたときの名残だとする意見もある。この仮説は現在のところ、さほど有力視されていない。

二〇一四年、アメリカの生態学者たちが、その排泄の謎を完全に解いたと主張して大きな話題になった。彼ら曰く、その答えはナマケモノの毛皮の中で一生を過ごすナマケモノガとの秘密の関係にあった。野生のナマケモノにはこれらの冴えない小さな昆虫が山ほど寄生していて、顔の上をもぞもぞと這い、邪魔されたときは灰色の羽根を広げていっせいに飛び立つ。そんなガの一生が、ナマケモノの奇妙なトイレ習慣と一致しているというのだ。ガの幼虫は糞食性、露骨に言えばうんこを食べて生きている。つまり大人のガはナマケモノの排泄物に卵を産みつけ、やがて変身した幼虫は飛んでいって、トイレに向かう別のナマケモノに身を寄せるのだ。こうしてライフサイクルは永遠に続く。

どう考えても羨ましいとは思えないナマケモノガの生きかた自体は、ずいぶん前から知られていた。ただしアメリカの生態学者の新しい発見はもう少し複雑なので、少し辛抱して聞いていただきたい。科学者たちは親切にもこれらのガを「ほとんど『空飛ぶ性器』に過ぎない」と言うけれど、それは短い成虫としての日々はセックスだけが目的だからだ。交尾をするなり彼らは死んでしまう。その結果、ナマケモノの毛皮には生きたガと腐りかけのガが混在することになり、生態学者曰く、後者は毛皮の中で育つ藻の栄養源なのだ。驚くような話だが、科学者たちの想像はそこで終わらない。

生態学者たちはフタユビおよびミユビナマケモノの胃の中身を採取し、藻の存在を確認した。その証拠からナマケモノは自分の毛皮をむしり取り、低カロリーでミネラル不足の食事を補っているという結論が導き出された。想像を飛躍させれば、ナマケモノは自分の命を危険にさらしてガのライフサイクルを支え、「藻の庭」が豊かになるようにしているのだ。そうだとすれば、ナマケモノは動物の王国きっての熱心な農夫で、作物の生育のために死の危険を冒していることになる。実は誰も、ナマケモノが毛を舐めたり食べたりするところを見たことがないが、生態学者たちはひるまなかった。単にナマケモノが夜やっているか、内緒でやっていると推測したのだ。

生態学者たちの論文は、マスコミの注目を大いに集めた。ナマケモノの風変わりな排便の習慣は、たいした事件がない日の埋め草にはぴったりなのだろう。いっぽう科学界は、ナマケモノの真夜中の晩餐に関してはやや懐疑的だった。「とても残念な展開です」と、ベッキー・クリフは言った。「野生のナマケモノをある程度観察したら、彼らの主張が間違っているのがわかるでしょう。たぶん現場であまり見ることがなかったのだと思います。胃から藻が出たとしても、それは藻が自然界に存在していて、ほかの方法で入り込んだというだけです」

ベッキーはこれ以外の点でも生態学者の説に反対していた。ナマケモノが単にガの繁殖の場を提供しているだけというのなら、どうして限られた木の根もとにしか行かないのだろうか。「野生のナマケモノはいつも同じ場所で排便をします。こういった木の根もとはいくつも糞の山ができていたりするのです」隠しカメラを設置して、その様子を観察したこともあるという。「これらの場所にカメラをセットすると、ナマケモノが何度も出入りするのがわかりました」(ナマケモノの動作があまりに遅いので、カメラが起動しないこともあったという)。なぜナマケモノは、どの木でもいいから降りてこないのだろうか。どうして特定の場所を目指すのだろうか。

ナマケモノが危険を冒してトイレに向かうことについて、ベッキーには彼女なりの説がある。要するにセックスのためなのだ。

ベッキーがひらめいたのは、例の赤い色素を使った消化の研究をしていたときだった。彼女はナマケモノの保護区で何匹かの実験対象の糞を集めていた。野外生物学者としては、だいたいそんな日々を過ごしているという。けれど科学者のお洒落な生活は、ナマケモノの糞を採集するだけに留まらない――それを自分の寝室に保管するのだ。ベッキーのジャングルの仮設研究室は、彼女が生活する小屋も兼ねていた。小屋を訪ねた人間はたいてい、所狭しと積まれた糞の山をよけて歩くことになった。それぞれA4の紙に積まれ、「ブレンダ、四日目」という具合に謎めいた走り書きがされていた。

ある晩ナマケモノの糞に囲まれて寝ていたとき、ベッキーは窓をコツコツと叩く音で目が覚めた。カーテンを引くと、驚いたことにオスのナマケモノがじっと見つめていて、どうやら寝室に押し入りたいようだった。朝になって外に出ると、オスはまだそこにいた。次の晩もやってきたので戸を開けてやると、小屋の中をのそのそと動きまわった。何日間かこのしつこいナマケモノに付きまとわれて、ベッキーはようやく相手が何を狙っているのかわかった。ブレンダの糞だ。

糞を収集したとき、ブレンダは何日間も発情の声をあげていた。こうしてベッキーは、ナマケモノの糞にはフェロモンが含まれていて、多くの哺乳類同様トイレは伝言板として機能しているのだろうと考えるようになった。繊維に満ちた糞を大量に置いていくのは、ナマケモノにとって個人アドレスを明かすようなものだ。メスは地面に降りてきて、自分の居場所やセックスの準備ができていること、そのほか一通りの個人情報を残してくる。ライバルの様子をうかがうためでもあり、オスも同じことをする。トイレに向かうのはナマケモノにとって婚活パーティに行くようなものなのだろう。

「筋が通っていると思います。木から降りるという大きなリスクは、大きな見返りがなければ成り立ちません。そして最大の見返りは交尾なのです」と、ベッキーは言った。

ベッキーが正しければ、この秘密のコミュニケーションのシステムもまた、ナマケモノがジャングルに溶け込み、その存在を隠しておくための手段だといえるだろう。隠れることこそ彼らの原動力で、自然環境の中では大きな効果を上げるいっぽう、人間は理解に四苦八苦することになる。忙しい二足歩行のサルで、自然の摂理より早く行動しようとするわたしたちは、何世紀にも渡ってナマケモノの静かなサクセスストーリーの素晴らしさを見過ごしてきた。もう少しスピードを落とせば、エネルギーを節約しながらサバイバルしているナマケモノから学ぶことはたくさんあるだろう。

同じことは誤解の庭の次なるメンバー、ハイエナについても言える。同じようにそのライフスタイルを非難され、けれど今では人間が教わるべきことのある動物だ。これから説明するように、ハイエナはとても効率のいい動物で、動物の王国全般がペニス中心主義なのに対して、驚くほどフェミニストなのだった。

第4章

ハイエナ

ハイエナ——雌雄同体の死肉喰らい、子牛の敵、韋駄天、寝ている君の顔を噛みちぎるかもしれない奴、悲しげな吠え声、群れる狩人、臭気ふんぷん、ライオンも怖れる骨を砕く強靭な顎、地面をこする腹、褐色の土を大股で蹴立てて走る姿、振り返る顔、雑種犬のような賢さ。

アーネスト・ヘミングウェイ『アフリカの緑の丘』（一九三五年）

ハイエナはナマケモノ以上に、トンデモな誤解のせいで非難を浴びている。彼らは時代や文化、場所を問わず、自然界の悪党だとされている——愚かな卑怯者で、動物王国の路地裏に身をひそめ、高貴な動物たちをディナーにしようと狙っている、と。

ハイエナには四種類あって、それぞれの生態はかなり異なるが、最も生息範囲が広くて最も誤解されているのは「Crocuta crocuta」ことブチハイエナだ。粗い毛皮、丸めた背中、よだれを垂らして笑っているような顔。たしかに、この「高笑いするハイエナ」は、取り立てて見栄えがいいとはいえない。けれど人間が彼らを侮蔑するのは、外見だけが理由ではない。そこにはもっと切実な事情があるのだ。そのあたりを掘りさげてみると、悪賢い捕食者と人間が古くから対立してきた歴史が見えてくる。そしてメスのハイエナは、オスの支配に対抗する驚異の秘密兵器を体内に秘めている。

トプセルの事典に掲載された絵からは、ハイエナに関して彼が相当混乱していたことが見てとれる。クマかイヌのようだけれど、短い尾はサルのようだし、足は人間の女性だ。トプセルはハイエナが短い尾を持ちあげてお尻を見せるとも言った。両性具有だと知らせたかったのだろうか。

ハイエナの特徴は、そのねじれた生物学的な立ち位置だ。見かけと狩りの方法は犬のようなのに、実は高性能なマングース科の一種で、つまり犬よりもネコに近いのだ。ハイエナは動物を分類しなければ気がすまない人間たちに嘲笑を浴びせ、分類学者の憎悪を際限なく煽る。偉大なる分類学者カール・リンネも、ハイエナに関しては両面作戦を取らざるを得なかった。代表作『自然の体系』が版を重ねる中、偏執狂的に几帳面なリンネはまずハイエナをネコ科に分類し、のちにイヌ科に修正した。彼はついに正解にたどり着けなかった。

ほかの研究者たちは、ハイエナをある種の交雑種（ハイブリッド）として扱ったが、それは非常に深刻な意味合いを持っていた。なぜならサー・ウォルター・ローリーが主張したように、そのせいでハイエナはノアの箱舟に乗る資格を失ったからだ。十七世紀の古典『世界の歴史』の中でローリーは、動物の王国、ノアの一族、そして全員分の食料を神の救命ボートに詰めこむにはどうしたらいいのか、長大かつ詳細な分析を試みている。ローリーの仮説によれば、かなりの混雑は避けられなかった。「合理的」な省スペース策として、彼はハイエナ（キツネとオオカミの汚れた落とし子）を置き去りにして、溺れるに任せることを提案した。「血の混ざった獣は保存の必要がない。ほかの種たちからふたたび生まれることができるからだ」

けれどハイエナに関してさらに不可解なのは、その性別だった。「俗にハイエナは両性具有だとされる。ある年はオス、次の年はメスとして過ごすのだ」と、大プリニウスは動物事典に記した。ハイエナが両性具有で、季節に応じて性転換する能力を持っていると述べたのは、大プリニウスが最初でも最後でもなかった。その話はアフリカの民話にたびたび登場するし、かのアリストテレスも議論に参加している。たしかに両性具有の生物が、自然界に存在しないわけではない。ミミズ、ナメクジ、カタツムリには雌雄同体の種が多いし、自分の意思とは別にふたつの性を行き来する硬骨魚もいる。実のところ近代科学では、性の境界線を越える種は六万五千種以上と推定されている。けれど、ハイエナはその一種ではない。

プリニウスがそんな性的な神話を主張したのは、オスのそれとほとんど瓜二つという、メスのブチハイエナの奇妙きわまりない生殖器のせいだったのかもしれない。メスのハイエナのクリトリスは長さ二十センチあり、形も位置もペニスそっくりだ。(そんなわけで上品な生物学者たちは「擬ペニス」と呼ぶ)。擬ペニスの持ち主は勃起もするし、睾丸を一組持っているようにさえ見える。実はメスのブチハイエナの陰唇は融合して、陰嚢まがいの形を持ち、脂肪組織をたっぷり含んでいる。これではオスの生殖腺と取り違えられても無理はないだろう。メスの高笑いが聞こえるようだ。

ブチハイエナの生殖器について論文を書いた研究者たちは、オスとメスの外見があまりにも似ているので「性別を確かめるには陰嚢を触ってみるしかない」と述べた。わたしはごめんこうむりたい。ブチハイエナの柔らかいところを愛撫するのは、両手を失ってもかまわない人間だけが挑戦するべきことだろう。けれど大プリニウスの勘違いの説明にはなる。彼は盗作の常習犯で、ブチハイエナの生殖器など目にしたことなどなかっただろうし、ましてや触ったことなどなかったはずだ。十九世紀後半になってようやく、イギリス人の解剖学者モリソン・ワトソンがハイエナの下半身に手を伸ばし、両性具有説の流布に終止符を打った。幸運にもワトソンは、五体満足で帰宅したという。

現在では、ブチハイエナのメスはヴァギナが開いていない唯一の哺乳類として知られている。メスは排尿、交尾、出産のすべてに、奇妙かつ多機能な擬ペニスを使うのだ。擬ペニスを使った出産は、水撒き用のホースに果物のメロンを通すような苦痛に満ちたもので、初産のメスの十頭に一頭は命を落とす。赤ちゃんの運命はさらに過酷だ――産道を通りぬけるには、へその緒が短すぎるのだ。産道は同じ大きさの哺乳類の倍の長さがあり、おまけに下のほうで厄介なヘアピンカーブを描いているので、赤ちゃんの六十パーセントは途中で窒息死してしまう。

メスのハイエナが擬ペニスを通して出産している姿から、両性具有の神話が生まれたのは想像に難しくない。けれど出産にそれほど危険がともなうのなら、そもそもなぜハイエナの外陰部はそんな奇妙な進化を遂げたのだろうか。その点は、そう簡単に答えが出る問題ではない。

メスのハイエナの性の超越ぶりは、擬ペニスに留まらない。ほかの哺乳類と大きく異なる点として、ブチハイエナはメスのほうがオスよりはるかに体が大きく、攻撃的なのだ。

「オスのハイエナにだけは生まれ変わるべきではありません」というケイ・ホールカンプの言葉は、真剣に受け止められるべきだろう。ミシガン州立大学の進化生物学および行動学教授で、三十年以上に渡って野生のハイエナを観察し、誤解の多い彼らの本当の姿を伝えてきたのだから。彼女は高名なチンパンジーの女性研究者にちなんで、ハイエナ研究界のジェーン・グドールと呼ばれている。

ハイエナの群れはすべて母権制で、一頭のリーダー格のメスが支配している。群れは厳格な階級社会で、支配権はリーダーの子どもたちが引き継ぐ。大人のオスはヒエラルキーの最下層に位置し、のけ者としておとなしく過ごしながら、その場に存在すること、食事をして、交尾することをメスに懇願しながら生きていくしかない。共同の死骸置き場では、三十頭近いハイエナが肉の分け前を争うが、大人のオスが食事にありつけるのは最後だ――その時まで肉が残っていたとしての話だが。順番を急ぐようでは、メスたちから激しい攻撃を受けかねない。

ホールカンプの説では、メスのブチハイエナの攻撃性と支配欲の根源にあるのは、死骸をめぐる激しい競争だ。興奮したハイエナの群れは、三十分足らずで二百五十キロのシマウマを草原の血のしみに変えてしまうことがある。大人のハイエナは一回の食事のたびに、自分の体重の三分の一ほど、つまり十五〜二十キロを食べる。せわしなく、貪欲で、ときに戦慄を誘う光景だ。より体が大きく、狡猾なメスは、出産の試練を乗り越えた自分の子どもたちの分け前を確保し、怪我をしないように守る。

支配階級のメスたちは、子どもたちにより強い攻撃性を与える手段をもうひとつ持っている。最近の研究によると、母親の攻撃性が強いほど、胎児は妊娠後期により多くのテストステロンにさらされているのだ。これらの男性ホルモンは母親の卵巣で生成されるといわれるが、それだけでも十分奇妙な話だろう。けれどホールカンプ曰く、不思議なことにオスよりもメスの赤ちゃんのほうがその影響を受けやすいのだ。ブチハイエナのメスは妊娠期間が飛びぬけて長く、出産前にアンドロゲンを浴びることで、子どもは神経系の発達に影響を受け、生まれた瞬間から闘争本能に駆られることになる。そして、必要な武器は揃っている。大半の哺乳類と違って、ハイエナの赤ちゃんは最初から目が開いているし、体も出来上がっていて、鋭い歯も生えそろい、噛みつくことができる。これら好戦的な赤ちゃんたちは、エサをめぐって殺しあうことも稀ではなく、シブリサイド、つまり兄弟姉妹間の殺し合いもしょっちゅう起きる。

科学者は出産前にテストステロンを大量に浴びることが、メスのハイエナのクリトリスが異様に長くなる原因だとしてきた。ところが飼育されている妊娠中のブチハイエナの餌に、性ホルモンを封じる効果がある抗アンドロゲンを大量に混ぜて与えても、驚いたことにやはり赤ちゃんは「ゆらゆら揺れる大きな擬ペニス」と「睾丸もどき」を身につけて産道から出てきた。

ホールカンプ曰く、ブチハイエナの特異な生殖器は「生物学の最も興味深いミステリーのひとつ」だ。メスの擬ペニスは群れの下位のハイエナに舐めさせるために発達したという説もあり、確かにそうやってメスのハイエナは互いに挨拶をする（そして力関係を測る）。興味深い説ではあるが、それだけのために進化のスイッチが入って、出産に支障をきたす擬ペニスなどが出来上がるとは思えない、とホールカンプは言う。「これまでに主張されてきた説は、すべて却下しても差し支えないでしょう。メスのアンドロゲンを浴びたことによる、単なる『副作用』ではないし、挨拶のために存在しているのでもありません」

ホールカンプの学識にもとづいた推測では――それでもやはり「推測」なのだが――メスが性の境界線を越えたのは、長年に渡るオスとのせめぎあいの結果だ。ほとんどの動物はオスどうしが争い、勝者がメスを勝ち取るが、ブチハイエナの群れではいつ、どこで、誰と交尾するか、すべてメスが決める。セックスは格好良さとは程遠く、オスがメスのお尻に乗っかり、勃起した「本物の」ペニスをメスのだらりと垂れた十五センチほどの擬ペニスに挿入しようと、むやみやたらと突きまくる。オスにとっては靴下とセックスするようなもので、メスの協力がなければ到底成し遂げられない難行だ。力ずくで試みるだけでは成功するはずがない。ほかの哺乳類、たとえばイルカなどでは、同意のないセックスもまったく珍しくないのだが。つまりメスハイエナの擬ペニスは「レイプ防止」機能を持っていて、交尾の相手を選ぶことを可能にしているかもしれないのだ。

たいへんよくできた仕組みだ。なぜなら厄介な産道にひそむ危険のほかにも、ブチハイエナの出産には困難がともなうのだ。ハイエナの卵巣はほかの動物と比べて濾胞組織（ろほうそしき）が少なく、卵子の数も

オスのブチハイエナにとってセックスは笑いごとではない。勃起したペニスをメスのぐにゃりとした擬ペニスに挿入するのは、負けが決まっているゲームに挑むようなものだ。手前の勇敢なオスに観客がついて、勉強しようとしているのも不思議ではない。

限られているので、メスは相手を選ばなくてはいけないということだ。メスのブチハイエナの交尾の回数を見るかぎり、そうしているとは思えないにしても。ホールカンプの説では、擬ペニスは交尾の相手を選ぶだけでなく、貴重な卵子の生殖のスイッチを誰が入れるのか、いわば体内の避妊機能のように選ぶことを可能にしているのだ。長く曲がりくねった道筋のおかげで、精子は目的地に到着するまでにずいぶんと時間をとられる。メスのハイエナが交尾のあとで気を変えた場合、おしっこをして精子を洗い流してしまえばいいのだ。よくできていること！

「進化という名の軍拡競争の結果、オスは父権制を維持できなくなり、メスは最高の（あるいは最高の相手の）精子だけが、数少ない卵子に到達することを確実にしたのでしょう」と、ホールカンプは語る。「その軍拡競争によって、メスのクリトリスは大きくなり、前面に位置するようになったのです。奇妙で、長く、入り組んだ生殖器の発達の一部ということですね。精子にとっては迷路と袋小路のようなものです」

*

フェミニストの草分けで、擬ペニスをぶら下げてサバンナを闊歩し、従順なオスを叩きのめし、自身の性に関する運命をコントロールしている。そんな新しいブチハイエナの姿に接したら、男性の動物寓話の書き手は、もともとの半陰陽の神話と同じくらい冒涜的だと言っただろう。信仰心厚い作者たちによって、不可解な性を持つハイエナは「汚らわしい獣」として扱われ、しばしば同性愛の悪を説く際の材料にされた。

こうしてハイエナは悪の化身として描かれるようになり、中でも身の毛のよだつ墓荒らしの話は好んで語られた。ハイエナのそんな残忍な習慣を最初に広めたのはアリストテレスだが、ほかの動物寓話の作者たちも、その寓話を使って道徳的な訴えかけをするようになった。ハイエナは「墓に棲み、死肉を食い荒らす」のだ。恐るべき残忍さで「生者への同情のかけらもなく、死者を脅かす」

墓荒らしの伝説は十九世紀まで延々と生きつづけた。ヴィクトリア朝の博物学者フィリップ・ヘンリー・ゴスは、ハイエナに触発されてとびきり華麗な散文を記したが、その内容は真実というよりも『フランケンシュタイン』の作者メアリー・シェリーやヴィクトリア朝のゴシックホラーに近いものだった。「墓場でふたつの獰猛な瞳がぎらつく」と、大人気を博した『博物学のロマンス』には綴られている。「うなじの毛を逆立て、牙を光らせながら、不吉な怪物が睨みつける。早く退却するよう警告しているのだ」同世代の博物学者たちはもう少し控えめだったが、やはりハイエナを「この上なく不可解にして不快」で、「腐臭を放ち」、「胸のむかつくような習慣を持つ動物」と評した。彼らの意見では、ハイエナは「生死を問わず、肉の鮮度も問わず、最も醜悪な動物の残骸にかぶりつき」、「あらゆる国の住人から揃って忌み嫌われる」のだった。

ケイ・ホールカンプによると、東アフリカのブチハイエナは確かに人間の死体を掘り返すところが目撃されている。スーダンのヌエル族には、「天国に行く唯一の道はハイエナの臓器だ」という言い回しがある。死体をわざわざ脂肪で包み、見つけやすい戸外に放置することで、ハイエナが寄ってくるよう仕向ける部族もある。西洋の宣教師たちがなんとかしてやめさせようとした習慣だ。けれどホールカンプの説明では、ハイエナが人肉に手を出すのは「厳しい状況に置かれた場合のみ」だ。そんな醜悪な伝説が語り継がれているのは、どちらかというと死肉をあさる動物全般への人間の嫌悪感のあらわれだろう。

西洋社会にはビーバーのように「日々刻苦し」、狩猟または採集で生きていく動物を評価する傾向がある。けれど死肉あさりも、次章でハゲワシの生態を通して詳しく見るように十分りっぱな職業だ――エネルギーを再利用し、伝染病の媒介を防いでいるのだから。

中世の動物寓話の大半には背中を丸め、歯をむき出したハイエナが墓を荒らして死体をむさぼる生々しい挿絵がついていた。ネガティブな評価を決定づける強烈な絵だ。

そしてハイエナは、その道の達人だ。彼らはいわばアフリカの大地のごみ収集車で、強力な顎と胃酸を使い、ほかの動物には飲みくだせないものを消化する。炭疽病に侵されたおぞましい死骸をむさぼっても病気にならないのだから、多くの文化でハイエナは魔力を持っているとされたのも不思議はないだろう。

消費する肉の量という点から見ても、ハイエナは地上で最も仕事量の多い肉食動物だ。ただし、死肉あさりをするのはもっぱらカッショクハイエナとシマハイエナだ。ブチハイエナは優秀な狩人で、口にする動物の九十五パーセントは自身で仕留める。群れでかかれば、自身の数倍の大きさがあるスイギュウのような危険な相手も仕留めてしまう。単独でも相当大きな獲物を捕らえることができ、相手の睾丸にしがみついて離さないという大胆な戦術まであるのだ。ひづめによる抵抗を避けているうちに、敵は出血多量で命を落とすという寸法だ。

気弱な動物にはできない戦術だが、それでもなぜかハイエナは弱虫の集団だと言われ続けている。「ハイエナが勇気に欠けるのは、あらゆる書き手の意見の一致するところだ」と、ある博物学者は一八八六年に記した。噂の出どころはアリストテレスまでさかのぼることができる。動物の勇猛果敢さはその心臓の大きさから予測できるという、難解な説を聞いたことはないだろうか。アリストテレスの説では、勇気は血液の熱さと比例し、すなわち血液を全身に送りだす器官の大小と関連する。「心臓が大きな動物は臆病で、小さな動物は勇敢だ」動物学の始祖にして、大著『動物部分論』を記したアリストテレスはそう信じていた。著書の中で彼はいささか乱暴に、ハイエナを「野ウサギ、シカ、ネズミ」の同類とした。そこには体に似つかわしくない大きな心臓を持つ「極めつけに臆病か、邪悪さによって臆病さを覆い隠す」動物たちも含まれていた。アリストテレスの説の詳細は時の流れに埋もれてしまったが、ハイエナが卑怯だという説は、現代も生きつづけている。六〇年代に出版され、二〇世紀の生物学者の必読書となったE・P・ウォーカーの『世界の哺乳類』にしても、ブチハイエナは「臆病で、獲物が反撃したら戦うことを選ばない」と、堂々と述べているのだ。

ある霧のかかったサファリの朝、ケニアのナクル湖近くで、わたしはブチハイエナの群れが大好物のシマウマを狩るところに遭遇した。正直に言って、見ているのはつらかった。わたしが現場に到着したとき、シマウマは既に右のお尻を引きちぎられていて、半分脱いだ服のように皮膚を引きずっていた。人体標本の名手グンター・フォン・ハーゲンスの作品が生きて呼吸を始めたかのように、内臓があらわになっていた。ハイエナたちは半分解体されたシマウマを黙々と追い、いずれ力尽きるときを待っていた。目の前の動物たちを擬人化するのは難しくなかった。死に直面したシマウマは毅然とし、ハイエナは残酷で卑怯。けれどサバイバルに感傷の入り込む余地はないし、忍耐力はハイエナの狩りの戦術だ。彼らはしばしば、獲物にどれくらい戦う力が残っているか「試す」。卑怯といえなくもないが、長期的には賢い戦略といえるだろう。我慢さえすればいい局面で、敵の蹴りやひっかきを誘い、致命傷を負う危険を冒すことなどない。

つまりハイエナが忍び足でうろつき、ライオンのような「高貴な」動物の戦利品を盗むというのは、これまた誤解なのだ。実地での調査によると、実はライオンのほうが頻繁にブチハイエナの獲物を盗んでいるという。ただし二種類の動物の、互いへの憎しみは本物だ。互いに天敵で、縄張りと食糧をめぐって激しく争っている。ライオンのほうが体格面では有利だが、ハイエナは頭脳で対抗している。「ライオンは最も賢い動物というわけではありません」と、ケイ・ホールカンプは言う。『ライオンキング』で、ハイエナを救いようのない愚か者として描いたディズニーには聞かせられない台詞だ。この奇妙なフェミニスト集団はサバンナの頭脳派で、そのあたりの肉食獣より賢いのだった。

*

数年前、わたしはハイエナの能力に詳しいサラ・ベンソン＝アムラム博士と一緒に、マサイマラでブチハイエナを二日間観察した。「ハイエナが愚かだといわれる理由の大半は、走りかたにあるのでしょう」と、彼女は言う。「彼らは大股で走るのですが、エネルギー消費の面では非常に効率がよくて、とても長い距離が走れます。でもそのかわり、ぎこちなくて、間が抜けているように見えてしまうんです」

真実を追求するために、サラは世界初の肉食獣の知能テストを開発した。金属のからくり箱の中に肉が入っていて、それにありつくためには頭を使わなければいけないようになっていた。彼女はからくり箱をシロクマからヒョウまで、さまざまな肉食獣の前に置き、問題解決スキルを測定した。その結果、社会性の高い動物ほどよい結果を出すことがわかった。サラの分析では、社会性こそハイエナが高い知能を持つに至った要因なのだ。

ブチハイエナはほかの肉食獣に比べて大きな群れをつくる。群れの数は最高で百三十頭にもなり、千平方キロメートル超の縄張りを守る姿が観察されている。ハイエナはサッカーファンよりもっと縄張り意識が強いといえそうだ。彼らは群れで生活し、やることなすことすべてメスの支配にもとづいている。けれど常に一緒にいるわけではない。大半はもっと小規模なグループで過ごし、戦いや狩り、食事のときだけ集まるのだ。その形態は「離合集散社会」として知られるもので、システムを維持するには高度なコミュニケーション能力が求められる。

偉大なるビュフォン伯はハイエナの鳴き声を「啜り泣き、あるいは猛烈に嘔吐する人間のうめき声」として一蹴したが、ブチハイエナは霊長類を含む哺乳類のなかで一番、複雑な鳴き声のレパートリーを持っている。あの有名な高笑い（実際は降参のサインだ）を含むさまざまな鳴き声の中でも、代表格は「フープ」と呼ばれるいかにもサバンナらしい鳴き声だ。亡霊のような響きで、風に乗って最長五キロほど流れ、発信者の身分、性別、年齢など豊富な情報を伝えることができる。

ハイエナの大きな脳は、仲間の個性や地位を記憶するために進化した。そして彼らは、一頭ずつの声や来歴を識別しているようだ。簡単な作業ではないし、一声で敵と味方を区別し、厳密な社会的立場をめぐって駆け引きする、政治的な賢さを持ち合わせているということだ。

サラはこの点を、六頭近いメスと子どもたちが日中の暑さを避ける「集会所」で教えてくれた。大人たちはアカシアの木の陰でうつらうつらし、子どもたちはじゃれあって、驚くほど可愛らしい姿を見せていた。サラがiPhoneの再生ボタンを押すと、この群れの一員ではないハイエナの「フーッ」という声がスピーカーから流れた。録音された声は少しいびつだったが、わたしは鳥肌が立った。大脳辺縁系の奥深くに眠る、遠い祖先の恐怖の記憶が蘇ったかのようだ。ハイエナの群れにかかれば、わたしたちなど数分でミンチ肉になっているだろう。ライバルの個体の声を真似するのは自殺行為だ。

もちろん、サラがそんな危険を冒すはずもなかった。わたしたちは大型のランドローバーの車内という安全な場所から調査を行っていて、休息する群れから百メートルは離れていた。

案の定、録音が流れるやいなやハイエナたちは耳をぴんと立て、ただちに警戒心を全開にして、わたしたちのいた方角に顔を向けた。やおら立ち上がり、より詳しい情報を求めて鼻をうごめかせた。彼らの嗅覚は人間の千倍以上だ。それぞれの群れが独自の臭いを持っていて、合図を送るときは風の中で臭いつきの旗を振るようなしくみになっている。群れの中でも体格のいいハイエナが駆け出し、フーッと声をあげた。わたしの心臓の鼓動が早まる。ところがハイエナは、まるで見えていないかのようにランドローバーの脇を駆け抜けた。ハイエナらしい外見と臭いを持つ敵を探していたのだろう。冷や汗をかきながら車の天井から顔を出していたわたしは、相手にされなかったというわけだ。

サラ曰く、ハイエナはフーッという鳴き声の数に応じて行動を変える。つまりブチハイエナの群れは一種の計算能力を持っていて、相手と一戦交えるべきか検討するときに役立てているのだろう。サラの説明では、ライバル同士のハイエナの群れは計算能力とコミュニケーション能力を使って協力し、ライオンのような共通の敵をしりぞけるという。

ブチハイエナは攻撃性が高いといわれるいっぽう、その頭脳を使って平和を保ち、協力関係を築く。「ハイエナは群れの仲間や親族にはとても親切です」と、サラは語る。「メスたちの様子を見ていると、長い時間を一緒に過ごし、食べたり、狩りをしたり、休息しています。長期間にわたる、親密な関係を築くんです。競争心は激しいけれど、助け合いの精神に富んでいるともいえます」

一言でまとめるなら、ハイエナが大型の獲物をみごとに仕留め、ライオンを威嚇し、厳しい環境で子育てをできるのは、チームワークの能力のおかげなのだ。最近のフィールドワークによると、ブチハイエナの社会構造はヒヒに負けず劣らず複雑で、CTスキャンを撮るとハイエナの脳の前部は霊長類とよく似た発達をしているのがわかるという。複雑な意思決定能力に関わる部位が発達しているのだ。ある種のグループ単位の問題解決テストにおいては、チンパンジーを上回ったことさえある。つまり複雑な離合集散社会で暮らしているのは、チンパンジー、イルカ、類人猿がそうだったように（もちろん人間も）、脳の進化をうながす大きな要素なのだ。なぜ人間がほかの動物の七倍も大きな脳を持つことになったのか、という問題の答えにもなりそうだ。

進化の道筋が重なっているのは、なぜ人間が計算能力を持つハイエナをかたくなに嫌いつづけるのか、という問いの解決にもなるだろう。人間とハイエナは不倶戴天の敵どうしだ。エチオピアで数年間過ごし、二つの種の関係を観察したオーストラリア人の人類学者マーカス・ベインズ＝ロックは、いくつか答えを持っているという。

マーカス曰く、人間とハイエナはどちらも高度な知性を持つアフリカのサバンナ出身の生きものだ。先に住んでいたのはハイエナで、つまり木から降りてきた人間の遠い先祖であるヒト属のほうが、ブチハイエナの縄張りに割り込むことになった。「激しい敵対心があったことでしょう」と、マーカスは語る。「ハイエナとライオンの関係を思い出してください。憎んでも憎みきれないというくらいでしょう？　人間とハイエナも、昔はあんな感じで、滅んでしまえばいいと互いに思っていたんですよ」。初期のヒト属はハイエナに襲われるリスクも負っていた。「人間は動きが遅いし、脂肪分はたっぷりあるし、食料にぴったりで、身を守る方法としては大きな集団を作るしかなかったんです。もし集団から離れてしまったら、ハイエナは間違いなくその機会を生かして襲いかかったでしょう」

マーカスの見立てでは、ハイエナが骨を砕くほどの顎の力を持っていることが、初期の人間の進化に関する証拠がほとんど残っていない理由かもしれない。「ヒト属に関して残っているのは、ほとんど歯と顎の骨だけです。骨が見つかるときは、ほぼ間違いなく持ち主がハイエナの消化管を通ったということです。歯しか残らないというのは、そういうことなんですよ」

初期の人類はかなり単純な石器しか持たず、狩りをするよりおこぼれを探すほうが多かったはずだ。飢えたハイエナの群れをしりぞけ、戦利品を守るなどという真似はできなかっただろう。それは当時の骨から読みとれることで、骨には初期の石器の傷跡のほかに、ハイエナの歯形がついている。二百五十万年ほど前、ハイエナは高笑いしながら、人間のディナーを盗んでいたのだろう。わたしたちがハイエナを嫌いになったのも無理はない。

ただし、ハイエナだけが名誉挽回を必要としている動物ではない。第五章ではハゲワシを取りあげたい。死と密接に関わっているせいで、何世紀にも渡って人間に疑いの目で見られ、透視者や探偵とみなされ、近年では国際スパイではないかと責められつづけてきた動物だ。

第５章
ハゲワシ

ワシは天敵や獲物に一対一で向かうが……ハゲワシは卑怯な暗殺者のように群れで襲いかかり、戦士よりも盗人、犠牲者より加害者であることを選ぶ。いっぽうワシは獅子の勇気、高貴、度量、寛容を持ち合わせている。

ビュフォン伯『一般と個別の博物誌』（一七九三年）

偉大なる博物学者ジョルジュ＝ルイ・ルクレール・ド・ビュフォン伯は、ハゲワシについて語るときはとりわけ雄弁だった。「彼らは意地汚く、卑劣で、醜悪で、不快で、オオカミと同じく生前は有害、死後は無価値である」これでもかとばかり、ネガティブな単語の連続だ。さぞかしハゲワシがお気に召さなかったのだろう。伯爵にかぎらず、ハゲワシが好きだという人間は少ない。死骸をあさることを習性にする動物、すなわち腐肉食動物は概して人間の好意を得るのに苦心するものだが、いかつい外見をしていて、おまけに死骸をむさぼるのだから、彼らの素晴らしさがなかなか評価されずにいるのも無理はない。ハゲワシは長いこと、嫌悪感と不信感のダブルパンチに悩まされてきた。

わたしたち人間と違って、死と遠慮なく付きあっているところが、ハゲワシの悪評の原因なのだろう。初期キリスト教は死骸に触れることを禁忌としていて、おかげでハゲワシは「醜悪」というカテゴリに押しこめられた。旧約聖書は彼らを不浄なものとし、「鳥の中の憎むべき者ども」と呼んだ。彼らは超自然的な力を持つ不可解な動物だともされた。「ハゲワシはいくつかの好物を通して人間の死を予言する」と、十二世紀の動物寓話の作者は述べた。「血なまぐさい戦地で敵味方の軍勢が衝突するとき……鳥たちは隊列をなして兵士のあとを追い、その列の長さによって、何人が命を落とすか予言する」ハゲワシの透視能力は、作者によると彼ら自身の利益のためだった。「実のところ鳥たちは、何人の兵士が彼らの食卓にのぼる運命にあるかを示しているのだ」

ハゲワシは何を（誰を）食べるかという点にこだわりを持たない。兵士や馬の死骸が散乱した中世の戦場は、いわば食べ放題のビュッフェだったのだろう。戦いはしばしば数週間に渡り、都合がいいことに大陸のハゲワシが巣作りをする暑い季節のことも多かった。鳥たちはヒッチコックの映画並みの数で待機し、自身が腹を満たすため、また雛たちに餌を運ぶために、淡々と死骸を突ついていたことだろう。つまり少し離れたところで見ていれば、頭上で旋回するハゲワシの数から、ある程度戦況を推測できたというわけだ。けれど巷の言い伝えに反して、ハゲワシが生きた獲物を追跡することはないし、死者の数を予言することもない。

実際のところ、どのようにしてハゲワシの群れが一点に集まってくるかは謎だった。降って湧くかのように、死骸のある場所に大挙してあらわれる不気味な能力のせいで、超自然的な力を持っているという説が長年唱えられることになった。けれど実際どの能力を使っているかという点をめぐって、鳥類学の世界では長いこと激しく意見が対立した。

ハゲワシの餌の明らかな共通点は、どれも激臭を放つことだ。そのせいで、彼らの嗅覚こそ死骸を見つけだす謎めいた力の正体なのだと長年言われつづけてきた。フランシスコ会修道士バルトロメウス・アングリカスは、十三世紀の動物寓話にこう記した。「ハゲワシの最大の武器は嗅覚である。臭いを嗅ぐことによって、遠く離れた、海のかなたの死骸を手に入れているのだ」

ハゲワシが優れた嗅覚を持っているという説は広く受け入れられ、後世の博物学の書物にも登場した。十九世紀の博物学者オリヴァー・ゴールドスミスは一八一六年、自著『地球の歴史』に、ハゲワシは生来「残酷、不浄にして怠惰」だが「その嗅覚はずば抜けている」と、渋々という調子で綴った。ゴールドスミスはその能力に、次のような生理学的な根拠まで与えた。「自然は彼らにふたつの大きな開口部、すなわち鼻孔と広範な嗅膜(きゅうまく)を授けた」

わずか十年後、野心あふれるアメリカ人博物学者ジョン・ジェームズ・オーデュボンによって、空飛ぶ腐肉食動物はその嗅覚を完膚なきまでに否定される。今日オーデュボンは最も著名な鳥類学者のひとりで、質の高い鳥類の写実画が評価されている。ところが一八二〇年代の彼は流浪の商売人で、ヨーロッパ各地を訪れて自身の絵を宣伝し、少しでも名前を売ろうとしていた。一八二六年、由緒正しいエディンバラ博物学協会の会合で物議を醸すことで、オーデュボンは待望の知名度を手に入れる。のちに公開される論文の長大かつ挑発的なタイトルは、頭の固い科学者の集団に一石を投じようというオーデュボンの野心をよくあらわしている。「ヒメコンドル（Vultur aura）の習性の記録——その特異な嗅覚をもてはやす巷の視点の粉砕を試みて」〔タカ目コンドル科の七種のうち、ヒメコンドルを含む五種は英語ではハゲワシ（タカ目タカ科）同様 vultureと呼ばれるため、以下の訳文では「ハゲワシ」にヒメコンドルも含めることとした〕

オーデュボンの大胆不敵な論文には、一七〇〇年代後半のフランスで過ごした子ども時代、ハゲ

オーデュボンの有名な事典『アメリカの鳥類』（1827 ～ 38）に収録されたヒメコンドルの絵は驚くほど細密だ。これほどの絵が描けるのだから、クロコンドルと取り違えて鳥類学の歴史に残る混乱を引き起こしたのはなおさら残念だ。

ワシは嗅覚を生かして死肉をあさると教えられたことが綴られている。それは鳥類学者の卵にとって納得できる説明ではなかった。彼は自然をもっと厳しい目で見ていた。「自然は確かに素晴らしく豊かだが、必要以上のものを与えることはなく、完璧に近いふたつの能力に恵まれる者はいない。つまり嗅覚が優れているのに、視覚も並外れているということはないのだ」長い年月ののち、アメリカに移住したオーデュボンは、自身の説を裏づけるため野生のヒメコンドルに忍び寄るという実験を行う。彼らは人間が突然あらわれたことに驚くばかりで、その体臭には気づかないようだった。オーデュボンはさらに実験を進めた。「数々の実験を精力的に行い、その鋭い嗅覚とはどの程度のものなのか、そもそもそんなものが存在するのか、まず自分で納得しようとした」

オーデュボンの偉大なる実験とは、いわば悪臭ふんぷんの動物の死骸を使って野生のハゲワシを罠にかけるものだった。まず彼はシカの皮に荒っぽく藁を詰め、あおむけにして牧場に放置した。オーデュボンの剥製師としての腕はともかく、不格好な獣の上にはたちまち一羽のハゲワシが舞いおり、粘土の目に無意味な攻撃を仕掛けて「すっかりくり抜いてしまった」という。鳥がシカのお尻の縫い目をついばむと、中からは「飼い葉や干し草が大量に」あふれ出た。気落ちした鳥はその場を飛び去り、口直しに小さなガーターヘビを殺して食べた。こうしてオーデュボンは、ハゲワシが狩りに使うのは視覚だという自身の説に確信を得た。

続いてある暑い七月の日、オーデュボンはハゲワシの嗅覚を調査することにした。悪臭を放つ、腐りきったブタの死骸を林の中に運び、簡単には動物の目に止まらないよう渓谷に隠したのだ。数羽のハゲワシが頭上を飛んだものの、一羽たりとも舞いおりて異臭の元を探そうとはしなかった。オーデュボンの説はふたたび裏づけられた――ハゲワシは臭いを頼りに死骸を探しているのではないのだ。

オーデュボンの実験の結果は決定的とは到底いえないものだったが、彼の宣伝の腕は一流で、なおかつ自著『アメリカの鳥類』が莫大な成功を収め、評判も急上昇しているところだった。そんなわけで鳥類学の権威の多くが、オーデュボンの斬新な説をこぞって称賛した。ところがひとりだけ、声高に異を唱えた人間がいた。貴族階級出身の冒険家チャールズ・ウォータートン、通称「大地主」だ。

よく「変人」と評されるウォータートンだが、その程度のくくりでは彼を説明したことにならないだろう。ワニの背にまたがったり、ボアコンストリクターにパンチを見舞ったりという、動物にまつわる奇行の数々は、確かに「大地主」にある種の悪名をもたらした。ウォルトン・ホールの邸宅でも、彼の言動はやはり普通ではなかった。パーティが開かれるときはテーブルの下に隠れていて、犬のように客人の脚に噛みつくのが癖だったし、剝製術にもとづく手のこんだ悪戯を仕掛けるのも大好きだった。とりわけ秀逸な例として、ホエザルのお尻を使って（数多い）敵のひとりの人形を作ったことがある。

けれど、そんな奇行にもかかわらず、ウォータートンは優秀な博物学者だった。その思考は独創的で、世の中を斜めから見ていたおかげか、さほど先入観なしに自然を理解することができたのだ。たとえば彼は、早くからナマケモノの名誉を守ろうとして、彼らの「不可思議な構造と独自の習慣」こそ「全能の神の素晴らしい作品として称賛されるべき」だと主張していた。

ウォータートンはヒメコンドルの並外れた嗅覚について、既に自身のベストセラー『南米放浪記』に記しており、生意気なアメリカ人であるオーデュボンからの反論を、自他ともに認める「い

「大地主」を怒らせてはいけない。チャールズ・ウォータートンが外国で集めた動物に税金をかけようとした役人は、ホエザルのお尻で自分の顔の剥製を作られたあげく「有象無象」と題名をつけられた。どんな剥製か見たければウォータートンの著書『南米放浪記』（1825）の銅版画を参照。

ささか信ぴょう性に欠ける『大地主』」に対する個人攻撃だと受けとった。こうして彼は長きに渡る戦いを決意し、オーデュボンに対して時に辛辣、時に洒落気に富んだ手紙を送りつけた。皮肉に満ちた文章は『自然史誌』に掲載された。現代でいうところの、ツイッター上での意見交換だろう。

「ハゲワシの鼻にこのような激しい打撃が加えられたことを心から悲しんでいる。なぜなら全世界が、この唐突かつ予想外の攻撃によって大きな痛手をこうむるからだ」と、ウォータートンは記した。「それにも増して、あえて言うなら私はあの高貴な鳥に一種の仲間意識を覚えている」。鳥類学者の中の「鼻主義者」とでもいうべき集団の自称リーダーとして、ウォータートンは「砕かれた鼻の欠片を注意深く集め、全力を尽くして元の均整の取れた美しさを復元する」ことを宣言した。

まずウォータートンは、オーデュボンの実験の信ぴょう性と彼の実績に疑義を呈し、科学的散文の質も槍玉に挙げた。「文法は誤っている。構成もよくない。主張が裏づけられたとは到底いえない」ウォータートン曰く「一般的な注意力をもってこの論文を読めば、誰しもセルバンテスのドン・キホーテの蔵書の大半をこき下ろした司祭と床屋のような気分になるだろう」。彼はオーデュボンを「嘘つきのペテン師」と糾弾し、「大評判になった鳥の本の著者だとはにわかに信じがたい」と切り捨てた。「オーデュボンの物語ときたら、ガラガラヘビが大きな北米産のリスを尻尾から丸呑みするようなものだ。リスはまだ私の喉に引っかかっていて、その異物を誰かが取りのぞいてくれないかぎり、ほかのものを一切呑みこめそうにない」

その間、オーデュボンはどこ吹く風で沈黙を守っていた。ただし増えつづける「アンチ鼻主義者」たちを使って、自身の代わりにウォータートンに反論させた。オーデュボン擁護派の筆頭はルター派の牧師ジョン・バックマンで、争いに決着をつけるため自身の工夫をまじえてオーデュボンの実験を再現してみた。観客はバックマンの地元サウスカロライナ州チャールストンのインテリ層から成る委員会だった。

バックマンの実験も、オーデュボンに負けず劣らず残忍かつ奇怪なもので、そのうちひとつは

「毛を刈られ、腹を裂かれた羊」の油絵を自宅の庭に置くというものだった。三メートルほど離れたところには、腐りかけた臓物が見えないように置かれていた。油絵の出来は素人くさく、オーデュボンの足元にも及ばなかったものの、何も知らないハゲワシたちは油絵を猛然とついばんだという。バックマン曰く、鳥たちは食事にありつけなかったことに「ひどく失望し、戸惑っていた」が、それでも一度として近くで死臭を放っている肉のほうに移動しようとはしなかった。珍妙な実験は五十回繰りかえされ、バックマンの報告書によれば、観客のインテリたちはこの風変わりな鳥たちのショーを「大いに楽しんでいた」

追加の実験として、バックマンは数人の「医学に通じた紳士」に頼み、一羽のハゲワシの目を潰させた。ハゲワシは片方の翼の下に頭を埋めるだけで痛めた目を治せるという、当時まことしやかに囁かれていた噂の真偽を確かめたかったのだ。気の毒な鳥がいっこうに視覚を取り戻せずにいるのを、バックマンは残りの感覚を試す機会だと考えた。彼は傷ついたハゲワシを野ウサギの死骸が置かれた納屋に連れていき、哀れな鳥が臭いをかぎつけられるかどうか観察した。結果は不可だった。柄にもなく鷹揚な気分になったのか、「鳥は外科手術によって負った傷の痛みを抱えたままだったのかもしれない」と、牧師は述べている。恐らく、そうだったのだろう。けれどその点を除いてバックマンに反省の色はなく、悪臭ふんぷんの実験が「隣人たちの機嫌を損ねなかったか」ということばかり気にしていた。そのことを気に病んだバックマンは、白黒つけたとして実験を打ち止めにした。実験結果を発表する前に、彼はやけに用心深く、外科手術に関わった紳士たちを呼びつけて契約書に署名させ、ハゲワシが「嗅覚ではなく視覚によって」死肉をあさる確かな証拠を目撃したと宣誓させている。牧師は宣伝の技術という点でも、科学的真実の探求に負けず劣らず徹底していたというわけだ。

ウォータートンの反応は当然ながら刺々しかった。「北米産のハゲワシには心から同情する。嗅覚は餌を探すのに一切用をなさないといわれ、視覚もお粗末だとされるとは」と、彼は嘆いた。「チャールストンの街ではハゲワシが、肉屋の看板の絵を片っぱしから襲い、店の戸に吊るされた模型のソーセージを丸呑みしようとし、偉大なるベンジャミン・フランクリンの古びた肖像画の色褪せた目を力いっぱい突ついている、と聞いても私はまったく驚かないだろう」。バックマンの実験は、ウォータートンに言わせれば科学ではなかった。「この話のばかばかしさは、誰の目にも明らかなはずだ」

五年のあいだ、ウォータートンは十九通ほどの手紙を『自然史誌』に送りつけ、オーデュボン一派を攻撃した。雑誌がついに手紙を掲載しなくなると、自身で印刷し、配布していたという。けれど理解不能な罵倒の言葉、随所にまじる皮肉たっぷりの人格攻撃、曖昧模糊としたラテン語の言い回しでは、ろくに味方を得ることができなかった。アンチ鼻主義者はウォータートンを「完全に常軌を逸している」として、相変わらずオーデュボンの擁護を続けた。声を荒らげるほど、ウォータートンは無視された。そしてとうとう、降参を余儀なくされた。

残念なことだ——ウォータートンは間違っていなかったのだから。

*

科学がチャールズ・ウォータートンに追いつくには百五十年ほどかかった。その間、オーデュボンの大発見に端を発する波は多くの解剖学者、博物学者、鳥類学者を呑みこみ、たくさんの鳥に対してさらに目を疑うような実験が行われることになった。極めてばかばかしい例としては、ヒメコンドルではなく家畜のシチメンチョウを実験台に、硫酸とシアン化カリウムを入れた容器にエサを隠すというものがある。シチメンチョウは食料の匂いを嗅ぎつける能力を発揮する前に、毒ガスにやられてしまった。

ハゲワシのその他の能力も、現実と空想の境を問わず議論の的になった。二〇世紀初頭にはP・J・ダーリントンという名の男が、ハゲワシは実のところ聴覚を使い、遠くで食料を探すハエの群れの羽音を聞いているのだと主張した。ハーバート・ベックという名の研究者も、一九二〇年に中世の神話的思考へと回帰する論文「鳥の超自然的感覚」を発表し、ハゲワシは謎めいた「食料探しの感覚」を持っていると述べた。その感覚を持っていない人間にはまったく理解不能なのだという。

ヒメコンドルの嗅覚論争にようやく決着がついたのは一九六四年だった。こちらも異端のアメリカ人研究者ケネス・ステージャーが、長年の慎重かつ巧みな実験、それにちょっとした運をもとに、決定的な証拠をつかんだのだ。ステージャーが天啓を得たのは、ユニオンオイル社の従業員と雑談していたときで、同社は一九三〇年代からヒメコンドルの鋭い嗅覚を利用し、パイプのガス漏れを検知していたという。彼らはエタンチオール、すなわち悪臭弾やおならと同じ腐ったキャベツの臭いを天然ガスに加えるようにしていた。そうすると必ずハゲワシがやってきて、臭いのもとに群がり、人間より先にガス漏れを教えてくれたからだ。ステージャーは同じ臭いが、腐りかけの死骸から発せられることに気づいた。機械を使ってカリフォルニア州の空にエタンチオールを撒くと、案の定ヒメコンドルが次々と集まってきた。

数十年に渡ってハゲワシの嗅覚をめぐる議論が混乱したのは、いくつかの初歩的な誤解に原因がある。第一に、オーデュボンはアメリカで最も尊敬される鳥類学者という看板に反して、あまり注意深く鳥を見ていなかったようだ。彼の解説に登場する鳥の一部は、生きた動物を狩ることにも興味を示している。すなわち彼らはヒメコンドル（Cathartes aura）ではなく、クロコンドル（Coragyps atratus）だったのだろう。第二に、ハゲワシはすべて同じような嗅覚を発揮するものだと思われていたが、事実はそうではない。二十三種類いるハゲワシは、ふたつの大きなグループに分類される――アフリカ、アジア、ヨーロッパに生息する群と、アメリカに生息する群だ。ふたつのグループは見かけも生態もよく似ているものの、つながりは薄く、同じ科でもなければ属でさえない。要するに、ハゲワシはどの種類も視覚を使って狩りをするが、新大陸のヒメコンドルを含む少数の例外は嗅覚に頼るのだ。そして、クロコンドルは嗅覚を使わない種類だ。第三に、一般に信じられていることとは反対に、ハゲワシは驚くほど食料のえり好みが激しい。人間同様、肉食動物より草食動物を好むし、腐敗が進みすぎたものは口にしたがらないのだ。またしても奇妙な例になるが、一九八〇年代には七十四羽のニワトリの死骸をパナマのジャングルに隠すという実験が行われた。こうしてわかったのは、ヒメコンドルの口に合うのは「コシのある（アルデンテ）」死後二日の肉で、それ以上も以下も好まないということだった。北米のヒメコンドルが、オーデュボンのブタの死骸やバックマンの古い臓物を無視したのは、単に肉の腐敗が進みすぎていたからだったのだろう。

ゲルマン・アロンソ、ハゲワシ探偵シャーロックに失踪者の匂いを嗅ぎつける訓練を施す。（目や肛門を攻撃しませんように！）

より最近では、ドイツの連邦刑事庁がヒメコンドルの優秀な嗅覚に興味を示し、警察犬の代わりにヒメコンドルを訓練する計画も始まっている。ライナー・ヘルマンという名の警官が、ハゲワシの嗅覚を称賛するドキュメンタリーを観たあとで思いついたそうだ。ハゲワシにGPSを装着してランドクルーザーの連隊で追えば、警察犬よりも広い範囲を、もっと早く調べられるという理屈だった。

実験台として地元の野鳥公園のヒメコンドル一羽が選ばれ、「シャーロック」というベタな愛称を与えられたのち、ゲルマン・アロンソという名の熱心なパーソナルトレーナーがついた。ヘルマンの計画はメディアの注目を大いに集め、たちまち全国四十カ所の警察署からヒメコンドルの出張サービス依頼が舞い込んだという。

当のアロンソは、どちらかというと慎重だった。ヒメコンドルは人間と動物の死骸を区別するのに苦労するはずで、いろいろと間違いが起こるのを恐れていたのだ。ただし、鳥が死骸を食べてしまうことについては、驚くほど楽天的だった。「そういうこともあるし、仕方がないだろう」と、アロンソは全国紙の取材に答えて語り、ついでにこんなことを付けくわえている。「でも遺体を丸ごと食べてしまったりはしないだろう。そこまで胃袋が大きくないから。それに多少ついばんだところで、犠牲者はもう手の施しようがない状態なんだから、影響はない」行方不明者の母親が卒倒しかねない発言だし、細かい手がかりをもとに作業をする法科学者も眉をひそめるだろう。

いっぽうシャーロックは、新しい役目にまるで乗り気ではなかった。遺体をくるむのに使われていた布を空から探すという訓練を拒絶し、神経質に飛び跳ねては、狭い範囲を足で探索するだけだった。不安のあまり林の中に隠れたり、「探せ」と命令されると脱兎のごとく逃げだすこともあった。事態を改善すべく、「ミス・マープル」と「コロンボ」と名づけられた若いハゲワシ二羽が、ハゲワシ探偵団の仲間として連れてこられたが、三羽ときたら喧嘩するばかりだった。

その結果、野生のヒメコンドルはガス漏れを検知できるが、人間に飼われたヒメコンドルは、たとえ名探偵の名前を冠していようと鼻を使って事件を解決する能力は持たないことがわかった。いつの時代も、ヒメコンドルの嗅覚は過大評価されるようだ。警官のヘルマンは、ハゲワシなら千メートル以上離れたネズミの死骸を嗅ぎつけられると思っていた節がある。それはおそらく誤解だし、最近の研究では、ハゲワシは低いところを飛んでようやく死骸の臭いを察知していることがわかってきている。つまりウォータートンの主張したようにヒメコンドルが臭いを頼りに死骸をあさるのは確かでも、彼らの嗅覚は警察犬に遠く及ばず、人間ともたいして変わらないかもしれないのだ。

ヒメコンドルに関しては、その視覚も神話の次元まで誇張されている。アフリカの南部では、彼らの視力のよさときたら未来が見えるほどだといわれる。数年前、わたしは調査のためにヨハネスブルクの伝統的な薬の市場(ムティ)を訪れた。解体された動物の各部位を売る屋台がずらりと並び、大勢の人間が小分けにしたハゲワシの脳を売り買いしていた。彼らの話によると、それを焚くか吸引すると透視能力が得られるらしい。国内でロト宝くじが解禁されて以来、ハゲワシの脳は市場で最も売れているとのことだった。ハゲワシ保護に携わる人びとは、どれだけ吸引したとしてもそんな事態の到来を予測できなかっただろう。

同じくらい疑わしいのは、ハゲワシが四キロ離れた場所にある死骸を見分けられるという、ネット上の「解説サイト」ではほぼ間違いなく紹介されている説だ。ハゲワシの目を解剖した研究者たちは、その視力が人間のせいぜい二倍だということに驚かされるのが常だった。彼らは望遠鏡並みの視力など持ちあわせていないし、強い太陽光から目を守るために発達したひさしのような骨格のせいで（特徴的な厳しいまなざしの所以だ）、見えていないところもかなり多いという。

ハゲワシが死骸のありかに大挙してあらわれる不気味な能力は、もうひとつの発達した臓器、すなわち脳に由来している。ハゲワシは抜け目ない動物で、互いの行動を観察して情報を得る。ほとんどの場合、一羽のハゲワシが独力で死骸を見つけるわけではない。ではどうしているかというと、遠くで旋回する鳥の集団に目を留めて――これなら数キロ離れたところからでも見えるだろう――そちらへ飛んでいくのだ。若いハゲワシはじっくり時間をかけて、両親から腐肉食動物としての技する。同じ種類のハゲワシは近くで一緒に過ごすし、血のつながった者どうしは巣も共有する。異なる種類のハゲワシでさえ、大勢で一緒に巣を使うのだ。科学の世界には、腐肉食動物が共同で生活するのは限られた食料のありかについて情報を得るためだ、という説もある。

*

ハゲワシの集団が本当に餌についての情報を交換しているのかどうかは、まだ研究の途中だ。けれど、ひとつだけ確かなのは、現代の世界でもハゲワシの到来はめったに歓迎されないということだ。最近では五百羽近いハゲワシの群れが、地球温暖化の影響で北のほうに追いやられ、ヴァージニア州ストーントンを冬場の逗留先に選んだ。美しい歴史の町の住人たちは、誰もいい顔をしなかった。

「ぞっとするわ」と、地元の女性は新しい「隣人」について〈ワシントン・ポスト〉紙に語った。鳥たちは彼女が丹念に掃除した車寄せに糞をして、巨大なジャクソン・ポロックの絵のようにしてしまったという。そう、ヒメコンドルは脱糞マシンなのだ。彼らはユーロヒドローシス(urohidrosis) つまり自分の脚に糞をして冷却する習性を持つ。エレガントな暑さ対策とはいえないが、発汗できない鳥にとっては、たしかに巧みな代替手段だ。

ユーロヒドローシスは単に見苦しいというだけではない。「アンモニアと下水みたいな臭いがするんです」と、別の住人は言った。不満の材料は臭いだけではなかった。「とにかく気色の悪い連中だよ。角の向こうで五十羽くらいが墓石に止まって、シューシュー音を立てているんだ。ホラー映画の世界に放りこまれたみたいだね。もし好きにしていいと言われたら、一羽残らず撃ち殺してやるよ」

銃が好きなストーントンの住人には不運なことに、アメリカのヒメコンドルは保護の対象で、撃ち殺したりしたら多額の罰金が科される。ひとりの怒れる住人はペイントボール（塗料入りの弾丸）で狙撃して、ひどく不快な方法で復讐される羽目になった。「俺の息子の上に吐きやがったんだ」と、彼は〈ワシントン・ポスト〉紙に語った。「牛挽き肉半ポンドを肩の上にぶちまけられたようなものだった。胸がむかむかしたよ。肩からかき落として、シャツを脱がせて、泣き叫ぶ息子をなだめなければいけなかった」

ヒメコンドルの防御の常套手段は、満腹の場合は胃の中身をぶちまけることだ。ヴァージニア州のヒメコンドルは、車に跳ねられた動物の死骸や、糞を食べていた可能性が高い。消化される前の段階で既に見栄えがいいとはいえないのだから、そんなものをぶちまけられたストーントンの住人が絶交を決意したのも無理はないだろう。こうしてアメリカ合衆国農務省の「環境警察」が呼ばれ、翼を持つ無法者たちは町から追い出されることとなった。死んだヒメコンドルが巣から吊るされ、爆竹が鳴らされ、大団円として多くの鳥が永遠にこの星から抹消された。

善良なヴァージニア州住人が学んだように、ハゲワシには人間が昔から忌み嫌ってきた習慣が山ほどある。「これらの鳥の怠惰さ、不潔さ、攻撃性はおよそ想像を超える」と、ビュフォン伯は本章冒頭とは別の解説でも述べた。ビュフォン伯と違って客観性を失うことがほとんどなかったチャールズ・ダーウィンにしても、ハゲワシの習慣は受け入れられなかったようだ。『ビーグル号航海記』の中で、彼はヒメコンドルについて「嫌悪感を催す鳥で、深紅の頭が禿げあがっているのは、死肉に深々と埋めるためだ」と語っている。ダーウィンの文章は偏見を含んでいただけではなく、事実関係も誤っていた。オオフルマカモメを含む空の腐肉食動物たちは、確かに派手な冠をかぶっている。いっぽうハゲワシの頭が禿げているのは涼しさを保つためで、ユーロヒドローシス同様、体温調節のためにあえて見かけを犠牲にしているのだった。

見かけに騙されてはいけない。大きな腐肉食動物が、脚を自分の糞まみれにして飛び回っているからといって、不潔とはかぎらない。上品なフランスの博物学者たちに死肉あさりを酷評されたからといって、それが食料を確保する手段として卑劣というわけではない。実際には、その反対と言ってもいいくらいだ。わたしは南アフリカのハゲワシ保護区で十四年以上、動物保護に携わるケリー・ウォルターと一緒に過ごし、そのことを学んだ。

*

ケリーは手遅れになる前に、これら悪名高い鳥たちに対する世間のまなざしを変えようと奮闘している。鳥というカテゴリの中でも、ハゲワシは全世界的に最も急速に数が減っていて、アフリカ南部に生息する九種類のうち、八種類は絶滅の危機にさらされている。

ヨハネスブルクの空港から保護区までは、車でわずかな距離だ。保護区はプレトリアの味気ない、箱が並んだようなコンクリートの街並みの外れに、どこか不釣り合いな感じで位置している。ケリーが世話をする百三十羽ほどは、みんな電線で感電したり、誤って毒物を口にした保護鳥だという。そのほとんどが絶滅の深刻な危機にあるケープハゲワシ、つまり大陸のハゲワシだった。わたしはなんとか昼食の光景に間に合った。ケリーのてきぱきとした指示に従って、わたしは屠られたばかりの牛を手押し車に乗せ、十数羽の鳥たちが繁殖しているメインの保護区に運んだ。

最初に驚かされたのは鳥たちの大きさだった——体重十キロ前後、体高約一メートル。ケープハゲワシは南アフリカ最大のハゲワシで、世界でも最も体格のいい鳥のひとつだ。餌が一か所に集まっているわけでも、安定して手に入るわけでもない肉食動物にとって、体が大きいことは重要な意味を持つ。空腹になったら狩りをするという暮らしのかわりに、機会があるときにお腹を満たして、しばらく脂肪を消化しながら生きていくことができるのだ。体が大きければ、死骸にありつこうとするライバルを怯えさせることもできる。実際、わたしはひどく怯えた。ケージに立ち入るだけでも結構な不安を覚えていたのに、万が一、ハゲワシたちがわたしの目に関心を持ったときに備えて、サングラスを掛けたほうがいいとケリーに言われたのだ。

ケリー曰く、死肉をあさる鳥たちは高度な専門技能を身につけていて、くちばしの形に応じて「引き裂き係」、「突っつき係」、「引っぱり係」などのさまざまな「職種」に分かれている。複雑なチームワークを組んで、死骸を解体するそうだ。たぶん「引っぱり係」がわたしの目にいちばん興味を示すだろうと思っていたら、案の定そうだった。

「南アフリカでは、ミミヒダハゲワシはナイフの役割を果たします」と、ケリーは言った。これら「引き裂き係」は、寸詰まりの首と強力な短いくちばしを使って硬いお尻の肉を引き裂くことができ、その圧力は一平方センチメートルあたり一・四トンだという。ケープハゲワシは文字通りの

「引っぱり係」で、長い筋肉質の首と鋭いくちばしを存分に使い、死骸の奥深くをまさぐって、柔らかい肉や臓器を引っぱりだす。いっぽう威圧感のある体とは裏腹に、ケープハゲワシは死骸を引き裂くことはできない。つまりミミヒダハゲワシがいなければ、食事にありつくには天然の穴、すなわち目や肛門を狙うしかないのだ。「彼らは柔らかい部分を狙うんです」と、ケリーは言った。わたしはサングラスを掛けなおして、ケージの隅に後ずさった。

ケリーはここで暮らす鳥たちを誇りに思っていた。「ハゲワシはいちばん効率のいい腐肉食動物です。骨から肉をこそげ取れるよう、進化の過程でわざわざ鉤状の舌を持つようになったんですよ。頑丈な脚は、死骸を押さえておくのに便利です。長い赤裸の首を持っている種類は死骸を掘って、内側から食べ進むんです」ケリーの口調には熱がこもっていた。中には「突っつき係」と「引っぱり係」が肉を食べつくしたあと、むき出しの骨を消化できるように進化した種類まであるという。

仕事の分担を念頭に置けば、時折ハゲワシが死んだばかりの動物を囲み、いささか間抜けな様子でじっとしている理由もわかるだろう。そういうことをするせいで、新鮮な死骸より腐った死骸を好むという説が生まれた。「何日間も放置されたゾウの死骸を、ただ見ているだけということもあります」と、ケリーは言った。「腐った死骸が好みなのではなく、単純に歯が立たないのです。だから死骸が柔らかくなって、引き裂けるようになるのを待っているのです」

ハゲワシが死骸の内部に口をつけるやいなや、一見の価値がある騒動が始まる。ビュフォン伯は食事中のハゲワシの様子を「理不尽な怒りの発露」と表現した。わたしの目には、もっとダークなコメディのように映った。監督はクエンティン・タランティーノ、主演は元祖「怒れる鳥たち」で、全員が死骸に顔を突っ込み、アメリカのホットドッグ早食い大会もかくやのスピードで食事をする。歩き回り、シューっと声を出し、涎を垂らし、くしゃみをし、胸を張り、突つき……。スパゲッティ並みに細くてしなやかな首と血だらけの禿げ頭の海、そして羽音をたてるハエの大群の向こうで、牛の死骸はたちまち影も形もなくなった。

人間がハゲワシの食習慣にひどく抵抗を覚えるのも、仕方のないことだろう。わたしたちは腐った肉をむさぼったら、細菌のせいですぐさま体を壊してしまうし、ボツリヌス菌や炭そ菌といった容赦ない敵の犠牲になることもある。ハゲワシが平気なのは、動物王国でも一、二を争う強力な胃酸で病原菌を撃退しているからだ。胃酸のpHの高さは希硫酸にも匹敵する。おかげで糞が強烈な腐食性を持つというおまけまでつき、ハゲワシは食後に排便するだけで脚を消毒できるのだった。ケリーの話では、ハゲワシの糞は消毒剤として非常に有効で、昼食の前に手を殺菌することにも使えるという。わたしはそのアドバイスに従ってみた。

ある種の手指の殺菌剤のように、この臭気漂う物体は鳥が体を清潔に保つのに役立つだけでなく、伝染病の媒介まで食いとめている。疫病のもとを食べつくし、殺菌剤を排出するハゲワシは、いわば高性能かつハイスピードな掃除部隊なのだ。百羽のハゲワシは二十分で死骸を骨だけにすることができ、病原菌が侵入したり、遠くまで拡散する余地を与えない。わずかに体についた細菌も、糞のシャワーによって流してしまうという寸法だ。

ハゲワシの早食いは、博物学者たちから「自己中心的な欲望に満ちた醜悪な光景」として忌み嫌われてきた。でもケリーの話では、それは献身的な行為として再評価されるべきだという。最近の研究によると、ハゲワシのいない地域では死骸が腐敗して分解されるまでに三～四倍の時間がかかり、伝染病の危険が高まるそうだ。要するにハゲワシが死肉を食べてくれるおかげで、人間は病院やごみ処理場に大金を投じる羽目にならずにすんでいるのだ。

ハゲワシが劇的に減ってしまった地域を見れば、そのことで人間の負担がどれほど増すか、はっきりとわかる。「インドやパキスタンがそうです。ハゲワシが事実上いなくなってしまったせいで、政府は三十～四十億ドル超を国民の健康問題に投じているのです」と、ケリーは指摘する。インドのハゲワシが壊滅的な打撃を受けたのは、ジクロフェナクという抗炎症薬を投与された家畜の死骸を食べ、中毒を起こしたせいだ。主な三種類の九十九パーセントが死んでしまったと推測されている。ハゲワシがごっそりいなくなれば、死骸があふれかえる。ドミノ式に野良犬が急増して、狂犬病が猛威を振るう。

「ハゲワシの保護と対照的に、カバの繁殖には天文学的な予算が割かれています」と、ケリーは言う。「腐肉食動物は人気がないので、わずかな予算しか割かれません。ばかげた話ですよ。カバがいなくなってしまったら、もちろん悲しいでしょう。わたしだって、カバは大好きです。でも、命に関わるような影響があるわけではありません。ハゲワシがいなくなったら、アフリカ中に病気が蔓延して、わたしたち全員が影響を受けるんですよ」ケリーは話を続けた。「そのことを誰もわかっていないのです。考え方を変えなくてはいけません。今、行われていることときたら、ミス・コンテストのようなものですよ。ミスコンは注目度が高いし、みんな世界一美しい女性に夢中になるけれど、世界一美しい女性が世界を変えるわけじゃありません。世界を変えるのは、裏方の仕事をしている人かもしれないのです」

確かにミスコンの優勝者も、人気の動物であるカバも、子どもの肩に汚物をぶちまけたり、自分の脚に排便したりしない。それでもケリーの使命感はいっさい揺るがず、ハゲワシが本当は美しい動物だという信念もぶれていない。「ハゲワシにはカリスマ性があると思います」と、ケリーは熱をこめて語った。「わたしにとって、彼らは自由の象徴なんです」ハゲワシの美を堪能しようと思ったら、上空での姿を見るべきだという。

ケープハゲワシはできるだけ燃費よく長距離を飛んで、遠く広い範囲の獲物を探さなければいけない。けれど体重は人間の赤ちゃんとたいして変わらず、エネルギーを節約しながら飛ぶのはなかなか厄介だ。風に乗るのさえ難しいし、ましてや羽ばたかないで数千キロの旅をするのは一筋縄ではいかない。それでもハゲワシは、進化の過程でこの問題を解決し、ほとんどエネルギーを消費しないまま、最高時速八十キロで滑空する術を身につけた。

ケリーとパラグライダー愛好家の夫のウォルター曰く、ハゲワシの空気力学的な奇跡を体感するには、山の端から飛び降りてみるといいらしい。そうすれば鳥の奇跡をいちばん間近で見ることができるし、集団の習性を新しい角度から検討できるというのだ。筋の通った提案に思えたのも、マガリスベルフ山脈の頂上の踏み切り台に行くまでだった。マガリスベルフ山脈は古代の山で、断面はほぼ絶壁、エベレストより百年も歴史が長く、標高九百メートルもある。

ケープハゲワシをはじめ、この古い絶壁の凹凸に巣を作る大きなハゲワシは、高度を利用してできるだけ力を使わず空中に身を投げる。全長二・五メートルの巨大な翼を広げ、上昇気流をとらえ、見えないエレベーターに乗ったように数千フィートの上空まで舞いあがる。わたしは似たような体験をするべくウォルターと命綱を共有し、彼の愛用のグライダーを使って、ふたりで飛翔したのだった。

崖っぷちに立つと、はるか下のほうできらめく谷が見えたが、鳥とはかけ離れた気分だった。ウォルターに渡されたヘルメットを神妙にかぶりながら、こんな薄っぺらな保護具よりも、保護鳥の集団に威嚇されたとき履いていたコットンのショーツのほうがまだ身を守ってくれる、とわたしは内心ぼやいていた。

パラグライディングは人間の本能に反するスポーツだ。アニメのキャラクターのように、文字どおり崖の先の何もない空間に駆けださなくてはいけない。究極の覚悟が求められ、次にぞっとするような無重力の瞬間が訪れる。それからグライダーの翼が上向きの風をとらえ、わたしたちは旋回しながら上昇していった。

はじめ、気流に乗っているのはわたしたちだけだった。けれど間もなく、どこからともなく一羽ずつ、ハゲワシが旋回しながらあらわれた。ケリーの言葉どおり、空中での鳥たちは好奇心旺盛かついたずら好きで、まったく印象が違った。そして確かに美しかった。わたしたちにとって、気流は荒っぽく予測不能な透明ジェットコースターのようなもので、ウォルターの高度計のおかげでかろうじて状況が把握できたものの、気まぐれな気流に翻弄されていた。ところがハゲワシたちは風と一心同体で、巨大な翼を揺らすこともなく、苦もなく近づいてきてはわたしたちを睨みつけるのだった。やおら離れていき、高々と舞いあがるさまは、完璧な飛行ぶりを見せつけるようだった。

ハゲワシの翼の完成度の高さは、ウィルバー・ライトがその翼をお手本にし、初めて飛行に成功する飛行機の翼を設計したことからもわかるだろう。彼は何時間もハゲワシを観察していたのだという。残念ながら現在、ライトの末裔の飛行機たちは混みあった上空で、彼らにひらめきを与えた動物を脅かしている。

＊

鳥と飛行機が接触する、いわゆる「バードストライク」の被害は深刻で、米国政府は一年に九億ドルの支出を余儀なくされ、一九八五年以降三十機の飛行機を失っている。鳥たちはテロリストよりはるかに重大な脅威なのだ。だからこそ米軍も、最新鋭のジェット機の「鳥耐久性」を試そうと、至近距離から大砲でニワトリを発射するのだろう。それが死んだニワトリであることを願いたい。

「敵」をよりよく理解し、その行動を予測するために、ワシントンDCのスミソニアン協会鳥研究所も鳥類学に力を入れてきた。DNA配列を解読して、いちばんよく飛行機に害を与える鳥を特定しようという試みだ。協会には毎週「スナージ」、すなわち飛行機と接触した鳥の血まみれの残骸が何百箱も届くといい、「米国機に最もダメージを与える鳥」の、栄えある第一位に輝くのはヒメハゲワシだ。そのぶん、パイロットたちが人気投票を行ったら下位に沈むのだろうが。

「スナージ」として『Xファイル』顔負けの奇妙な物体が届くこともあるという。研究者が〈ワイアード〉誌に語ったところによると、「協会にはカエル、カメ、ヘビの残骸も届きます。一度など、上空で犠牲になったネコまで送られてきました」地上で暮らす動物たちがなぜ一キロも上空で被害に遭うのか、全員が知恵を絞った結果、ひとつのことがわかった。それらの動物は、鉤爪の力がさほど強くない肉食の鳥の獲物で、空中を運搬する途中で落下したのだろう。つまりビュフォン伯のお気に入りのタカも、足先が不器用なせいで、米国機を撃墜する原因のひとつになっていたというわけだ。

長い年月をかけて協会の「スナージ探偵」たちは、五百種類ほどの鳥と四十種類ほどの地上の動物を特定した。中には五百メートルの上空で飛行機に接触したウサギもいたという。けれど最も信じがたいのは、高度一万一千メートルで衝突を起こし、商用便をコートジボワールの沿岸に緊急着陸させた鳥だろう。そんなに高いところを飛んだ鳥はほかにいない。羽根の残骸が分析され、盛大なファンファーレとともにマダラハゲワシの名が挙げられた。鳥が栄冠（そして、とっちらかった最期）を手にすることを可能にしたのは、普通の動物なら意識を失うだろう高所でも酸素の吸入を可能にする、特殊な形のヘモグロビンだった。

そのマダラハゲワシが、極端に高いところを好む特殊な個体だったのは間違いないだろう。ただしハゲワシ一般は、もう少し控えめとはいえ、やはりめまいを起こしそうな高度六千メートル近くを滑空することで知られている。高いところを飛ぶことで、アフリカ大陸を侵略し、虚弱な動物を死に追いやる乾期を追っていくことができるのだ。

最近の研究によると、マダラハゲワシはタンザニアの巣を離れて北に向かい、ケニアを横断し、獲物を求めてスーダンやエチオピアに舞いおりるという。そんなふうに国境を越えるおかげで、彼らはときどき保護に携わる人間も巻きこんで政争の種になる。絶滅の危機にあるマダラハゲワシを、生まれ故郷のイスラエルに返すという長年のプロジェクトがあるが、感情論や政治のあおりを受けて思うようにいかないそうだ。テルアビブ大学の研究者たちが鳥にタグをつけ、行動を追跡しているが、長距離の旅をする鳥たちはしょっちゅうよその国に迷いこみ、面倒ごとに巻きこまれてしまうのだ。中東の国同士の関係がひどく不安定なせいで、これらの鳥たちは捕獲され、イスラエル秘密諜報機関のスパイだと言われる始末だった。二〇一一年、サウジアラビア政府はシオニズム運動の一環だとして、一羽の鳥を捕まえた。三年後には別のハゲワシもスーダンで拘束された。さらに二〇一六年には、GPS追跡装置を隠しカメラだとみなしたレバノンの村人たちが鳥を捕まえ、国連が介入して鳥を返還させる騒ぎになった。

鳥を放ったのは動物保護に携わるオハッド・ハツォーフェという男で、スパイの脚にメールアドレスを記載するようでは隠密活動も何もないだろう、と反論した。実は本当に工作員を集めているのではないか、と中東の新聞記者に尋ねられ、ハツォーフェはいくぶん皮肉をこめて答えている。

「だったら死んだラクダやヤギに執着のない動物を選ぶ」

わたしたち人間はハゲワシを疑わずにはいられないようだ――相手は何も、疑いを招くようなことなどしていないのに。ハゲワシを工作員に使うなど、またトンデモ話だと思われるかもしれないが、動物が戦争に協力させられた歴史は実際にある。第六章では別の嫌われ者、コウモリを紹介しよう。第二次世界大戦中、米軍によって本当に召集され、目にも鮮やかな成果を上げた動物だ。

第6章

コウモリ

水夫の一人が悪魔を見たと言い、以下のように語った。「……悪魔は角と羽根を持ちながら、草の中をそろりそろりと這ってきた。怖いと思わなければ触っていたかもしれない」のちにこの水夫はコウモリを見ていたことが判明した。黒く、キジバトほどの大きさがあったという。水夫は悪魔を恐れるあまり、想像の中で角をつけてしまったのだろう。

キャプテン・クック『発見の長い旅』（一七七〇年）

世界で唯一の空飛ぶ哺乳類コウモリが、YouTubeのスターになるとは誰も思わなかっただろう。ただしそこには愛くるしい毛深い顔でも、歯をのぞかせる笑顔でもない、もっとダークな理由がある。コウモリは招かれてもいないのに、よく民家にあらわれるのだ。インターネットには「人間VS翼の生えた侵入者」という動画の一大ジャンルがあり、へっぴり腰の父親が半狂乱になった家族を守ろうと必死で反撃する映像が揃っている。母親はヒステリックに頭を抱え、すすり泣きながら床を這いずって逃げまわり、赤ちゃんはバスルームに避難させられ、誰もが絶体絶命の危機に追いこまれたホラー映画のティーンエイジャーのように金切り声をあげる。たいていの場合、父親は何の役にも立たない大きすぎるオーブン用ミトン、ほうき、毛布などで武装している。テキサス州の父親はやや例外で、超人ハルクのような体格をしているのに、自分の親指ほどのサイズの動物をビニール袋で捕まえることができず、台所に侵入したコウモリを至近距離からライフルで狙う。背の高いベビーチェアに座らされた幼い子どもは「だめ!」と叫んでいる。いかにも現代の趣味の悪い動画だ。けれど家庭内ホラー映画に登場する恐ろしい怪物たちは、ただの迷える小さな食虫動物というわけではない。

人間が家を持つようになってからというもの、コウモリは絶えずそこへの侵入を続けてきた。(正確に言うなら、人間が居心地のいい洞穴に避難場所を求めるようになってからで、つまり人間がコウモリの家に侵入したのだが)。コウモリは単に寝る場所を探したり、昆虫を追いかけているだけで、人間に興味などない。けれど何世紀ものあいだ、古い民話ではそんな突然の侵入者は死の予兆と解釈されてきた。叫び声が上がるのも当然のことだろう。

現代では、コウモリへの強い恐怖にはちゃんとした病名がある。ギリシャ語で「翼の生えた手」を意味するChiropteraが由来のコウモリ恐怖症(chiroptophobia)で、その「翼の生えた手」こそ、現在までに千百種類ほど発見されたコウモリの分類学上の大きな特徴だ。インターネットを検索すれば、コウモリカウンセラーと名乗る人間は大勢存在していて、大半がアメリカに拠点を置き、理不尽な恐怖と憎悪は部屋いっぱいのコウモリに触れる曝露療法で克服しようと呼びかけている。ハンター・S・トンプソンのサイケデリック体験に匹敵する悪夢といえるだろう。

だからといって、精神面に問題を抱える一部のアメリカ人だけがコウモリ恐怖症というわけではない。コウモリ保護団体の最近の調査によると、ごく正常なイギリス人の五人に一人がコウモリ嫌いだ。巷では空飛ぶ害虫だと言われたり、コウモリ嫌いのコメディアン、ルイス・C・Kがいみじくも言ったように、「なめし皮の羽根のついたネズミ」だとされている。調査に回答したイギリス人たちは、コウモリは盲目であり、かつ悪意に満ちた存在で、人間の頭髪に潜りこんで血を吸ったあげく狂犬病をうつすと信じていた。これらはほとんど都市伝説だ。実のところコウモリはげっ歯類より人間に近い動物で、おかげさまで視力も上々だ（オオコウモリの一部は色が識別できて、人間の三倍は感覚が鋭い）。自身の発した音や超音波の反響で周囲の様子を把握する「エコーロケーション」といわれる鋭敏な能力も持っていて、高々と盛られた髪にうっかり近づくこともない。そして吸血鬼のような性質を持つのはわずか三種類で、人間が狂犬病にかかるとしたら感染源はイヌかアライグマがほとんどだ（病原菌を持つコウモリは〇・〇五パーセント以下だ）。

コウモリはとっくに名誉回復されていてもいいころだろう。恐ろしい吸血鬼だといわれるが、本当は鬼どころか仏のようで、動物王国における気前のいい隣人で、頼りになる友人で、やさしい恋人なのだから。深刻な病気を媒介し、作物を破壊する昆虫をコウモリが食べてくれるおかげで、わたしたちは毎年何十億ドルも節約できている。また彼らはバナナやアボカド、リュウゼツランといった熱帯の植物の主だった花粉媒介者だ。コウモリがいなければテキーラも作れない（それが人類にとって悪いことなのかどうかは、意見の分かれるところだが）。はっきり言って、コウモリのほうがイヌより人間の友にふさわしい。

それなのに、なんと不公平なことだろう。コウモリの歴史は実のところホラー映画そのもので、主要登場人物は鋭いはさみを持つカトリックの神父と極悪非道な計画を温める異端の歯医者、そして大きな睾丸を持ち、思いやり深く、仲間と血液を分かちあうコウモリたちは、哀れな犠牲者なのだった。

*

コウモリがうまく世間にアピールできたためしはない。彼らはハゲワシと並んで、聖書が不浄とする数少ない動物のひとつだ。多くて生涯の五分の一を毛づくろいに費やすこともあり、おそらく聖なる書物の執筆陣よりずっと清潔な動物にとっては、いささか理不尽な評価だろう。

初期ローマ時代の書き手のひとりは、こんなふうにも言った。「コウモリの性質は悪魔と大差ない」原因のひとつは外見だった。胴体、手足、顔の配置、そして真正面についた瞳とむき出しの歯は、人間とよく似ているようでありながら、明らかにまったく違う。やがて芸術家たちが、コウモリの羽根を持つ人物を悪魔として描くようになると——有名な例としてはダンテの『地獄篇』がある——コウモリのネガティブなイメージは決定的なものになった。

中世の博物学に関する書物を執筆したのが、「鳥でも魚でもない」コウモリの性質に疑いの目を向ける信心深い人びとだったのも不運だった。イギリス人の聖職者にして自然学者のエドワード・トプセルは、羽根の生えたこの奇怪な動物について、自身が執筆した十七世紀の鳥類の本『天の鳥』の中で触れずにはいられなかった。コウモリが天使という名の空飛ぶ親戚をお手本にしなかったことに、トプセルは恐れおののいたようだ。とりわけ彼にとって不快だったのは、この小さな哺乳類が鳥とかけ離れた乳房と歯を持ち、ついでに暗闇を好む性質を備えていたことで、おかげで悪意ある比較が引きも切らず行われることになった。トプセルは自身の文章になんとも奇妙な、乳房

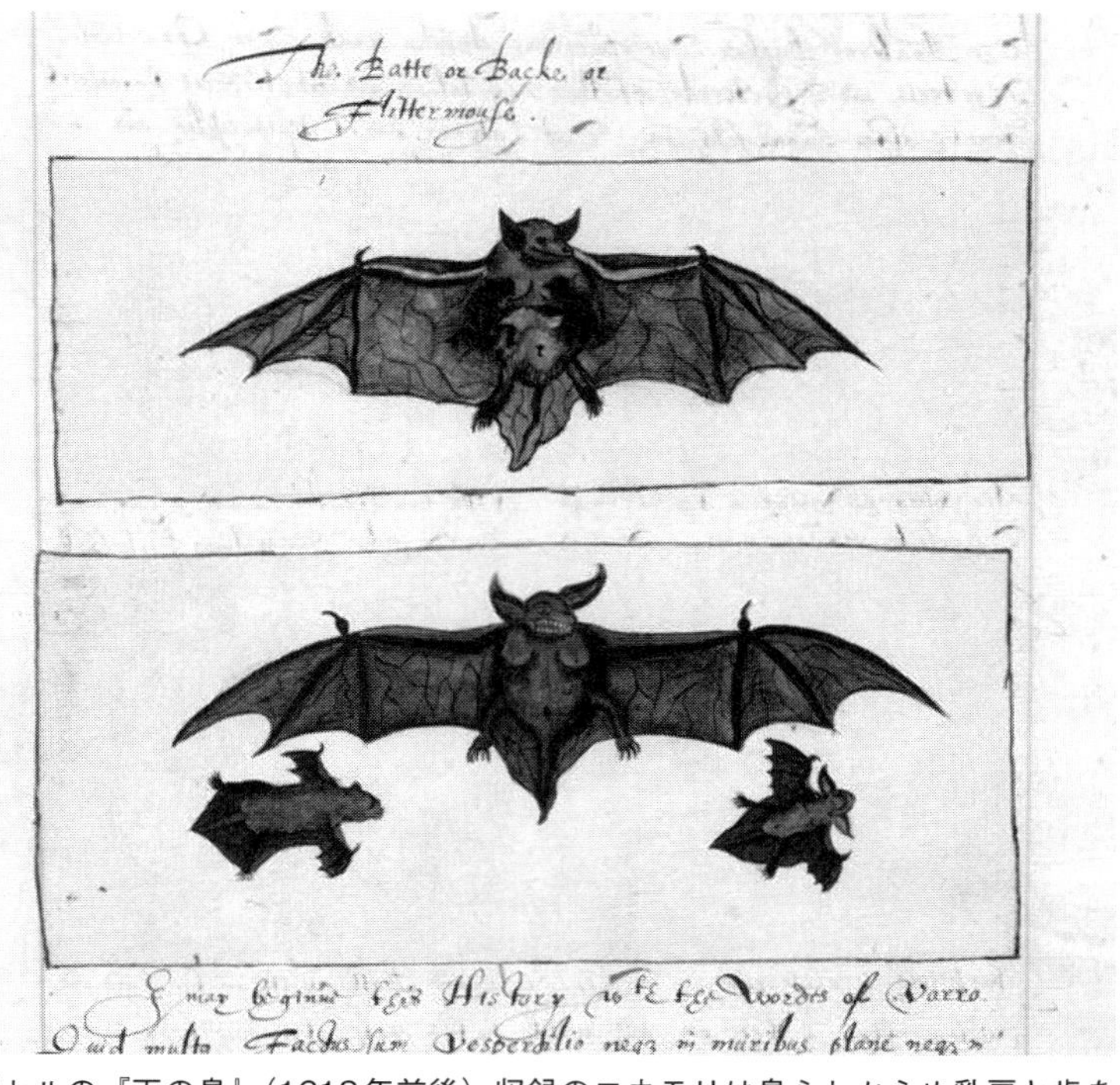

トプセルの『天の鳥』（1613年前後）収録のコウモリは鳥らしからぬ乳房と歯を持ち、なんとも悪意に満ちた存在に見える。

のある動物がだらしなく笑っている挿絵をつけた。これまた幻覚でも見ていたかのような内容の後記の中で、彼はこれらの「鳥もどき」が教会のランプの油を舐めつくしてしまう、と憤慨している。

科学が啓蒙時代を迎えても、生物学者たちはまだコウモリの奇妙な体の構造に頭を悩ませ、分類しかねていた。偉大なるビュフォン伯による事典のコウモリの項は、期待を裏切らない罵倒の言葉に満ちている。「なかば四足獣、なかば鳥というコウモリのような動物は、結局のところどちらでもない、怪物じみた存在なのだ」と、伯爵は述べた。「彼らは不完全な四足獣であり、それにも増して不完全な鳥だ。四足獣には四本の足がなければいけないし、鳥には羽毛と翼がなければいけない」ビュフォン伯はコウモリの下半身にも気分を害していた。まるでほかの動物から借りてきたようなしろもので、非常に困ったことに、人間のものによく似ていたのだ。「コウモリの陰茎は振り子のように垂れている」と、伯爵は記した。「そんなものを持っているのは、人間とサルだけのはずだ」

ビュフォン伯と同じく、わたしも初めてコウモリのペニスを見たときは驚いた。十年ほど前、ペルーのアマゾンの奥地で、かすみ網を使ってコウモリを追うキューバ人のアドリアン・テヘドール博士と一緒に行動していたときのことだ。わたしたちは大きくて目の細かいバドミントン用のネットを、密林の開けた場所に仕掛け、コウモリがクモの巣のような罠に飛びこんでくるのを待った。（網は非常に薄いので気づかれない）。それから数時間は、まとわりつくような夜の闇のなかに座り、コウモリを脅かさないよう懐中電灯のスイッチは切っていた。ナマケモノ並みに、退屈を我慢する練習をしているようだった。そんな中でもいささか現実離れした、暗闇の中で光るキノコを見て楽しかったのを覚えている。子どものころ、壁にくっつけて遊んだ玩具のようだった。

最初に網にかかったのはヘラコウモリの一種で、アドリアンは大喜びだった。彼らに出会うのは九年ぶりだったそうだ。わたしが興奮したのはペニスの大きさで、コウモリの足の半分くらいまで垂れさがるそれは、空気力学の奇跡としか思えなかった。アドリアンは嬉しそうに教えてくれた。「哺乳類のペニスの長さは、メスがどれくらい交尾に積極的かという点と比例しているように思う」そうだとしたら、ヘラコウモリのオスは極端に長い生殖器を持っているのだから、メスも間違いなく積極的なのだろう。ペニスが長ければ長いほど、オスはメスの体の奥深くに精子を送りこみ、恋のライバルに先んじるチャンスを与えてやれるというわけだ。

はじめて出会った食虫動物がコウモリ界のポルノ俳優と言っても過言ではない相手だったので、わたしはコウモリの交尾について少し先入観を持ってしまったような気もしていた。ところがもう一人、ユニヴァーシティ・カレッジ・ロンドンで生態学と生物多様性を研究するケイト・ジョーンズ博士に聞くと、コウモリの中には振り子のような長いペニスだけではなく、大きく膨らんだ睾丸を持つ者もいるとのことだった。交尾をめぐる争いにおいて精子の蓄えが多いのは、多情なメスを誘惑する手段としてちょうどいいのだろう。コウモリの仲間にはよくあるように、メスはオスの精子を貯めておく秘技を持っている。

ジョーンズ博士はコウモリの生殖器について相当詳しい。三百四十四種類ものコウモリの生殖腺と脳を正確に調べたチームの一員だったのだ。空を飛んで餌を探す温血動物コウモリにとって、ただでさえエネルギーのやりくりは簡単ではないのに、これら二つの臓器は代謝という点で非常に負担が大きい。ジョーンズ博士率いるチームは、コウモリの生殖腺と脳が「トレードオフ」をしているのではないかと睨んでいたが、事実その通りだった。一夫一婦制を採用する種類のコウモリは小さな睾丸と大きな脳を持ち、性的に活発な種類のコウモリはその正反対なのだ。中でも積極的な一匹は、なんと体重の八・四パーセントの重さのある睾丸を持っていた。オオミミコウモリの一種で（もう一つの大きな器官にちなんだ巧みな命名だ）、人間で言うならば大きなかぼちゃ二個を股間にぶ

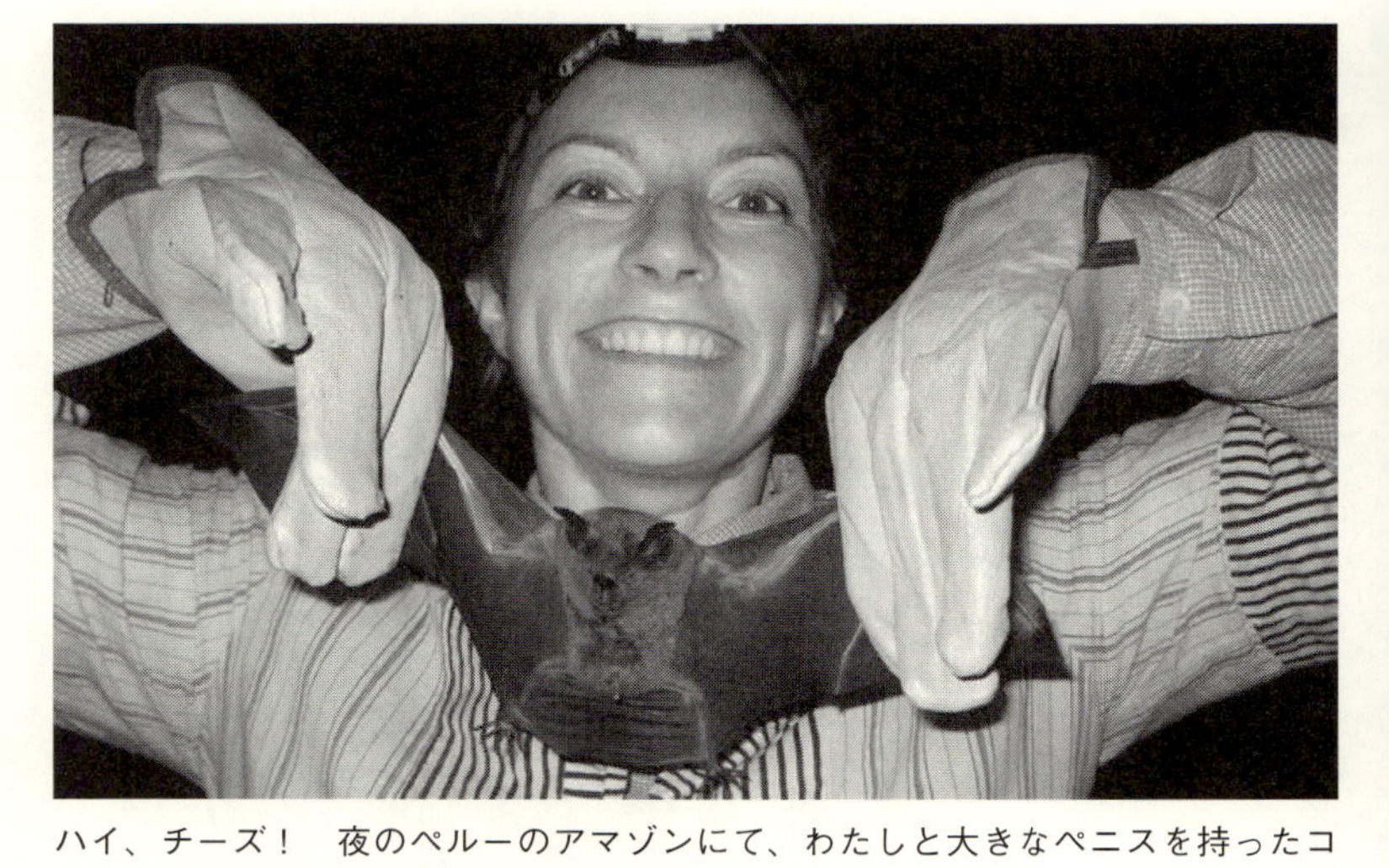

ハイ、チーズ！　夜のペルーのアマゾンにて、わたしと大きなペニスを持ったコウモリ。（コウモリは撮られることを喜んでいない様子）

らさげて飛んでいるようなものだった。その大きさと反比例して、知的な能力は劣るというわけだ。

ただしオスが交尾に積極的な度合いが、脳と睾丸のせめぎあいの行方を決定しているわけではない。むしろ反対で、オスの脳の進化と生殖腺の大きさに影響を与えるのは、恋多きメスのほうだった。このことが人間の進化に意味を持つかどうか、確実なことはいえないが、女性は耳を傾けたほうがいいかもしれない。

コウモリのポルノ俳優としての能力は、この一点に留まらない。彼らはオーラルセックスをする限られた哺乳類の一種だ。メスのコバナフルーツコウモリはフェラチオをしているところを目撃され、数年後にはオスが似たような行為にふけっているところを見つけられた。種類はコバナフルーツコウモリの仲間のインドオオコウモリで、クンニリングスしているところを撮影されたのだった。科学者たちはひどく驚いた。この種の性的な行為を日常的に行うとされていた哺乳類は霊長類だけだったので、科学者たちは「何度も集まってその行為の目的を議論した」という。

実り豊かな討論の果てに、科学者たちは結論を出した。オーラルセックスはコウモリにとって交尾の時間を引きのばすという意味があり、それだけ受精するチャンスが増えるのだろう。インドオオコウモリのオスの場合は、射精する前に恋のライバルの精子を吸いだしてしまう手段でもあった。こうして完成した学術論文は（お上品な読者なら顔を赤らめるだろう、微に入り細を穿ったコウモリのセックスの描写が含まれている）、研究者はいっそう覗き行為に励むべしと結論づけられていた。「オスの舌がヴァギナに挿入されているか見極めるために、至近距離での観察が求められる」是非、がんばっていただきたい。

コウモリの性生活に関する生々しい事実は、教会に属する中世の動物寓話の書き手たちをたいそう刺激していたことだろう。彼らは常に動物たちのみだらな行動に目を光らせ、高飛車な判断を下そうとしていたのだから。たとえばエドワード・トプセルは、コウモリは淫乱だと信じていたが、それは単に彼らが羽毛のない翼を持っているからだった。大きすぎる生殖器やオーラルセックスを好む傾向は、トプセルが教訓を垂れる格好の口実になっていただろう。

*

コウモリの穏やかとはいえないそんな性生活は、ずいぶんと批判を集めることになったが、その食生活もまた評判が悪かった。数ある噂のなかでも最もばかげていたのは、コウモリが人間の食べるベーコンを狙っているというものだ。中世で広く信じられていたこの噂については、一四九一年にドイツで出版された初期の自然界についての事典『健康の園』に詳しく、ご丁寧にも五、六匹のコウモリが、吊るされたハムの周りを物欲しげに飛ぶ木版の挿絵までついている。（それはドラゴンに関する厳粛な解説文と、尿による病気の診断法に挟まれて収録されている）。コウモリは加工された肉に目がないというもっともらしい話は、彼らのドイツ語名にも反映されている――「スペックマウス」、文字どおり「ハムネズミ」だ。

そんなふうにひどく誤解のある名前が定着してしまったあと、二人のドイツ人科学者たちが実験を思いたった。十九世紀初頭、ほかの研究者が種の起源や元素の順番といった大問題と格闘しているあいだ、この二人の真剣な紳士は窃盗の容疑者たちをケージで飼い、毎日決まった量のベーコンを与えることで、科学の進歩に大きく貢献したのだった。容疑者たちは断固としてベーコンを拒絶し、みんな一週間経つと餓死してしまった。それでもコウモリのハンガーストライキは、ドイツ人には歓迎された。彼らの愛するハムは、ハムネズミに盗まれることもなく、安泰なのだから。

コウモリの評判がいっそう低下したのは、彼らが加工された肉よりもさらに不穏なもの、すなわちほかの動物の血液で命をつないでいるという説が浮上したときだった。コウモリがドラキュラ伯爵と繋がっているという話は、人間との不安定な関係にいよいよ終止符を打ちかねなかった。

最初にその説を唱えたのは、血に飢えた獣たちの生々しい逸話を携えてヨーロッパに帰還した十六世紀の新大陸の冒険家たちだった。一五二六年、スペイン人の作家にして歴史家のゴンサロ・

Ca.xv.

Vespertilio. Aresto. Vespertiliões
hñt pedes sicut aues: ꝛ carẽt cau
da qm̃ sunt agrestes. Ipaꝝ qꝫ ale
sunt membranales id est corio indistincte
ꝛ si caudam habuissent. motum alaꝝ pro

初期のドイツの事典『健康の園』（1491）より、加工された肉に群がる五匹の「ハムネズミ」。おかげで人びとはコウモリにベーコンを盗まれるのを極端に恐れるようになったフェルナンデス・デ・オビエド、すなわちナマケモノを執拗に非難した当人は、コウモリについてこんなふうに描写した。「彼らは動物の傷口から、おびただしい量の血液を吸う。自分の目で見たのでなければ信じられないほどだ」。その翌年、スペイン人の冒険家フランシスコ・モンティホ率いる一団は、「牛や馬ばかりでなく人間も襲い、寝ているあいだに血液を吸うコウモリの大群の犠牲になった」とされている。

この手の初期の逸話は、怪談としてはよくできているが、信ぴょう性には欠ける。第一にチスイコウモリは、その名に反して血を吸うわけではない。彼らはネコが牛乳を飲むように、動物の傷口を舐めるだけだ。三十分ほど血液をむさぼることで、一度に自分の体重とほぼ変わらない量を摂取できるのは確かだが、コウモリの体の大きさはネズミ程度で、つまり消費する液体もスプーン一杯に満たない。人間のようなサイズの哺乳類の体内では何リットルもの血液がめぐっているのだから、まったくたいしたことのない分量だろう。それにコウモリは人を襲うことも稀で、家畜やニワトリを標的にすることのほうがはるかに多い。新大陸の冒険家たちは、正確に動物を観察することではなく、砂金や土地を手に入れることのほうに興味が向いていたようだ。これらの不気味な話のおかげで、恐るべきコウモリという動物はよく知られるようになったが、あの悪名高い伯爵と結びつけられるようになるのはもう少しあとだった。

「ヴァンパイア」という単語は「血液に酔っている」という意味で、語源はスラヴ語だが、神話そのものはメソポタミア、バルカン半島、インド、中国など古代文明のそこかしこで発見できる。この種の恐怖は人間の心の奥深くに根を下ろしているということだろう。ただしこの超自然的な生きものは、夜遅くに外をうろついて人間の生命を吸いつくし、変身するという能力こそ備えていたが、コウモリの姿形をしていたわけではなかった。当時の吸血鬼の姿は、今ならホラー映画にキャスティングされるのも難しいくらい、あの有名な姿とはかけ離れていた。ウマ、イヌ、ハエは序の口で、なんとスイカの姿をしているともいわれたし（噛みつけるとは思えない）、家事に使う道具のこともあった（助けて！　シャベルに襲われる！）

それでも十七世紀後半から十八世紀にかけて、吸血鬼は東ヨーロッパの国々で大きな注目を集めた。当時はペストや麻疹が原因不明の猛威を振るい、それらの悪夢は「生きながら死んでいる者たち」の仕業とされることが多かったのだ。新聞では吸血鬼の存在が事実として報じられ、君主たちはハンガリーやペルシア、セルビア、ロシアの「吸血鬼病」について調査するため使節を派遣した。こうなったら神話の中で語られてきた血液を愛飲する者たちと、現実に血液を吸う動物が一緒くたにされるのも時間の問題だった。それが事実になったとき、大惨事が起きた。

偉大なる分類学者リンネは一七五八年、コウモリにその悪名高い名前を公式に与えた。分類学の聖書『自然の体系』の第十版には、Vespertilio vampyrius の項に「夜眠っている者から血を吸う」という記述がある。世界中の、同じように名づけられたコウモリたちの記述もある――Vampyressa（一八四三）, Vampyrops（一八六五）, Vampyrodes（一八八九）。名前にこめられた意味は、どれも似たり寄ったりだ。バイエルン大学で動物学を研究していたヨハン・バプチスト・フォン・スピックスはさらなる想像力を発揮し、ブラジルに行って自身の手で集めた新種のコウモリを「最も残酷な吸血鬼」、すなわち Sanguisuga crudelissima と名づけた。（一般的には「長い舌をもつ吸血鬼」として知られている）。スピックスは彼らが「夜の闇を亡霊のように漂うのを見た」そうだ。

問題なのは、これらのコウモリのどれひとつとして血を一滴も舐めることがないという点だった。彼らは無害な果物の愛好家に過ぎないのに、科学が存続するかぎり、吸血鬼を思わせる誤解に満ちた名前を背負っていく運命に陥ってしまった。

チスイコウモリが来襲したことを見極めるのは難しくない。彼らの唾液に含まれる抗凝血剤のおかげで傷口が固まらず、朝になると大きな血痕が残っているからだ。けれど、夜中に血液で酔っ払うコウモリを現行犯逮捕するのは比較にならないほど難しい。ヨーロッパの分類学者は乾燥した標本や、信頼に欠ける新世界の冒険家たちの「目撃証言」をもとに本物の吸血鬼を特定しようとして、ある致命的な間違いを犯した。郵送されてきた中で一番大きなコウモリを、血を吸う種類だとしてしまったのだ（本当はおとなしい菜食主義者だった）。そんな誤解に加えて、ある博物学者がせっかく本物のチスイコウモリを捕らえたのに、それが血を飲むなど誰も信じようとしなかった。

一八〇一年のパラグアイで、のちにチスイコウモリとして知られるコウモリの捕獲に初めて成功したのは、スペイン人の地図学者にして軍人のフェリックス・デ・アサーラだった。彼は優秀なアマチュア自然学者で、何百種類もの新しい動物を発見するいっぽう、偉大なる伯爵を批判するという大きなあやまちを犯した。その著書『一般と個別の博物誌』を「俗っぽく、間違いに満ちている」と非難してしまったのだ。そのような大胆不敵さは、ビュフォン伯がみずから君主を名乗る鼻持ちならないヨーロッパの博物学界隈には受けが悪かった。悪名高く、捕まえるのが難しい「咬みつき屋」をとうとう捕獲したとアサーラが発表しても、科学者たちははなから相手にしなかった。

問題の動物は、癒合した前歯にちなんで「鋭い歯をもつコウモリ」を意味する名前を授けられ、その生々しい食生活への言及は一切なかった。

ゴシックホラー文学の不穏な流行のおかげで、十九世紀初頭にもなると、誰もが吸血鬼という存在を認識するようになっていた。吸血鬼はコウモリによく似た羽根を持ち、よく似た動作をするとされ、やがて実際これらの文学にコウモリが登場すると、血を吸うスイカよりもはるかに恐ろしかった。こうして古い伝説に新しい命が吹きこまれた。ブラム・ストーカーの小説『吸血鬼ドラキュラ』は一世を風靡する人気ぶりで、おかげでコウモリと吸血鬼文学は切っても切り離せない関係になり、無害なオオコウモリは悪役とされるようになった。こうしていくつか、残念としか言いようのないアイデンティティの混同が起きた。

一八三九年七月、イギリスのサーレイ動物園は「吸血鬼」を入手するという大手柄を発表し、「生け捕りにされた種としては国内初だ」と誇らしげに宣言した。この種々雑多な生きものの庭を当時所有していたのはエドワード・クロスという名前の興行主で、もともとロンドンのストランドにある自宅で動物たちを飼っていたが、ひどい歯痛に悩まされたゾウが世話係を殺すという事件を起こしたあと、引っ越してきたのだった。彼はそのスキャンダルのあと心機一転して、悪名高いコウモリを展示することで客を呼び寄せようとしていた。けれど新聞記者たちは、その伝説の生きものの実態にいささか失望していた。「確かにこれは血に飢えた習性を数多く持つというチスイコウモリだ」と、ある記者は書いた。「しかしその外見は恐ろしいとは言いがたい」コウモリは「おとなしく」、「人に見られることを望んでいるようだった」一番大きな失望の的は「コウモリがさくらんぼを好んで食べる」ことだった。それ以外のものは一切口にしなかった。確かにこの「吸血鬼」は別名フルーツコウモリともいうのだ。

過去の血湧き肉躍るチスイコウモリの「科学的な記録」によると、「相当多くの種類が」寝室に飛びこんで、何も知らない住人たちを襲うはずだった。「体の一部でも露出していれば、コウモリは必ずそこへ群がるだろう。経験豊富な外科医顔負けに、尖った舌を血管に刺し、満腹するまで血を吸うはずだ」と、当時人気を博した動物事典の編者の一人は述べた。続いてその著者は、吸血鬼にふさわしい逸話を披露した。「血液が失われたことに気づいて人間が目を覚ましても、往々にして傷口を手当てする力さえ残っていない。なぜ噛みつかれてすぐに気づかないかというと、コウモリは血を吸っているあいだ、羽根を使って風を起こし、その爽やかな風で犠牲者をますます深い眠りに誘うからだ」大衆が求めていたのはまさにこんな話だった。

サーレイ動物園が本物のチスイコウモリを捕らえていたなら、事典のゴシックファンタジー趣味とは相容れない点に気づいていただろう。ただし本物の行動は、むしろもっと不気味だといえるかもしれない。

チスイコウモリは空から標的に近づくのではなく、地上で後をつけることが多い。大げさな羽根のついた前足を使って這いずるように前進し、短い二本の後足は地面を蹴って勢いをつける。いささか滑稽だが、地上での彼らは驚くほど敏捷だ。このことに感銘を受けたある科学者は、チスイコウモリをトレッドミルに乗せてみた（おそらくスポーツジムの利用者の一部は眉をひそめたことだろう）。するとコウモリが最高で秒速二メートルに達するという、驚異的な結果が記録された（ナマケモノの全速力の五倍も速い)。これらの小さなコウモリは、愛すべきナマケモノを速さにおいて上回るだけでなく、垂直跳びの能力にも優れていて、おかげで素早く逃げることができるのだった。

コウモリの不気味さといえば、もちろん例の液体を主とする食生活もある。コウモリは食べものに無頓着というわけではなく、鼻に備わった特殊な赤外線センサーを使って、皮膚の表面に近いところでおいしそうに脈打つ血液を発見する。皮膚の表面に近ければ、手に入れるのも簡単だろう。皮膚に穴を開けるにあたって彼らが好むのは、体毛や羽毛が生えていない場所だ。たとえば足(くすぐったい)、耳(いらいらする)、肛門(お願い、やめて)。それだけでも十分だというのに、チスイコウモリは数夜連続で同じ場所から血を吸おうと戻ってくる。お気に入りの被害者の呼吸のパターンを聞き分け、記憶するという独特な能力のおかげだ。

血に飢えた咬みつき屋たちが、呼吸音をもとに獲物をつけ回すというのは、ドラキュラ伯爵よりもっと邪悪に感じられるかもしれない。でも実のところ、チスイコウモリは動物王国で最も気前のいい存在だ。

空飛ぶ哺乳類は燃費の悪い存在で、血液に頼った食生活では本来必要とする燃料を到底まかなえない。血液は八十パーセントが水分で、脂肪分はゼロだ。チスイコウモリには特殊な消化システムが備わっていて、食事をしながら排尿することで無駄な水分を素早く排出している。人間の基準からすると好ましいとは言えないが、おかげで一回の食事で血液中のタンパク質を最大限摂取することができるのだ。水分の取りすぎで胃が破裂することもない(そんなことになったらますます見苦しいだろう)。けれど脂肪分がまったく摂取できず、体内に蓄えるすべもないので、少なくとも七十時間に一回は食事をしなければ死んでしまう。口で言うほど簡単なことではないのがわかるだろう。露出した足や肛門がそうそう簡単に見つかるわけがなく（ひづめや尾はこんなときのために存在するのだ）、三割のコウモリは収穫を得られないまま巣に帰る。二夜連続して食事にありつけなければ、まず間違いなく飢えてしまう。

メリーランド大学で教鞭を執る世界でも有数のコウモリ学者、ジェラルド・ウィルキンソン博士は、生きのびる確率を上げるためのコウモリの戦略を発見した。彼らは進化の過程で食料のシェアリングを身につけ、首尾よく食事にありついたコウモリが、空腹の仲間のために凝固した血液を吐きだすようになっているのだ。『エクソシスト』ばりの吐しゃ物の噴射を想像すると、胃のあたりに違和感を覚えるかもしれないが、飢えたコウモリにとってはまさに命をつなぐ手段だ。ウィルキンソンは語った。「彼らは競って仲間に血を分け与えているようにも見えます」もっと奇妙なことに、コウモリたちは血の繋がりがなく、ねぐらを共にしているだけの仲間と血液を分けあうのだった。食事を共にするのは家族ではなく、過去に血液をシェアした仲間のほうが多い。「血縁関係は何の意味もないのです」とウィルキンソンは言った。「シェアリングの基準となるのは、以前その相手に助けてもらったことがあるかどうかという点です」。支えあい、シェアリングし、吐いた血液で命をつなぐコミュニティにおいて、コウモリたちは固い絆で結ばれている。「親友といってもいいくらいです」

チスイコウモリたちの場合、言うなれば「水は血より濃い」のだ。彼らの互恵的利他主義は、動物は遺伝子を分かちあう者だけ優遇するという、生物学で言うところの血縁選択説とは真っ向から対立する。動物王国において互恵的利他主義は非常に珍しい。ウィルキンソン曰く、「ボノボやチンパンジーといった霊長類を除いて、このような行動を見かけることは稀です」人間とコウモリの共通点は、だらりと垂れたペニスだけではないということだろう。「コウモリはグルーミングを通して社会的な絆を結んだりもします。そのことで協力関係を築き、グループを構成するという点で、チスイコウモリは霊長類によく似ています」

ただしチスイコウモリも、少々相手のご機嫌を取ったくらいでは血液パーティへの招待状は得られない。博士課程で学ぶウィルキンソンの弟子の一人は、コウモリが絆を深めるには相当な時間がかかることを発見した。保護区に連れてこられ、赤の他人との共同生活を強いられたコウモリたちは、丸二年間も食事を分けあおうとしないという。「彼らは誰も信頼しないのです」と、ウィルキンソンは言った。チスイコウモリは、体の大きさの割にはたいそう長生きだ。同じくらいの大きさのネズミが二~三年しか生きられないのに対して、コウモリの寿命は三十年もある。彼らはその長い生涯を通して、長期的な助け合いの輪を広げていくのであり、邪悪で反社会的という評判とは正反対だ。

*

コウモリが吸血鬼をめぐる神話にやすやすと取りこまれた理由の一つは、彼らが超自然的な力を持っているように見えることだった。少なくとも人間の五感からすると、そのように感じられたのだろう。暗闇でも移動できる不可解な能力は、彼らが魔女の手先だという憶測を呼び、中世において独身の女性はコウモリが家を訪れることを心から恐れた。一三三二年、フランスのバイヨンヌのレディ・ジャコームは「コウモリの大群が」家を出入りしているという隣人たちの告げ口のせいで、公衆の面前で火あぶりの刑に処された。

コウモリの体の各部分は、しばしば魔術に使われた。シェイクスピアの『マクベス』に登場する魔女も、あの有名な呪文の中で「コウモリのうぶ毛」と言っている。ただしコウモリのうぶ毛自体は、やや珍しい材料だ。真剣に魔術を使おうとしている人間にとって、お気に入りは常にコウモリの血だった。それはまた「空飛ぶ軟膏」を作るのに欠かせない材料でもあった。その軟膏を塗ると、魔女たちは暗闇でほうきに乗るときも周囲にぶつからないと言われていたのだ。十五世紀から十八世紀にかけて、この練り物はたいそうな人気を博したが、空を飛んだ女性はおそらく一人としていなかったし、ましてや夜のしじまをコウモリのように飛びまわる女性など存在しなかったはずだ。軟膏に含まれていたその他の材料、たとえばベラドンナは、幻覚作用のおかげで一部の女性を飛んでいるような気分にさせたかもしれないが。

科学がコウモリの「超自然的な」スキルの正体を突き止めるには、ずいぶんと時間がかかった。すべてのコウモリがエコーロケーションの能力を持っているわけではなく、果物を主食とする大半のコウモリは、普通の哺乳類と同じく視覚を使って移動する。いっぽうエコーロケーションを頼りにする種類は、自分の声の反響をもとに周囲の複雑な「音地図」を作りあげ、音が跳ね返ってくるときの性質から距離感を判断する。これだけでも驚くような話だが、科学者はとりわけその事実に戸惑った。なぜならコウモリ自身は音を立てているように見えなかったからだ。彼らは実のところたまま使われるスピーカーより二十デシベル近く大きな音を立て、けたたましくわめきながら飛行している。ブラック・サバスのリーダーにして、ステージに投げこまれたコウモリの死骸を食いちぎったという伝説を持つオジー・オズボーンも、彼らの騒がしさにはかなわないだろう。要するにコウモリの甲高い鳴き声は、ほぼ完全に人間の聴覚の範囲を超えているのだ。

ようやく一九三〇年代、ハーバード大学の生物学者ドナルド・グリフィンがエンジニアの協力を得て特別な超音波のソナーを作ったことで、人間はコウモリの沈黙の叫びを盗み聞きできるようになり、彼らが超自然的な第六感を持っているという説も否定された。かなり時間はかかったものの、コウモリにとっては喜ぶべきことだった。なぜなら彼らは百年以上ものあいだ、その超音波の秘密を探るために拷問にかけられてきたからだ。

事の発端は十八世紀後半、人一倍の好奇心を持つイタリア人の神父ラザロ・スパランツィーニが鋭いハサミを持ちだし、生物学的サディズムとでもいうべき計画に着手したときだった。スパランツィーニは七百匹のカタツムリの首を切り落として、頭が再生するか観察し（彼は再生するところを見たと主張した）、アヒルにはむりやりガラスのビーズを飲みこませ、消化器官の働きを確かめようとした。スパランツィーニはどんなダメージにも耐えられる小さな生命体、すなわちクマムシの蘇生を試みた最初の人物でもあった。凍えるほど寒い環境でも、放射能の中でも、真空でも（そしてスパランツィーニの好奇心の対象にされても）生きていられるのはクマムシくらいだろう。生きものを解剖し、復活させることに夢中だったスパランツィーニは当然の流れとして、復活というテーマに縁のある教会に資金的援助を求めた。教会は彼の実験を金銭面で支えただけでなく、少なくない権威も与えた。

一七九三年、六十四歳のスパランツィーニはその異様なまでの好奇心を、コウモリが暗闇の中でどのように移動しているのかという問題に振りむけた。彼は自宅で飼っていたフクロウが、部屋のろうそくを吹き消してしまうと狼狽し、壁に激突することに気づいていた。ならばどうして、コウモリは同じ行動を取らないのだろうか。その謎を解明するべく、神父はハサミを研いで、恐るべき実験に着手した。

はじめのうちは、まだ穏やかだった。スパランツィーニは実験対象のために、素材もデザインもさまざまな小さいフードを作り、調節しながら彼らの視覚を遮った。実験の難易度を上げるため、部屋の天井からは長い木の枝や絹糸が吊り下げられ、障害物競走さながらの様相を呈していた。フードをかぶせられたコウモリはフクロウ同様、いささか混乱した様子だったが、それが盲目の状態で飛んでいるせいなのか、いささかフードがきついせいなのか、スパランツィーニは決めかねた。こうして次の論理的な手段として、彼はコウモリの目を潰したのだった。

「コウモリの目は二つの方法で潰すことができる」スパランツィーニはスイス人の協力者ジュリン博士に手紙を書き、長くおぞましいやり取りの中で嬉しそうに語った。手紙の中では、中世式拷問の詳細にも触れられている。「熱した細い金属の線で角膜を焼く……あるいは目玉を引きずりだし、切断する」

神父が友人に宛てた生々しい手紙からは、一切の道徳的ジレンマが感じられない。コウモリを悪魔の同類とする説の副作用ともいえそうだが、まったく別の理由もあったようだ。驚くほど残酷な実験を行ったスパランツィーニは、自身の消化液の働きを理解するために、長い紐のついた布の袋に食べものを入れて飲みこむような男でもあった。ある程度時間が経ったところで引きずりだそうというわけだった。知識を得るためなら、コウモリの目玉がいくつか犠牲になったとしても何だというのだろうか。とりわけ、以下のようにスリルに満ちた結果が出るのだから。

私はハサミを使ってコウモリの眼球を完全に取り除いた……宙に放り投げると……それは素早く飛行を始めた……まったく傷を負っていないコウモリと同じような速さと安定感だった……目玉を取り除かれたというのに、完全に見えているコウモリに接して、私がどれほど驚いたかおわかりいただけるだろうか。

スパランツィーニの発見は、確かに奇跡と呼ぶにふさわしいものだった。より確実な結果を出すため、コウモリの眼窩に熱した蝋を注ぎ、革製の小さなゴーグルで覆っていたというのだからなおさらだ。

視覚を奪われたコウモリが目を頼りに飛んでいるわけがないと結論づけたのち、スパランツィーニとジュリン博士は、残された感覚を独創的な方法でひとつずつ奪っていった。

まず標的にしたのは触覚だった。触覚はコウモリの驚くべき第六感の正体として有力視されていて、それというのも当時の視覚障害者は「皮膚を通して周囲の変化を察し」、「混雑した路上を問題なく歩く」とされていたのだ。スパランツィーニは家具用のニスを「鼻の穴や羽根を含めて、視覚を失ったコウモリの全身に塗りたくった」当然のことながら、ニスの塊にされたコウモリは最初飛ぶのに苦心していたものの、すぐに「調子を取りもどし」、問題なく飛行した。偶然性を排除しようと、スパランツィーニはさらにニスを塗りつけて同じ実験を行った。「驚くべきことだ」と、彼はスイスにいる友人に宛てて手紙を書いた。「二重三重にニスを塗りつけても、コウモリは以前と変わらない様子で飛んだ」

コウモリの嗅覚を奪う実験で、初めてスパランツィーニは大きな挫折を味わった。「私は鼻の穴を塞いだ」と、彼はジュリン博士宛ての手紙に書いた。「するとコウモリはばたんと地面に落ちてしまった。呼吸ができなくなってしまったのだ」コウモリの呼吸の手段の確保という厄介な問題を解決するには、創意工夫をこらすしかなく、スパランツィーニは強い匂いのする塩水に浸した「小さなスポンジのかけら」を、コウモリの鼻孔に貼りつけた。すると彼らは「自由自在に飛び回った」

味覚に関する実験は、おざなりな一行で済むようなしろものだった。「舌を引き抜いても結果には何の影響もない」

一つだけ、コウモリの飛行能力に影響を及ぼすことがあった。聴覚を遮ることだ。スパランツィーニは宗教裁判にも負けない様々な手段を駆使した――コウモリの耳を切り落としたり、焼いたり、縫いあわせたり、熱した蝋を流しこんだり、「真っ赤に焼けた釘で」穴を開けたり。最後の釘を使ったアプローチはとうとうコウモリの限界を超えたようで、「空中に放り投げると垂直に落ちてきた」という。そのコウモリは翌朝死んでしまった。しかし、飛行に失敗したのは実験に伴うはなはだしい苦痛のせいではなかったのか、と問われたら分が悪い。決して諦めないスパランツィーニは、またしても独創的な解決法を導きだした。銅製の小さなじょうごを手作りしたのだ。蝋で満たして音を遮断することも、空にしておくことも可能で、実験の強度をコントロールできるというわけだった。

小さなじょうごを使った実験のおかげでようやく、執拗にコウモリを拷問した二人組も、彼らが暗闇で「見る」ためには聴覚が必要だと確信した。唯一の問題は、コウモリが明らかに静寂の中で飛行しているという点で、スパランツィーニはひどく頭を悩ませた。「ああ、いったいどう説明をつければいいのだろうか。仮説を立てることすら難しい」と、スパランツィーニは嘆いた。最終的には「コウモリの羽音がなんらかの形で周囲のものに反響し、「その音の性質によって距離を測っているのだろう」と結論づけた。彼は間違っていたが、実はコウモリが火災報知機よりも騒がしく、人間には聞こえない周波数で喚いているなど、わかるはずもない。当時の音に関する研究は、まもなく大きな発見がされるとはいえ、まだ非常に初歩的な段階だったのだ。

スパランツィーニの実験が独創性に富み、綿密だったことを思うと、それが科学の世界であらかた無視される羽目になったのはとても残念だ（コウモリたちの目を覆いたくなるような犠牲も忘れないでほしい）。それから百二十年というもの、コウモリは聴覚でも、視覚でもなく、触覚に頼って移動していると広く信じられることになるのだった。

そんな事態になった責任は一人の男に求めることができる。著名なフランス人の動物学者であり解剖学者のジョルジュ・キュヴィエ（第二章で紹介した、ビーバーを飼っていたフレデリックの兄）である。事情は定かではないが、ジョルジュはスパランツィーニやジュリンの科学的拷問の結果に納得していなかったようだ。一八〇〇年、自分で実験することは一度もないまま、ジョルジュは比較解剖学の五巻本の第一巻で堂々と述べた。「触覚のみでコウモリの（障害物を回避するという）行動は十分に説明できるだろう」

当時ジョルジュの評価は急上昇中で、彼の主張は大きな影響力を持っていた。革命後の混乱したパリで、野心家のジョルジュはナポレオンという賛同者を得て、国家的な科学プログラムの開発を担った。たとえばイギリス人の医師サー・アンソニー・カーライルが自分自身で実験を行い、コウモリが障害物を避けられるのは「非常に鋭敏な聴覚のおかげだ」としても、そのような数少ない反論はほぼ黙殺された。世間の反応は一八〇九年、「コウモリは耳で見ると言われているが、つまり目で聞いているのだろうか」と、皮肉をこめて問いを発したジョルジュ・モンタギューに集約されていた。

学者たちによる侮蔑の声は、カーライルら熱心なコウモリ研究者にしたらさぞ腹立たしかっただろうが、当の動物はいっそう屈辱的な目に遭っていた。スパランツィーニ以降も一世紀に渡って、数世代のコウモリが拷問と切断手術を強要されていたのだ。世界中の研究者が、大胆な二人組の実験を再現したせいだった。数え切れないほどのコウモリが毛を剃られ、ワセリンを塗りたくられ、まぶたを糊づけされ、目をくり抜かれ、耳を切り落とされ、セメントのような物質で耳を塞がれた。決定的な結果を手に入れるという点では、どの実験も失敗に終わった。とうとう最後に、コウモリや冷遇された科学者を救う思いがけない出来事が訪れた。豪華客船タイタニック号の沈没だ。

サー・ハイラム・スティーヴンス・マクシムはアメリカで生まれ、イギリス国籍を取得したエンジニアで、人一倍の創造性の持ち主だった。彼の左脳からは、さまざまな人間の役に立つ道具が生まれた——世界初の持ち運び可能な自動式マシンガン（男の子向け）、髪の毛をカールさせるアイロン（女の子向け）、自動式消化散水装置（命を大切にする人間向け）、自動調整式ネズミ捕り（そうでもない人間向け）。彼の手がけた最も複雑な発明品は、蒸気を動力とした飛行機だったが、一八九四年に一瞬だけ飛行して墜落している。それ以降マクシムは、惨劇というものを強く意識せずにはいられなかったようだ。タイタニック号が一九一二年、氷山に気づかず致命的な事故を起こしたあとは、同じような悲劇を防ぎたいという一心で発明にあたっていた。彼のひらめきのもとは、他ならぬコウモリだった。

「タイタニック号の悲劇は、我々全員にとって痛恨の一撃だった」と、彼は記している。「私は自問自答した——これが科学の限界なのだろうか。あのように無残に人命と財産が失われることを防ぐ方法はないのだろうか」ただし、彼はそれほど長いこと悩まなかった。「四時間ほど考えたのち、私は思いついた。いわば第六感とでも呼ぶべきものを船に搭載し、サーチライトの力を借りることなく、近距離にある大きな物体を察知できるようにすればいいのだ」

マクシムの第六感というアイデアは、スパランツィーニの忘れられた著作を詳しく読んで得たものだった。コウモリは聴覚を頼りに飛んでいるとする論文の確かな内容に、マクシムは感銘を受けた。そう、コウモリは間違いなく自分の羽音の反響を聞いて飛んでいる。あたかも沈黙の中にいるように見えるのは、羽音が人間の耳に聞こえる周波数を超えているからだろう。ただしこの時点で、マクシムはひとつ大きな間違いを犯した。コウモリの立てる音は、人間の耳に聞こえる周波数より高いのではなく、低いと思ってしまったのだ。もうひとつの間違いは、音の出どころが口と鼻ではなく、羽根だと解釈したことだった。けれどマクシムは、その音が人間の耳には届かない範囲だという点では正しかった。それこそが欠けていた重要なパズルのピースであり、研究を次の段階に導くのだった。数年後、イギリス人の生理学者ハミルトン・ハートリッジが、コウモリは人間に聞こえない高周波の音を出しているという仮説を立てた。こうなると秘密のソナーの謎が明らかになるのも時間の問題だった。

はじめは人間の手でソナーが作られた。マクシムが研究の成果を世に問うた直後、二人の発明家が音響ナビゲーションシステムの特許を申請している。コウモリ同様、物体に反響する音を感知して、大きさと距離を測るということだった。一九一四年、海上で行われた実験では、三キロ離れたところにある氷山をうまく避けることができた。キュヴィエがスパランツィーニの陰惨な実験を黙殺していなければ、海で使用するソナーも十年ほど前に完成して、悲劇の豪華客船とともに一五〇〇人が海に消えることもなかっただろうか。歴史の「たら・れば」は、誰にもわからない。けれど過去は一つのことを教えてくれた。コウモリは拷問に使うのではなく、人命を救う方法を求めて、インスピレーションの源に使うのが正解だったのだ。

*

サー・ハイラム・マクシムのほかにも、コウモリに触発された異端の発明家はいた。けれど残念なことに、彼以外は全員まともな人間とは言いがたかった。第二次世界大戦中、何千匹ものコウモリを焼夷弾がわりに日本の都市を破壊するという浅はかな計画が立てられ、失敗に終わった経緯を紹介したい。

ペンシルヴェニア州在住の六十歳の歯科医リトル・S・アダムスは、一九四一年十二月七日、ニューメキシコ州での休暇を終えて車で帰宅する途中、日本が真珠湾のアメリカの艦隊を奇襲したという速報を耳にした。衝撃と怒りの中、アダムスは自国が復讐を遂げる方法を考えはじめた。そういえば休暇中、何千匹ものコウモリが有名なカールズバッド洞窟から飛びたつのを目にしたではないか。小さな爆弾をコウモリの大群に背負わせて、日本の都市の上空に放ったらどうだろう。コウモリたちは当然、民家の軒先に隠れようとするから、そこで爆弾が爆発したら何も知らずに眠っている日本人が大勢死ぬはずだ。

十分にうまくいきそうな計画ではないか。

あいにく、問題は山積みだった。当時の技術では、まだ豆の入った缶詰より軽い爆弾を作ることができず、缶詰ほどの重さがあるとネズミ程度の大きさの動物がくわえて運ぶのは難しいし、抱えて長距離を飛ぶなど論外なのだった。遠隔操作で爆発させるというのも、まだ夢物語に過ぎなかった。それ以外の厄介な問題として、ハト、ネズミ、イルカ、イヌといった従軍動物と異なり、コウモリは人間の命令に従うことができない。この生物学的爆弾は、勝手気ままに行動してしまうだろう。

これだけ明らかな欠陥があるにも関わらず、アダムスの計画には米軍が資金を出すことになった。お察しのようにアダムスには、社会的地位の高い友人がいたのだ。彼はそれ以前にも当時のファーストレディのエレノア・ルーズベルトを説得し、航空機が飛行しながら郵便物の配達と回収を行うという計画を了承させていた。どういうわけか、彼の説明は筋が通っているように聞こえてしまうのだった。そんなわけでアダムスがフランクリン・ルーズベルト大統領に宛てた、コウモリ爆弾計画に関する手紙は、直ちにゴミ箱行きになることはなかった。それどころか、のちにマンハッタン計画を生みだす国防研究委員会に転送され、大統領による個人的な推薦の言葉までついていたのだった。「この男はまともだ」と、大統領は記し、いささか急ぎ足で結論した。「荒唐無稽なアイデアに聞こえるが、検討する価値はある」

アダムスの「奇襲計画」は、単に正気の沙汰でないというだけではなかった。彼はどことなく偏執狂的に述べている。「大日本帝国を震撼させ、骨抜きにし、日本人に対する偏見を煽る」それと同時に、地球上の「軽蔑すべき」羽根の生えた哺乳類の使命を明らかにするというのだった。「動物のなかで最も下等な存在がコウモリだ。彼らは歴史上ずっと死後の世界、暗黒の地や邪悪と結びつけられてきた。今の今まで、彼らの存在意義が説明されることはなかった」と、アダムスは記した。「私には教会の鐘楼、トンネル、洞窟で長年暮らしてきたコウモリが、この瞬間のため神に遣わされたのがわかる」アダムスは自身にふさわしい理解不能な文章で手紙を締めくくった。「私のアイデアは理解不能に聞こえるだろうが、だからこそうまくいくと確信している」

大統領に宛てた手紙のなかで、アダムスはひとつだけ小さな懸念に触れた。「日本という病原菌を」破壊するための「実用的かつ安価な」この計画は、「注意深く秘密を守らなければ、逆に我々を攻撃する手段にされてしまうかもしれない」というのだ。こうしてコウモリ計画は最重要機密扱いになり、中身にふさわしくSF的な「X線計画」という呼称を与えられた。計画の実行部隊にはベテランの軍人、武器の専門家、エンジニア、生物学者が揃っていて、一九三〇年代にコウモリのエコーロケーションという謎を解いたハーバード大学卒のドナルド・グリフィンまでいた。彼らは力を合わせて、この計画の最も困難なハードルに立ち向かった。

最初の関門は、何百万匹というメキシコオヒキコウモリが暮らすアメリカ南西部の洞窟に行き、必要な数を捕まえてくることだった。次は体重わずか十二グラムのコウモリに運搬可能な爆弾を発明することだった。この奇怪なプロットにふさわしく、小型爆弾はかの有名なビン・クロスビーの所有する工場で製造されるというおまけがついた。

巨大な洞窟の中で暮らすコウモリたちには、実は第一次世界大戦中にも召集の経験があった。より正確に言うなら、彼らの糞が集められたのだ。コウモリのひしめく洞窟には高濃度の窒素が満ちていて、洞窟に入るやいなや強烈な酸性のアンモニアが喉を刺激する。南北戦争の最中、物資が不足した南軍はこの窒素を使って爆弾を作ったのだ。ビン・クロスビーの爆弾がコウモリの糞で作られたはずはないが、そうであっても不思議はない。

無事にコウモリが集まり、小型の爆弾が完成すると、あとはどうやってその二つを組み合わせるかという話だった。小型爆弾は簡単な紐を使ってコウモリの体にくくりつける、ローテクな方式がいいという点で科学者たちは一致していた。コウモリたちは「民家などの建物に入りこみ、紐を咬みきって爆弾を置いてくる」ことを期待されていたからだ。この点もまた、小さな空飛ぶ食虫動物の能力を過剰評価していた。コウモリはふつう紐を食べないし、人間の命令に従うわけでもない。ただし利口な科学者たちは、別の生物学的な現象を使えばコウモリを操ることができると思っていた。コウモリを冷蔵庫に入れて強制的に冬眠させ、世話や移動の手間を減らすのだ。けれど厄介なのは、起こすタイミングだった。偽物の爆弾を使って行なった初期の実験は失敗続きだった。起こすのが遅すぎれば、コウモリは爆弾をつけたまま不格好に地面に墜落してしまうし、早すぎれば基地の外に逃げだしてしまうのだった。

それでも米軍は挫けることなく、一九四三年六月に本物の爆弾を使って実験を行った。アダムスが計画を思いついてからわずか二年後のことだ。ただし実験は思い通りに運ばなかった。カー大佐によるいささか歯切れの悪い報告書によると、「火災が実験用素材の大部分を焼いたことで、実験は終了した」。大佐が書かなかったのは、カールスバッド基地内のバラック、管制塔、その他の数え切れないほどの建物が、遁走したコウモリの爆弾によって鮮やかに炎上したことだった。軍の内情を明らかにできないという理由で、民間の消防部隊は消火に当たることができず、火の手は広がるばかりだった。軍人たちはやむなく安全な場所まで避難し、炎が建物を次々と呑みこみ、基地の大半を破壊するのを黙って眺めていた。ダメ押しのように、二匹の羽根つき爆弾が行方をくらましたあげく、大将の車の下に潜りこんで、しかるべき時間のあとに爆発を起こしたのだった。

その日はコウモリたちが自身の運命をコントロールし、アダムスの常軌を逸した「死の夢」を破壊した一日だったのかもしれない。この不名誉な一件のあと、計画がふたたび軌道に乗ることはな

第二次大戦中、コウモリ空襲部隊を結成する計画は難題続き。12グラムのコウモリが運べる爆弾を作らなければいけないし、コウモリに人間の指示に従う能力はないし・・・。計画は派手に「炎上」して終わった。

かった。それ以降、今度は海軍の指導のもと一年ほど実験は続けられたものの、一九四四年にとうとう中止された。およそ三十回の実験を行い、約二百万ドルを費やしたのちに、アメリカ人は核の力を利用した爆弾の開発に切り替えた。核のほうが、コウモリよりはるかに扱いやすかった。

アダムスは苦い失望を味わった。彼の意見では、コウモリ部隊による火炎攻撃は、原子爆弾二つよりもはるかに日本の都市に被害を与えられたはずだったのだ。「何千もの爆弾が、直径四十マイルの地域で同時に火の手をあげているところを想像してみてほしい」と、後になって彼はこぼした。「日本に痛手を与えつつ、犠牲者は抑えられたはずだ」

最終的な人間の犠牲者の数はともかく、もしアダムスの計画が実行されていたら、コウモリたち自身は生き延びることができなかっただろう。「X線計画」が無残な失敗に終わったおかげで、数多くのコウモリの命が助かったし、コウモリを悪役扱いしない数少ない国での名誉も守られた。コウモリを富の象徴とする中国文化の影響のもと、日本でもコウモリは人気があり、伝統的に縁起がいい動物とされている。彼らを何千匹もの小さな自爆テロ犯に仕立てあげていたら、日本でも憎悪の的になっていたことだろう。

招かれざる動物はしばしば悪役扱いされる。彼らの到来が唐突だったり、危険だったりする場合はなおさらだ。次の章で紹介するカエルは、まさにそのケースに該当する。アリストテレスから啓蒙主義の時代まで、博物学者たちはカエルが大量にあらわれることに首をひねり、恐れをなして、なんとか説明しようとするあまり破天荒な説をひねり出した。現代では反対に、カエルが大量にいなくなることが科学者の関心の的だ。その謎には、いっそう不可解な真実が隠されている。

第７章

カエル

驚嘆に値すべきことだが、六ヶ月の命を生きたのちカエルは液状に溶けてしまう。その方法はまったくの謎だ。しかるのちカエルは春になると川の中で以前の形に再生する。母なる自然の魔力によって可能になる行為で、毎年繰り返される。

大プリニウス『博物誌』(七七〜七九年)

わたしは二〇世紀最後の年の大半を、神秘的な名前を持つ水中の怪物を追いかけて過ごした。学名 *Telmatobius culeus*、チチカカミズガエルだ。

初めてこの皺だらけの動物の話を聞いたのは、仲のいい動物保護主義者と一緒にウルグアイで過ごしていたときだった。彼曰く、一九六〇年代に友人のひとりラモン・アヴェラネーダこと「クキ」が、ボリビアとペルーの国境近く、アンデスの高地にある巨大なチチカカ湖に漕ぎだしたそうだ。クキと一緒に小さな潜水艦に乗っていたのは、世界的に有名なフランス人の海洋学者ジャック＝イヴ・クストーだった。二人は失われたインカの黄金を探すという、あてのない調査の最中で、かわりに巨大なチチカカミズガエルを見つけたという。わたしの友人の話では、カエルは小型の自動車ほどの大きさがあった。

わたしは動物のなかでもカエルが一番好きだ。陸に上がるという進化上の大きな跳躍を遂げた彼らは、わたしにとって探検家そのものだった。彼らはもともと生物として頑丈ではないという困難を乗り越え、かつ非常に巧みな進化を経て、最も暮らしにくい地球のあちこちに生息している。今知られている六七〇〇種類ほどのカエルには、日焼け止めを分泌したり、体が凍るのを防いだりする種類があり、中には空飛ぶカエルさえいる。最も初期の両生動物は正真正銘の巨人で、恐竜の赤ちゃんを食べ、体長十メートルほどもあったという。クキとクストーは、その古代の獣を発見したのだろうか――世界で一番高いところにある湖の底に眠る、両生動物界のネッシーを。

クキの消息を探したところ、ブラジルの海辺のお洒落なリゾート地ブージオスで悠々自適に過ごしていることがわかった。長年の潜水のせいで聴覚を失っているというので、彼の息子に手伝ってもらい、電話で話をした。その息子によると、いささかがっかりするかもしれないが、父親の捕まえたミズガエルはせいぜい夕食用の皿ぐらいの大きさで、車ほどではないという。わたしは一生懸命、失望を声にあらわさないようにした。

チチカカミズガエルが最初に発見されたのは、実は一八六七年のことだ。風変わりなラテン語名は、ちょっと陰嚢に似た外見が由来で、ミス・コンテストではまず優勝できないだろうが、その外見こそが奇術師フーディニでも羨ましがるようなサバイバルのトリックなのだった。

チチカカ湖の環境は過酷だ。海抜四キロほどで、日差しは強く、空気は薄い。皮膚が敏感で、血液の冷たい両生動物が生きられるような場所ではない。けれどチチカカミズガエルは、ほとんど水中で過ごすことで強い紫外線を避け、いわば濡れた大きな毛布をかぶることで激しい気温の変動から身を守っている。水面に上がってくることは稀で、呼吸は痩せた体を覆うように何層にも垂れさがり、最大の表面積を稼いでいる皮膚を通してする。もっと多くの酸素が必要になったときは、普

英語名の由来はだらりと垂れた陰嚢。闇バイアグラの材料として一生を終えるかもしれないことを知らない幸運なカエル。

通のカエルなら水面に上がってきて空気を激しく吸うところ、チチカカミズガエルは湖の底で腕立て伏せに似た動きをして、カーテンのような皮膚の周囲で酸素を含む水を循環させる。

一九六九年、クストーが小さな潜水艦に乗って湖を探索したときは、「何百万匹もの」巨大な両生類が見られたといい、体長は平均して五十センチほどもあったそうだ。今では地元の漁師の話を聞くかぎり、クストーの見た巨大生物はとっくに姿を消して、小さな末裔でさえ見つけるのが難しくなっているようだ。

現在チチカカミズガエルと出会うのに最適な場所は、リマ市内にある喫茶店だ。皺の寄った両生類は、ペルーの路地裏で売られているバイアグラに欠かせない。カエル素材のバイアグラは全国的に人気だが、とりわけ首都では奪いあいだという。そんなわけでわたしは空港で出会ったタクシー運転手に、乗り継ぎ便が来るまでの二時間で彼のごひいきの喫茶店に行ってみたいので、全速力で向かってほしいと頼みこんだのだった。市内を猛スピードで走る車に乗っていたとき、わたしははたと気づいた——運転手のお気に入りのカエルの媚薬が飲みたいなどと言って、誘っていると誤解されていないだろうか。そこで運転手との会話はできるだけ科学の話に限定した。でもわたしはスペイン語が片言、彼も英語がおぼつかないことにくわえて、カエルが陰嚢由来の名前をしていることを考えると、なかなか難しいことだった。

目的の喫茶店は、活気あふれる市場に面した掘っ立て小屋に過ぎなかったが、わたしは初めてその伝説の生きものを目にすることができた。水中深くに住む「巨大な袋」は、実際のところ小さくて斑点のある、くすんだ緑色のカエルで、汚いガラスの水槽越しに哀愁漂うぎょろ目でこちらを見ていた。

タクシー運転手は、いつも金曜の午後に頼んでいるという強い飲み物を注文した。不愛想な店番の女性が、映画『カクテル』でブライアンを演じるトム・クルーズ並みの鮮やかな手つきで、寂しげな表情のカエルの足をつかんで水槽から取りだす。やおら頭をカウンターに叩きつけ、バナナの皮のように皮膚を剥き、ハーブと蜂蜜を加えてミキサーに放りこんだ。

明らかにおもしろがっている顔をしながら、運転手が出来上がったカエルシェイクをわたしに差しだし、飲んでみろと言った。仕事なのだから、と自分に言い聞かせて、わたしはそっと一口含んでみた。甘くてクリーミーで、カエルという感じはしなかった。美味しいといってもいいくらいだったが、やはり材料を思い出すとなんともいえず、まったく色っぽい気分にはなれなかった。確かに両生動物の多くは、科学や伝統医学にとって非常に価値のある化学物質を分泌することがあるが、チチカカミズガエルから薬として有効な物質は得られない。あくまで民間伝承レベルの話なのだ。アンデス山脈付近の人びとのあいだでは、これらのカエルは昔から多産の象徴で、言い伝えはインカ人がこの地を支配していたころまで遡れるのだった。

カエルと出産を結びつけるのは彼らだけではない。中世のイギリスの場合、カエルを食べると色気づくのではなく、むしろ高い確率で避妊できるとされていた。いったいどんな仕組みなのかは知る由もないが、求婚者がキスをためらうという効果はあっただろう。一九五〇年代の中国では共産党政府の厚生大臣が、生きたオタマジャクシを飲みこむという避妊の手段を勧めていた。古代の中国ではオタマジャクシを水銀で揚げ、関係者全員を中毒にすることで妊娠を避けるという方法が推奨されていたことを考えたら、かなりの進歩だろう。それでもまだ多少の修正は必要だったが。厚生大臣はネズミ、ネコ、人間にオタマジャクシを投与するという、まじめな実験を行った。ところが実験に協力した女性の四十三パーセントが四ヶ月以内に妊娠したといい、一九五八年、生きたオタマジャクシに避妊の効果はないと正式に発表された。国じゅうの女性とオタマジャクシが、安堵のため息をついたことだろう。

文化と大陸、民話と科学の差を問わず、カエルはセックスと多産の象徴とされている。こうしてたくさんの誤解が生まれ、妊娠、疫病、出産に関するねじれた逸話が登場した。

*

カエルは少なくとも五〇〇〇年ほど前から、出産の守り神として崇拝されてきた。アステカ族の神話にはトラルテクトリと呼ばれる巨大なカエルがいて、地母神として出産と死と再生の無限のサイクルを象徴している。コロンブス以前のメソアメリカの国々でも、さらに古いセンテオトルという名前の女神が崇拝されていた。センテオトルは出産と多産の守り神だが、巨大な乳房がいくつもついたカエルという、いささか不可解な姿をしていた。地球の反対側の古代エジプトでも、妊娠と出産の女神ヘケトはカエルの姿だった。

なぜこういった神話が世界各地で見られるかというと、最も確かな理由は、やはりカエルが多産だということだろう。数だけではなく、出産過程も印象的だ。カエルは生き残るために、捕食者を数で圧倒するという戦略を取っていて、そのために集結して捕食者が食べきれない量の卵を産むのだった。カエルの集会はなかなかの見ものだ――発情した両生動物の集団が二匹、三匹、あるいはそれ以上でくっつきあい、何日もそんな姿で過ごすのだ。

ほとんどの両生動物は水中で出産するので、カエルの集会は人間の農家にとっても大切な雨や洪水の季節に行われる。古代エジプト人たちは、ナイル川の毎年の氾濫を農業に利用していた。春になって洪水が引くと、農業に適した黒く豊かな土壌があらわれ、ついでにカエルの大群も顔を出すのだった。こうしてカエルの繁殖力、大地、人口増加が、人びとの意識の中で結びつけられるようになった。

けれど大きな謎は、そもそもカエルがどこから来るのかということだった。

彼らが突然集団であらわれるのは古代の哲学者たちにも悩みの種で、大量の生命は地球そのものから生まれたのではないか、という説が唱えられるようになった。カエルは何らかの形で、命のもとである水と土から生まれてきたというわけだ。生きものが無機物から生まれるという考えかたは、既にウナギの章で紹介したように、カエルに限られたものではなかった。それは様々な生きものに大まかに当てはめられたが、カエルやウナギのように一見して生殖器を欠く動物や、説明のつかない変身を遂げる動物が、そう言われることが多かった。そのような考えかたは中国、インド、バビロン、エジプトで散発的に語られたのち、アリストテレスの手でひとつの学説にまとめあげられた。まじめに検討されたものの、結局は正当性を欠くことが判明する「自然発生説」だ。

アリストテレスの『動物誌』によると、ある種の下等な動物は「動物から生まれてくるかわりに、自然に発生する」。「あるものは草の上に溜まった露から生まれ……またあるものは汚らしい泥から生まれる。あるものは湿度や乾燥に関わらず森から生まれ、あるものは糞から生まれる。既に地面に落ちた糞のこともあれば、生きた動物の体内ということもある」

多くのアリストテレスの学説同様、自然発生説も大いに世間の尊敬を集めた。カエルの謎の解明だけではなく、どうして腐った肉からウジが急激に湧いてくるのか、人間の糞から不快な寄生虫があらわれるのか、という点も説明されていたからだ。大プリニウスを筆頭とする後世の博物学者たちも、自然発生説によって生まれる動物を特定し、昆虫が自然発生する環境として「古い蝋」や「腐った酢」、「湿ったほこり」、「本」などを挙げた。ある種の大きな動物の死骸は、小さな動物の発生に貢献するといわれていた。ウマからはスズメバチ、ワニからはサソリ、ラバからはイナゴ、牡牛からはハチが発生するのだった。動物の死骸は「命を生みだす機械」だと広く信じられていた。

今となってはばかばかしく聞こえるが、自然発生説は非常に長命で、十六世紀後半から十七世紀になっても、まだまっとうな学説だとされていた。アリストテレスの説は約二〇〇〇年のあいだ、創造的思考の源の役目を果たし、「生命の錬金術」の風変わりなレシピが山ほど生まれた。有能な博物学者たちは、こぞって自然発生説ゲームに参加した。ドイツ人のイエズス会士アタナシウス・キルヒャーの一六六五年の大著『地下世界』には数多くのレシピが掲載されていて、その中にはインスタント麺の調理並みに簡単なものもあった。たとえばカエルを作るには、カエルが住んでいた溝の泥を集めて大きな容器で培養し、ときおり雨水を加えてやればいいという。これにて容器いっぱいのインスタント両生動物の一丁上がりだ。

一部のカエルは乾季が訪れると泥の中で長期間睡眠することが知られていたので、誰かがそれを利用してカエルを「作った」ように見せかけたのかもしれない。けれどその程度では、自然発生説の五つ星チャンピオンとでもいうべき十七世紀のベルギー人化学者、ジャン・バティスト・ファン・ヘルモントの創造性あふれるレシピにはかなわないだろう——素敵なものができるといえない点はさておき。彼のおすすめのレシピには、毒性の捕食者であるクモの作りかたがあった。まずレンガに開いた穴に植物のバジルを詰めこみ、別のレンガで蓋をして、日当たりのいい場所に放置する。すると数日で「膨張剤の役割を持つバジルの蒸気が植物に作用し」、家の中は「クモでいっぱいになる」。ネズミをこしらえるには小麦と水をフラスコに入れて「身持ちの悪い女」のスカートで覆えば、二十一日後には小さなげっ歯類ができているのだった。子犬の作りかたのレシピがあったら、もう少し人気を集めていただろう。

自然発生説は非常に広く浸透していて、神話バスターのイギリス人サー・トーマス・ブラウンが一六四六年、ネズミが本当にこの手法でできるのか実験しようとすると、返ってきたのは嘲笑だった。「ネズミが腐敗によって作れるという話に疑問を持つのか」と、あるアリストテレス信奉者は苛立ちもあらわに言った。「つまり彼は、チーズや材木の中で虫が発生するかどうかも疑っているということだ。チョウ、イナゴ、バッタ、貝、カタツムリ、ウナギ、これらの動物はやはり腐敗から発生する。その点を疑うのは理性、常識、経験を疑うのと同じだ」

十七世紀半ばに顕微鏡が発明されたことで、サー・トーマスら懐疑派は真実を求めて小さな世界を覗くことができるようになった。顕微鏡学者や実験生物学者は、正当な科学的調査に着手するようになり、古くオカルト的な考えかたを否定した。彼らの代表格であるイタリア人の博物学者フランチェスコ・レディは、みずからの手で長年信じられてきたアリストテレスの説を検証した。オーデュボンの腐ったブタを使う実験を除き、科学史上最も臭気ぷんぷんな実験だったはずだ。

イタリアの夏の太陽に照らされながら、レディはカエルからトラまで、手に入るかぎりの動物の死骸を集め、多くの自然哲学者たちが残した自然発生説のレシピに従って実験を行った。やがて彼の自宅は悪臭漂う生命の台所と化した。たとえレシピが風変わりでも、臭いがきつくても、レディは真剣に取り組み、それぞれ複数回の実験をしては命が生まれる秘密を探った。臭くて奇妙な夏に関する彼の記録には、同胞のジャンバティスタ・デッラ・ポルタによるレシピ――「カエルは糞の山にアヒルの死骸を載せ、腐敗させて作る」——を実験した顛末も書きつけられている。レディは三回も試したそうだが、残念ながら成果は得られなかった。彼はやむなくポルタについてこう評した。「基本的にとても興味深く、深みのある書き手だが、いささか信じやすかったようだ」

どんな腐った肉を使ったのかはさておき、レディが生みだすことができたのはウジとハエだけだった。「同じような実験を、生あるいは火を通したウシ、シカ、バッファロー、ライオン、トラ、イヌ、子ヒツジ、子ヤギ、ウサギを使って行なった。アヒルやカモ、ニワトリ、ツバメの肉を使うこともあった」と、彼は記している。「最後に私はメカジキ、マグロ、ウナギ、ヒラメなど、多彩な魚を使って実験をした。どのような場合においても、先に述べたような種類のハエが生まれるのだった」

こうしてレディは自分自身で仮説を立てることになった。わたしたちにとっては当たり前だが、当時としては斬新な、肉にたかるハエはウジから生まれたという説だった。「検討を重ねたのち、肉にたかる虫はすべてハエの卵から生まれるのであって、肉が腐敗したせいで生まれるのではないと確信するに至った」と、彼は記している。「いっそう確信を深めたのは、肉に虫が湧く前にそのまわりを飛んでいたハエと、後に生まれたハエが同じ種類だったときだ」

続いてレディは、自身の説を証明するための最後の実験に取りかかった。さぞかし臭かったことだろう。

ヘビ、魚、アルノ川で採れたウナギ、子ウシの肉の薄切りを、大きく口の開いた四つのフラスコに入れた。しっかりと口を閉じ封をしたのち、同じ数のフラスコに同様のものを入れ、ただし口を開けておいた。そう時間が経たないうちに、後者のフラスコの肉と魚には虫が湧き、ハエが自由に出入りする様子が見て取れた。だが口を閉じたフラスコでは、腐った肉を封印してから何日も経つというのに、虫の姿は見られなかった。

この簡潔かつ優れた実験によって、ハエがつかないようにされた肉にはウジが湧かず、外気にさらされた中身にはすぐ湧くことが証明され、自然発生説の終わりの始まりが訪れた。

ところが自然発生説の灰の中から、同じくらい誤りに満ちたドグマが生まれた。あらゆる動物の誕生の秘密を解明しようとする「前成説者（ぜんせいせつしゃ）」の登場だ。彼らは命あるものはすべて自分自身のミニチュア、すなわち「ホムンクルス」から発生すると考えた。ホムンクルスは動物の細胞の中にあり、それらが発芽することで小さな「わたし」が増えるというのだ。前成説者はホムンクルスが女性の卵子の中に隠れているとする一派と、男性の精子の中にあるとする一派に分かれていた。

精子と卵子が両方なければ命は生まれないという考えかたは、当時まだ非常に少数派だった。その状況が変わったのは一七八〇年代、愛すべきハサミ使いの生物学者ラザロ・スパランツィーニが登場したときだ。彼がカタツムリやコウモリの体の一部分を切り落としたのを覚えておいでだろうか。以降紹介する実験に際して、彼はカエルのために小さなズボンを作るという、ますます独創的なハサミの使いかたをしたのだった。

*

スパランツィーニはセックスに異様な関心を抱いていて、なかでもカエルのセックスにご執心だった。彼曰く、色っぽい行為にふけるカエルは、あらゆる受精の秘密を明かしてくれる——カエルの場合、受胎は体の外で起きるので、受精の様子をよりはっきりと観察できるし、もっと重要なことにはそれをコントロールできるのだ。

けれど当時は、そんな基本的な事実でさえ論争の的だった。有名な分類学者カール・リンネはこう述べたとされる。「自然界においては、いかなる場合でも、いかなる生物においても、受精が母

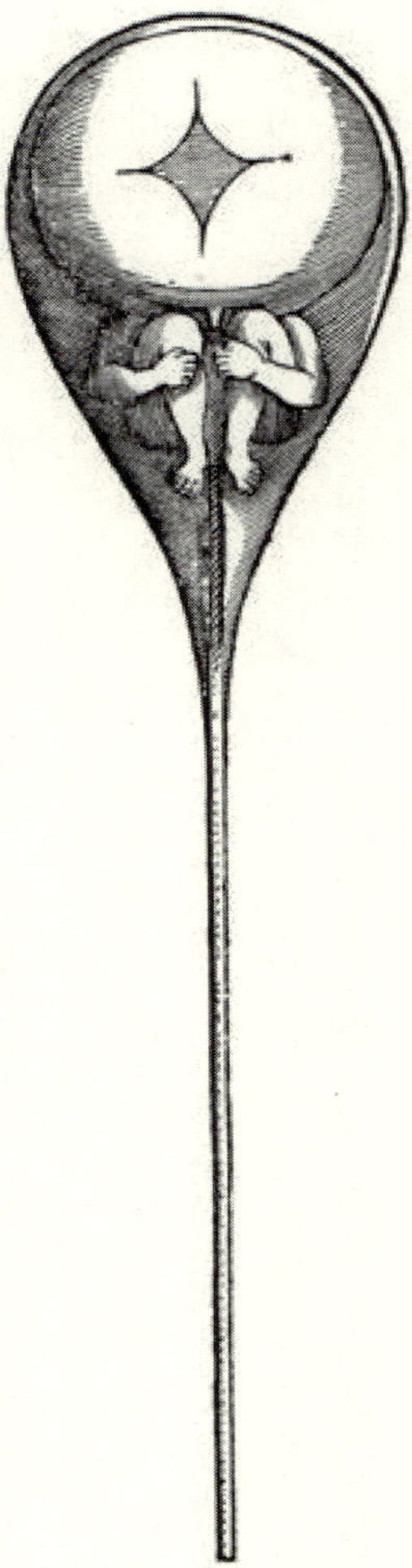

精子の中で膝を抱えるホムンクルス。ニコラース・ハルトゼーカー『屈折光学試論』(1694) より。

親の体の外で起きることはない」。そんなわけでスパランツィーニはハサミを手にカエルのセックスに介入し、リンネの主張の検証を試みたのだった。彼は相手のいないメスを捕まえて腹を裂き、受精する前の卵を取りだした。観察の結果によると、それらはオタマジャクシに育つこともなく、ただ「吐き気を催すような塊になった」だけだった。いっぽうメスがオスに抱かれているあいだに放出した卵は、必ずオタマジャクシになった。それこそが受精は体の外で起こっているという証拠であり、オスは一見、固く抱きしめる以外何もしていないようでも（カエルの精子は水中では見えない）、オスが何らかの形で貢献していることを示すはずだった。あとはその証拠を発見するのみだった。

意欲的な神父が参照したのは三十年前、オスのカエルが交尾の最中に放出する物質を手に入れようと奮闘したフランス人科学者ルネ＝アントワーヌ・フェルショー・ド・レオミュールのアイデアだった。巧妙にもレオミュールは手製の両生動物用ズボンを、ある種の全身型コンドームとしてカエルに履かせたのだった。スパランツィーニにとって（わたしたちにとって）幸運だったのは、几帳面なフランス人科学者が、何種類ものズボンの作りかたを細かく記録していたことだった。

「三月二十一日、我々は膀胱で作ったズボンをカエルに履かせた」と、レオミュールの記録には綴られている。「非常に気密性の高いズボンで、尻を覆うようになっていた」動物の膀胱が優れていたのは、伸縮性に富み、両生類にも簡単に着せられるところだった。けれどいったんカエルが水に入ると、ズボンは「柔らかすぎて密着性に欠け」、やがてあちこちほつれてしまった。これではカエルの体が「きちんと覆われているかわからない」ので、自然派ズボンは却下された。

ワックスを塗ったタフタ、すなわち傘に使われる防水加工の素材のほうが、より耐久性があるだろうということになった。ところが残念なことに、タフタは伸縮性に欠けて、カエルの体に密着させるのが難しかった。苛立ちもあらわにレオミュールは記した。「せっかく作って着せてやったのに、カエルたちは私の目の前で脱いでしまうのだ」どうやらズボンの穴が大きすぎたようで、レオミュールの落胆を横目にカエルたちは膝を曲げて穴から足を抜き、するりと飛びだしてしまったという。

けれどレオミュールは人一倍の創造性の持ち主で、ズボンに小さなサスペンダーをつけ、脱げないようにするという方法で問題を解決した。レオミュールの記録を読んでいるうちに、スパランツィーニは自分も飼っている両生類のために服を作りたいという気分になった。「ズボンを作るというアイデアは、気まぐれでばかばかしいようにも思えたが、悪くなかった。ぜひ実行してみたいものだ。オスが嫌がらないようなら、同じくらい熱意のあるメスを捕まえて、好きなだけ交尾をさせてみよう」

カエルたちがコトを済ませたあと、スパランツィーニは注意深くズボンを脱がせて、収穫を確認するべく中を覗いた。フランス人の先駆者は結局成功しなかったようだが、イタリア人の神父は貴重な精子を数滴手に入れ、すぐさま受精していない卵に塗りつけた。卵はオタマジャクシに成長し、カエルのズボンから採集された物質こそ受精に必要なものだと証明された。ただし慎重なスパランツィーニは、石橋を叩いて渡ることにした。ほかのどんなものにも命を吹きこむ力はないと証明するため、血液や酢、蒸留酒、ワイン（ビンテージは様々）、尿、レモンやライムのジュースを卵にま

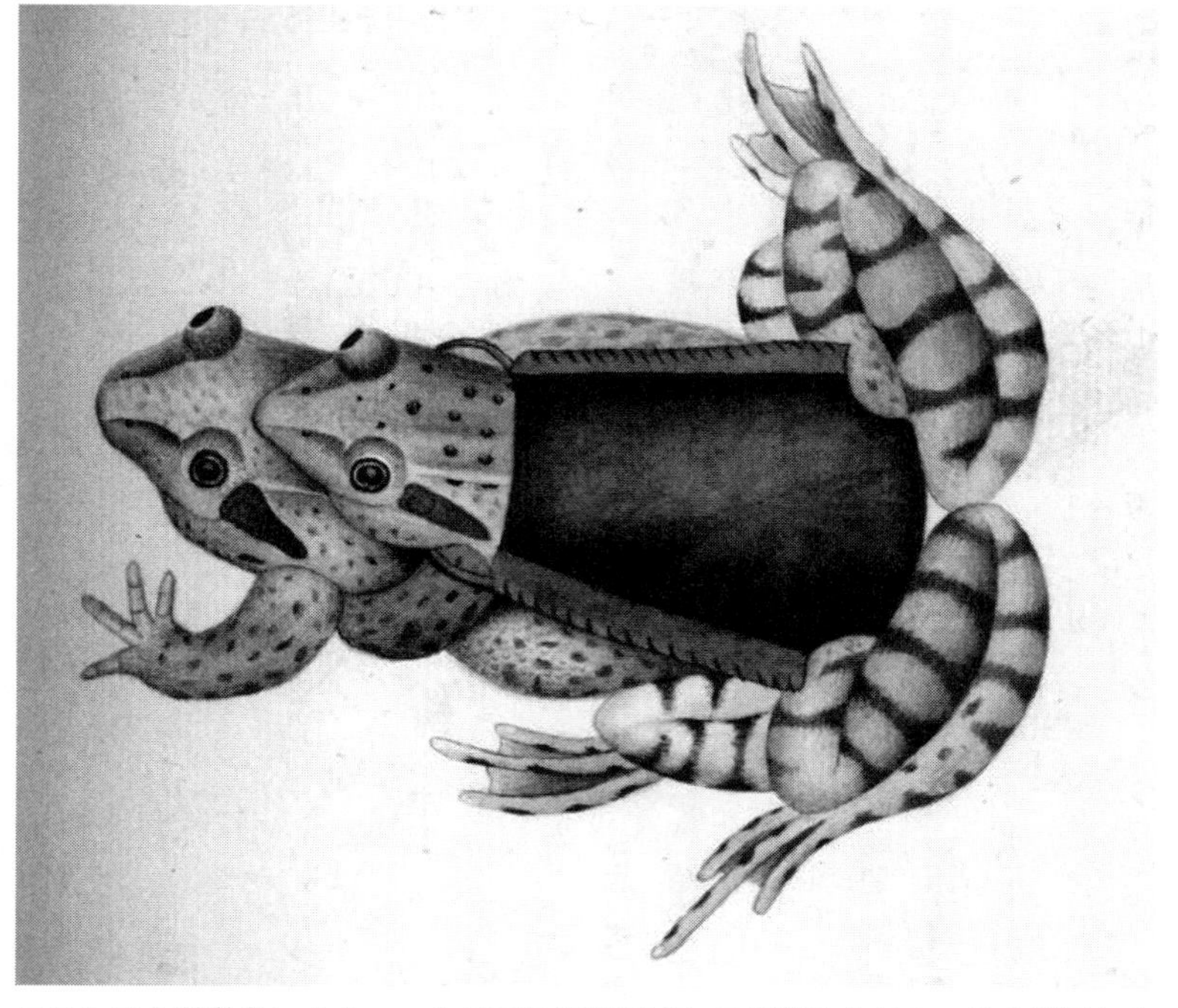

フランス人科学者レオミュールは両生類用ズボンの出来映えにたいそう満足したので、画家エレーヌ・デュモースティエに依頼してカエルファッションの詳細を記録させた。そうしたくもなるだろう。

ぶしてみたのだ。卵に電気ショックまで与えている。結果的にはどれ一つとしてうまくいかなかった。

カエルのズボンをめぐるスパランツィーニの冒険は、受精の謎を解く大きな一歩だった。それから百年も経たないうちに、両生類たちは研究室に呼び戻され、受精したかどうか調べるのに使われた。ただし今度はカエルではなく、人間の受精の話だった。

*

中世の動物寓話に登場するうさん臭い民間療法のようにも聞こえるが、一九四〇～六〇年代にかけて、世界初の正確な妊娠判定テストは、小さなギョロ目のカエルの力を借りて行われた。女性が妊娠している場合、その尿を注射されたカエルは（青い線を示すのではなく）八～十二時間後に卵を放出して陽性だと知らせるのだった。

カエル式妊娠検査薬が家庭に普及していたわけではない。注射を行っていたのは、あくまで妊娠の陽性と陰性を見極めるテスターで、彼女たちは地下室や病院の別館、または家族計画クリニックで、カエルの水槽に囲まれて何時間も過ごしたという。わたしは当時の様子を、ハートフォードシャー出身のエネルギッシュな八十二歳の元テスターで、ワトフォード病院で三年間カエルと過ごしたというオードリー・ピアッティから聞くことができた。

一九五〇年代の若い女性にとって、尿と両生類がずらりと並ぶ研究室で働くのはとても珍しいことだった。まわりの女性の友人たちが、学校を卒業してほとんど全員秘書になるのを横目に、十七歳のオードリーはワトフォードに向かい、「ちょっと変わっていて」「説明するのが恥ずかしい」が、やりがいのある仕事を始めたのだった。

「一日に四十回くらい試験を行いました。カエルはつるつる滑るから、足の間を押さえて皮膚の下に針を差し込み、腿に注射をするんです」と、オードリーは語った。「それから番号をつけた瓶に入れて、暖かくした部屋に一晩放置し、卵を産んだかどうか翌朝確かめるんです。少ししか卵を産んでいなかったら、別のカエルを使って実験をしました。カエルたちが間違うことはほとんどなかったと思いますよ」

オードリーによると、これらの予言能力を持つ特別なカエルたちは「家の庭を這っているような種類ではなく」、もっとエキゾチックなアフリカツメガエル、つまりサハラ以南のアフリカで見られる古いカエルの一種だった。長い水かきに平べったい胴体を持ち、フランケンシュタインの縫い目のような模様が体の両側に走り、決して愛くるしいとはいえない。膨らんだ目にはまぶたもなく、水槽の中で上下しながら、どこか不吉なまなざしで研究室の人間を追いつづけていたという。

カエルが妊娠を判定するのに向いていると気づいたのは、一九二〇年代後半にケープタウン大学で研究をしていたイギリス人の内分泌学者ランスロット・ホグベンだった。ホグベンはそれ以前もヨーロッパガエルを使ってホルモンの研究をしていたことがあり、南アフリカでは地元の動物を使って実験していたのだった。現代の化学物質を使った妊娠検査薬と同様に、ホグベンはアフリカツメガエルがヒト絨毛性ゴナドトロピン（hCG）、すなわち卵子が受精したあと放出するホルモンに激しく反応することに気づいた。ホグベンにとって、カエルが妊娠を見分ける能力を持っているのは「神が授けた能力」だった。その両生類に魅了されるあまり、彼らにちなんだ名前を自宅につけたくらいだ。

やがて「ホグベン・テスト」と呼ばれることになるその方式は、より使い勝手の悪い「ウサギ式」を早々に廃止に追いこんだ。ウサギ式の場合、ウサギに尿を注射して数時間後に解剖し、卵巣に卵子の気配があるかどうか確認する。オードリーが語ってくれたところによると、そのやり方はあまり実際的ではなかった。「毎日、四十回テストできるくらいのウサギを飼わなくてはいけない

オードリー・ピアッティ（右）、1950年代のワトフォード病院内の家族計画研究所で作業に当たる。妊娠の有無をカエルに当てさせる仕事で、動物が「まちガエル」ことはほとんどなかったという。

んですよ」。カエルは再利用できるという点で、はるかに優れた素材だった。

カエルのもうひとつのメリットは、体が小さいので、見知らぬ女性のホルモンを注射するまでのあいだ、瓶に閉じこめておけるということだった。ひとたび予言者としての仕事をすませると、カエルたちは少しのあいだホルモンから解放された。オードリーの話ではだいたい三週間ということだった。その間はただのんびりと泳ぎ回り、刻んだレバーの餌を食べていた。それからまた予知能力を発揮するため、召集されるのだった。

アフリカツメガエルは妊娠判定テストに革命を起こした。ウサギの命を代償にしていた実験を後ろ暗さから解放し、かつてないほど実用的な手順を確立したというわけだ。でもそれだけが科学的な重要性だったわけではない。何千匹ものカエルがアフリカから輸入され、ヨーロッパやアメリカの研究室でテストが行われると、彼らの存在は他の分野の科学者たちの注目も集めた。なかでも始まったばかりの進化生物学の研究者たち（スパランツィーニの末裔とでも言おうか）は、熱いまなざしを注いでいた。彼らは胚の成長を段階ごとに理解しようとしていて、そのためには相当な量の卵が必要だったのだ。研究室で使っていた両生動物は季節ごとに卵を産んだが、それだけでは研究に大きな制限が生じた。いっぽう妊娠判定テストの研究室にはカエルがいて、hCGさえ注射すればいくらでも卵を産むというではないか（超現代的な自然発生説のレシピを思わせる）。さらなる利点として、アフリカツメガエルの卵は並外れて大きく、人間の卵子の十倍もあった。まさに顕微鏡手術や遺伝子操作にとって理想的だ。なお都合のいいことにオタマジャクシは透明で、成長にともなう体内の変化が観察できた。加えてアフリカツメガエルは病原菌に対する耐性が高く、研究室の中でも二十年ほど生きる。科学者のために生まれてきたような存在だった。

こうしてアフリカツメガエルはマウスやミバエと並び、地球上で最も体の構造を詳しく調べられた動物に名前を連ねることになる。五つの大陸の四十八の研究室にコロニーがあるといわれ、一九八〇年代までには、世界中で最もやり取りされる両生類になっていた。体の内も外も分析され、分解され、記録されていた。脊椎動物としては初めてクローンを作られたし、宇宙にまで行ったのだ。

ひとつだけ科学者が気づかなかったことがある――しかも残念なことに、手遅れになるまで気づかなかった。アフリカツメガエルの世界を股にかけた冒険には、同伴者がいたのだった。

*

一九八〇年代後半、爬虫類学者たちは奇妙な現象に気づいた。オーストラリアや中央アメリカから、大量の両生類が姿を消していたのだ。それも自然界から急激にいなくなり、一つの死骸も残らない始末で、空気の中に溶けてしまったかのようだった。両生類は六五〇〇万年前から地球上にいて、恐竜を絶滅させた隕石の衝突にも、繰りかえし訪れる氷河期にも、劇的な気温の変化にも耐えてきた。それがどうして、八〇年代になって大量にいなくなったのだろうか。

数年にわたる詳しい観察の結果、犯人が特定された。水中で育つ原始的な菌類カエルツボカビ、略称Bdだ。Bdはカエルが呼吸に使う、とりわけデリケートな器官である皮膚を侵食し、酸素や電解質が吸収できなくなるという事態を引き起こす。感染したカエルはやがて心不全を起こす。

続く三十年のあいだ、科学者たちはＢｄが地球上のあらゆる大陸を侵食するのを呆然と見つめていた。両生類のいない南極大陸だけが例外だった。Ｂｄの拡散によって、少なくとも二〇〇種類の動物が劇的に減少するか、完全に姿を消してしまったという。当時は動物の絶滅が多かったといえ、両生類を襲った悲劇は「脊椎動物史上最悪の感染症」と言われた。

カエル殺しのＢｄはどこからやってきて、なぜあれほど遠くまで、一気に拡散したのだろうか。数年前わたしはＢｄの被害が深刻なチリを訪れ、カエルをめぐる問題の解決に取り組み、チリの両生類を救おうとしている若手科学者クラウディオ・ソト＝アザト博士に面会した。クラウディオはいつも朗らかで、大好きな動物の絶滅という気の滅入るような話をするときは、そんな彼の性格がとてもありがたかった。

近隣の国々と比べて、チリにはそれほど多くの両生類がいるわけではなく、せいぜい五十種類というところだろう。けれどその五十種類は、どれも非常にユニークだ。チリという国は基本的に細長い島で、北は砂漠、南は氷河、西は海、東はアンデス山脈で寸断されている。そんなわけでカエルが大量に暮らす大陸の一部であるにもかかわらず、チリの両生類は隔離された環境で進化し、その反面絶滅の危機には特に弱いのだった。

クラウディオが調査に出かけるというので、わたしも同行した。国内でも最も珍しい自然の奇跡、すなわち超希少種のダーウィンハナガエルを探しに行くという。ダーウィン自身が一八三四年、あのビーグル号での冒険の最中に発見したカエルだ。彼らが非常に変わっているのは、池の中で成長するという一般的な方法を捨てて、ＳＦまがいの手段を取るようになったところだ。交尾のあと、オスは受精した卵を孵化する直前まで守り、最後に飲みこんでしまう。六週間後、映画『エイリアン』の一場面のようにオスは赤ちゃんガエルを吐きだす。口からとはいえ、タツノオトシゴ以外でオスが赤ちゃんを「産む」のはダーウィンハナガエルだけだ。

クラウディオとわたしは、パタゴニアのさびれた空港に降りたった。滑走路は地面に刻まれた細い線くらいのしろもので、周りには雪を頂いた山々がそびえ立っていた。クラウディオがアルゼンチンとの国境を指さしたことを覚えている。頼りない金属のゲートが未舗装の道に置かれて、周りは草原や山が広がっていた。まったくの無人地帯に来てしまったかのようだった。この孤立した土地から四時間車を走らせて、わたしたちはダーウィンハナガエルの生まれ故郷の森に到着した。竹が密集し、屋根にして生活できるほど大きな葉をつけたルバーブの木が茂り、ツツジの灌木が鮮やかなピンクの花を咲かせ、背の高い木々の幹には淡い緑の苔がむしていた。あたりには濃い霧が漂っていた。『ロード・オブ・ザ・リング』の世界そのものだった。

運のいいことに、わたしたちはすぐ目的のカエルを見つけた。ほとんど奇跡としか言いようがない――体長わずか三センチで、竹の葉そっくりに擬態し、茎によく似た細くて長い鼻までついているのだから。いっぽう残念なことに、クラウディオが小さな緑色のカエルたちからサンプルを採取し、研究室でテストすると、Ｂｄ陽性という結果が出てしまった。

Ｂｄに感染しても、自動的にカエルが死に至るわけではない。Ｂｄはいわば気まぐれな殺し屋で、腹立たしいぐらいその後の展開が不明なのだ。どういった理由か、ある種の両生類はＢｄに対して免疫を持っているようで、呼吸を邪魔する力をはねのけることができる。けれどわたしたちにできるのは、おおむね地上で暮らすダーウィンハナガエルが、水辺で生まれる菌類と命に関わるようなレベルで接触しないのを願うことくらいだ。北部で暮らす親戚のダーウィンガエルは、残念ながらそこまで運に恵まれなかった。ダーウィンハナガエルのように奥地で暮らしているわけではなく、チリの首都サンチャゴ近郊に生息地があるはずなのに、オスが口から赤ちゃんを吐く風変わりなこのカエルは、既に三十年ほど姿を見かけられたことも鳴き声を聞かれたこともない。クラウディオの推測では、森の中で絶滅してしまったのであり、犯人はやはり菌類だった。クラウディオにはBdがチリに上陸した経緯がおおよそ想像できるという。

カエルを襲った運命をたどるツアーの次なる目的地は、サンチャゴから四十キロほど北上した田舎町タラガンテの小さな農場だった。そこで外来種の目撃があったといい、クラウディオはカエル殺しの最重要容疑者とみなしているその外来種の話を聞こうとしていたのだった。

暑い日中に到着したわたしたちは、ユルゲンという名前の農夫の歓迎を受けた。少し潤んだ青い瞳を持つ年配の男性で、白いあごひげは長く、温かい笑みを浮かべていた。彼はわたしたちにオタマジャクシの入った袋と、カエルの入ったバケツを差しだし、自分の所有する土地は一九七〇年代後半からこの見慣れないカエルに侵食されるようになった、と教えてくれた。ユルゲンが感情をにじませながら語った話によると、カエルがあらわれた二年後、初めての沈黙の春が訪れた。彼が愛するこの土地の両生類の、陽気な鳴き声がまったく聞こえなかったという。かつて彼らがいたところに行ってみると、以前はオタマジャクシがひしめいてインクのように真っ黒だったのが、一匹たりともいないのだった。彼らは煙のように消えてしまった。

バケツの中に目をやると、あの無表情な昆虫を思わせるまなざしに出会った。あら、あなたたち、アフリカツメガエルね。こんなところで何をしているのかしら。

クラウディオの説明によると外来種の侵略は、悪名高いチリの元独裁者ピノチェトが行った数々の犯罪行為に、思いがけない形で連なるのだった。軍事政府が一九七三年にサンチャゴ空港を制圧した直後、首都の研究室で使われることになっていたアフリカツメガエルが空港に到着した。外来種のカエルに出会ったときのマナーを知らない軍人たちは、カエルを放してしまった。彼らとその子孫が、今に至るまで逃亡生活を続けているのだろう。

アフリカツメガエルは研究用の生きものとして理想的な特徴を備えるいっぽう、その同じ特徴——適応能力が非常に高く、病原菌に強く、多産という点が、彼らを絵に描いたような攻撃的外来種にしてしまっている。メスは季節を問わず出産できて、毎年八〇〇〇個近い卵を産む。チリにはどれくらいアフリカツメガエルがいるのかと尋ねると、クラウディオは力なく手で顔を覆った。「百万、いや十億かな。はっきり言うことはできないけれど、膨大な数のはずだ。小さな潟にも二万匹以上いると言われている」

カエルたちはサンチャゴから四百キロ離れた場所でも見つかっていて、どうやら一年に十キロの速度で首都から広がっているようだ。激しい雨が降る季節は集団で移動し、新しい領域に踏みこんでいく。クラウディオによると、雨季のある日、森林監視員は聖書の一場面のように二千匹のカエルが道路を横断するのを見たそうだ。

アフリカツメガエルは獰猛な捕食者だ。目の前にあらわれたものは何でも食べてしまう種で、国産の魚やカエル、オタマジャクシを死に追いやっている。誰にも止められないカエルの軍隊は秘密兵器まで持ち、先住民のカエルの息の根を止めようとしている。すなわち、チリで逃亡生活を送るアフリカツメガエルの多くはＢｄ陽性で、しかもどうやら免疫を持っているのだ。彼らがどの程度Ｂｄの流行に関わったのかは、ごく最近になるまでわかっていなかった。

科学探偵としての仕事の一環として、クラウディオと各国の調査員たちは、世界中の博物館に収蔵されたアフリカツノガエルの標本を調べた。すると早くて一九三三年に収集された個体が菌に感染していたことがわかった。Ｂｄの最初期の例で、妊娠判定テストに使うためアフリカからカエルが輸出されるようになった時期と一致している。これらのカエルの多くは研究室の中で一生を終えたわけではなかった。ホグベン・テストがリトマス試験紙に取って代わられ、不要になった何千匹ものカエルたちは、テスターたちの好意によって自然に還された。長期間の貢献に感謝して、自由を与えるつもりだったのだろう。ほかにも数え切れないほどのカエルが研究室から逃げ出したり、不要になったペットとして自然に放されたりしていた。攻撃的外来種のアフリカツメガエルは四つの大陸を侵略中なのが確認されていて、最新の研究によると、チリやカリフォルニアといった土地での侵略は、Ｂｄと元からいたカエルの消滅と関連しているという。ほかにも世界中に広がった攻撃的外来種には「美脚」ぶりで知られるウシガエルがいて、彼らもその病気を運んだのかもしれない。ただしアフリカツメガエルから集団で出国したことが、やはり世界的なアウトブレイクの原因なのだった。

とても残念な状況だ。わたしたちは受精と胚の成長の大部分を、アフリカツメガエルのおかげで理解したのに、その知識と引き換えに非常に珍しいダーウィンガエルのような種の消滅を引き起こしてしまったのだ。チチカカミズガエルが暮らしている高地も、菌に汚染されている。「今は野生動物が均一化する時代です」と、クラウディオは深々とため息をつきながら言った。「グローバリゼーションと人口増加のおかげで、野生の動物が世界中をめぐるチャンスが増えたのです。そして病気が広がるチャンスも増えてしまった」

クラウディオの話では、ダムを作る近代的な農業の手法はアフリカツメガエルの生態に都合がいいらしい。彼らは流れのない、停滞した水の中で生きるのだ。農夫のユルゲンの農場には小さな灌漑用の池があり、彼はそれを「地獄の穴」と呼んでいた。カエルがひしめくそのおぞましい穴を見ていると、彼らの突然の出現はむしろアリストテレスの突飛な自然発生説で説明できるのではないかと思った――世界を股にかけた、妊娠を判定できる、菌に汚染されたカエルではなく。

五〇〇〇年の間に、カエルはずいぶん長い旅をした。古代エジプトの農夫にとっては多産の神だったかもしれないが、ユルゲンには出エジプト記の神の呪いのように見えているはずだ。「わたしはあなたの領土全体に蛙の災いを引き起こす。ナイル川に蛙が群がり、あなたの王宮を襲い、寝室に侵入し、寝台に上り、更に家臣や民の家にまで侵入し、かまど、こね鉢にも入り込む」

聖書には「その季節を知っている」とされる鳥もいる。コウノトリは出産の神とされていて、おかげで色々な不安や混乱が起きた。そのミステリアスな到来や出発は、形を変え、水に潜り、宇宙を移動する伝説を産んだ。偏執狂的な政治的非難まで起きているのだった。

第８章
コウノトリ

多くの種類の動物が消息を絶つが、我々には彼らが何処へ行ったのか、何処から来たのか知る由はない。我々にとっては天から降ってくるようなものだ。

チャールズ・モートン『問題の解決を試みて——コウノトリはどこから来るのか』（一七〇三年）

一八二二年五月の何の変哲もない朝、ドイツのクリュッツにある城の庭で狩りをしていたクリスティアン・ルートヴィヒ・フォン・ボスマー伯爵は、やけに白いコウノトリを射止めた。鳥は既に致命傷に近い深手を負っていた——伯爵の銃ではなく、木製の槍で。長さは一メートル近くあり、コウノトリの長く細い首にケバブの串のように突き刺さっていた。伯爵が串刺しになった鳥を地元の専門家のもとへ連れていくと、その原始的な武器はドイツにはない硬質の木を雑に切り出し、簡単な鉄の槍先をつけたもので、アフリカ人によって放たれたものだろうということだった。なんと珍しいことだろうか。この鳥は槍の一撃を耐えたばかりか、残る力を振り絞って、首に奇妙なアクセサリーをつけたまま何千キロもヨーロッパ方面へと飛び、到着した途端に伯爵に撃たれたのだ。

負けず嫌いの鳥にとっては不運な日だったろうが、科学にとっては非常に幸運な日だった。傷を負ったコウノトリを調べたことによって自然界の最大の謎の一つ、すなわち季節ごとに鳥が姿を消すという現象の謎が解明されたのだ。

この有名な「矢コウノトリ」は1822年にドイツで捕獲され、鳥がアフリカに渡る動かぬ証拠となった。科学に貢献した「英雄」はいささか恨めしそうだ。

＊

白いコウノトリは、人目を引く動物だ。成鳥は鮮やかな白と黒の羽毛を持ち、体高一メートルほどで、長い足は真っ赤だ。何もかもが派手なこの鳥は、巣までとてつもなく大きく、幅二・五メートルほどもあり、ヨーロッパ中の都市の一番高いビルの上に堂々と居を構える。春先に婚礼のダンスを踊るときは、大きな赤いくちばしを嬉しそうに打ち鳴らして、パートナーに挨拶するという習性もある。

コウノトリは大きくて、騒がしい鳥だ。そんなわけで毎年秋、彼らがいなくなると余計に目立つのだった。夏のあいだ人間の目の前で子育てをしていた彼らは、数ヶ月にわたって消息を絶ち、年が明けたころ戻ってくる。今では鳥たちが餌の手に入りやすい環境を求めて、アフリカ南部に二万キロの旅をしているのは周知の事実だ。けれどかつてコウノトリの突然の蒸発と、渡り鳥一般に関する謎は、自然を相手にする学問にとって最も難しい問題のひとつだった。

なぜ鳥の一部は季節が変わるごとに忽然と姿を消し、また季節が変わると魔法のように現れるのか、真剣に考えたのはアリストテレスが最初だった。偉大なる思索家は三つの説に絞った。一つ目の説はツルやウズラ、コキジバトといった鳥が、寒いヨーロッパの冬を逃れて温暖な気候の土地で過ごしているのだろうというものだった。アリストテレスは旅を控えた鳥たちが脂肪を蓄えることにも気づいていた。たいへん的確な考えで、ここでやめておけばよかったのだ。しかしこの生物学的耐久レースに惹かれたのか、動物学の祖父はあと二つの説を考えずにはいられなかった。それらは間違っていただけではなく、賞味期限を過ぎたあとも科学の世界に残ってしまった。

二つ目の説はより独創的で、いわゆる変身説だった。かの『動物誌』でも、アリストテレスは一部の動物が季節によって姿を変えると述べている。夏の間ニワムシクイとして過ごす鳥は、冬になるとズグロムシクイになるし、夏の間コマドリとして過ごす鳥は、冬になるとジョウビタキになるというのだ。これらの鳥たちは、体格や羽根の色といった外見的な面がよく似ており、なおかつ同時に出現することもまずなかった（クラーク・ケントとスーパーマンを思いだしてほしい）。現在ではジョウビタキがサハラ以南に移動するころ、より北のほうで繁殖するコマドリは冬を越そうとギリシャに向かうことがわかっているが、アリストテレスは彼らが空飛ぶ変身術の使い手だと思ったのだ。

アリストテレスの変身説も、そののち登場する空想に比べると無邪気なものだった。およそ四百年後、こちらもギリシャ生まれのミュンダスのアレキサンダーは、年を取ったコウノトリは人間に姿を変えると主張し、それをアイリアノスが真剣に保証するというおまけまでついた。「これはおとぎ話などではない」と、アイリアノスは二世紀に出版した動物事典『動物の特性について』に記した。「アレキサンダーがそのような作り話をするはずがないだろう」と、彼はいささか神経質に言っている。「そんな物語をでっち上げて、得をすることなど何ひとつない。あれほどの頭脳を持つ人間が、真実を前にして嘘をつくなど考えられないことだ」。アイリアノスが、ヒツジの毛の色は川の水によって変わり、リクガメはヤマウズラが「心底嫌い」で、タコはクジラと同じくらいの大きさに成長すると事典に記したことは覚えておくべきだろう（史上最も騙されやすい事典編纂者と言わなければならない）。

変身するといわれた鳥はコウノトリばかりではない。毎年冬になると遠く南極海からイギリスの海岸に飛来する鳥、カオジロガンをめぐってはもっと突飛な話がある。彼らはグリーンランドの崖の上で繁殖するのだが、中世ヨーロッパの動物寓話の書き手はもちろん知る由もなかった。かわりに彼らは、カオジロガンが船の腐った材木から生まれるという、どうにも信じがたい説を唱えた。「自然は究極的に自然に反する形でこれらの鳥を育む」と、十二世紀の作家ジェラルド・オブ・ウェールズは記したが、彼が当時温めていた説を思えば誇張でも何でもなかった。すなわち「カオジロガンは海に捨てられた船の材木から生まれる」。中世の聖職者ジェラルドはアイルランド探検に出かけたとき、その驚くべき誕生の場面を目にしたと主張した。「誕生ののち、鳥たちはあたかも材木に張りついた海藻のようにくちばしを垂れ、周囲には大きく成長するため貝が積まれていた。やがて羽毛が生えそろうと、彼らは水に飛びこむか、大空へと自由に羽ばたくのだった」

ジェラルドが観察したのは実のところ、有柄目に属するペルセベというフジツボの一種だった。大人の指ほどの大きさの彼らは材木などに張りつき、満潮のとき殻を開いて触手を伸ばすと、カオジロガンの毛のない長い首とくちばしを思わせるのだ。人間の連想の力とはたいしたもので、十六世紀の著名な植物学者ジョン・ジェラードもペルセベを解剖して「赤裸で鳥によく似た形のものが隠れていた」と発表した。これらの一部は「柔らかな羽毛に覆われ、殻は半分開き、外へ飛び出す準備ができている」というのだった。

この神話が人気を集めた裏には、もうひとつ人間の都合があった。

肉食が厳しく禁止される断食の期間、腐った船の材木から生まれ出るのだから動物の肉ではない

ペルセベは木の枝や腐った木材から生まれるといわれ、おかげでしばしば植物の本に登場した。植物なので中世の断食日に食べても問題ないという解釈が可能になった。

といえば、鳥の丸焼きを食べることを正当化できたのだ。「生身の鳥から生まれたわけではないのだから、肉ではない」と、ジェラードは説明した。その屁理屈に従うならば「司教や聖職者は断食の最中にこれらの鳥を食べてもいい」ということになるのだった。中世では一週間に三日、断食を行うことになっており、復活祭の期間も断食に指定されていたので、飢えた聖職者たちがこの逸話を広めたがった理由もわかるだろう。大きくて汁気たっぷりの鳥は、実は菜食主義者のメニューだと言いたかったのだ。

＊

騒がしい白いコウノトリの話に戻ろう。彼らは冬の間、どこへ行ってしまうのだろうか。鳥の失踪に関するアリストテレスの三つめの説は、いくぶん地味だったものの、より長いこと影響力を保った。『動物誌』の中で彼は、コウノトリが他の多くの種と同様、どこかに隠れることで冬の寒さを逃れているとした。ある種の空飛ぶ逃亡者というわけで、アリストテレスは彼らが「冬眠状態」になると述べた。鳥と同じ温血動物の哺乳類の多くは、初期の観察者たちによって冬眠するところを目撃されていた。その中には、当時鳥と分類されることが多かったコウモリもいた。ならばどうして、コウノトリが冬眠してはいけないのだろう。

この点については、現代の科学もまだはっきりした答えを示していない。おそらくは比較的代謝がいいこと、心拍数が多いこと、必要な脂肪を蓄えるのが難しいことなど、いくつかの要素を考慮するべきだろう。これらの要素のために、コウノトリにとって冬眠するのは物理的に難しいはずだし、眠る場所を確保するために穴を掘る装備もない。そのかわり彼らにはしっかりとした翼があるので、もっと過ごしやすいところへ飛んでいくのだった。

ハチドリ、ネズミドリ、アマツバメなど、短い間冬眠をする鳥がいることは知られているが、現在に至るまで本格的に冬眠する鳥としては一種類しか確認されていない。北アメリカ西部の砂漠などで見られる、プアーウィルヨタカという夜行性の鳥だ。一部は冬、食料が底をつかないように移動するが、冬の間も暖かく人気の高いメキシコでは多くの渡り鳥との競争が避けられない。そこで残りは競争を避けるために代謝を下げ、岩の間で眠りながら冬を越すのだった。進化の結果で、ネイティブアメリカンのホピ族からは「眠り鳥」と呼ばれている。

プアーウィルヨタカ以外の鳥が冬眠をするという証拠はないものの、鳥類学者たちは十九世紀に至るまで、鳥の冬眠の可能性について飽きずに議論してきた。睡眠をめぐる学者たちの闘いの中心にいた鳥はコウノトリではなく、春によく見られるツバメだった。

アリストテレスはツバメが「すっかり羽根を落として」穴の中で冬眠すると述べた。冬の間、寒さを避けるために羽根を落として眠るというのは、まったく筋の通らない話だが、その後二〇〇〇年にわたって展開された説はさらに破天荒だった。啓蒙時代の最も優れた知性や、動物学の祖先にも引けを取らない秀才たちは、ツバメが魚のように湖や川の底で冬眠すると固く信じていたのだ。「ツバメが冬眠し、その季節を沼の底で過ごすというのは本当のようだ」と、ジョルジュ・キュヴィエも十九世紀に大きな影響を与えた『動物界』で述べている。

そんなわけでハサミ使いの生物学者ラザロ・スパランツァーニが、鳥の奇術師並みの消失トリックに興味を示し、証拠を見つけようと彼一流のサディスティックなやり方で実験を繰り返したのも不思議ではないだろう。彼はツバメを冬眠させようと、小枝で編んだかごに閉じこめ、雪の中に埋めてしまった。呼吸できるように、雪にはひとつだけ小さな穴を開けておいたそうだ。ツバメたちは冬眠を拒否して、二日も経たないうちに息を引き取ってしまった。フランスではビュフォン伯が、同じようにツバメを貯氷庫に入れて、やはり鳥を死に至らしめた。

アメリカではチャールズ・コールドウェルという医者によって、最大の動物残酷物語が生まれた。「かけがえのない友人」ドクター・クーパーの手を借りて、ツバメの両足に砂袋をくくりつけ、川に放りこんだのだ。その実験に関するきわめて残酷な記録によると、コールドウェルが「二羽の小

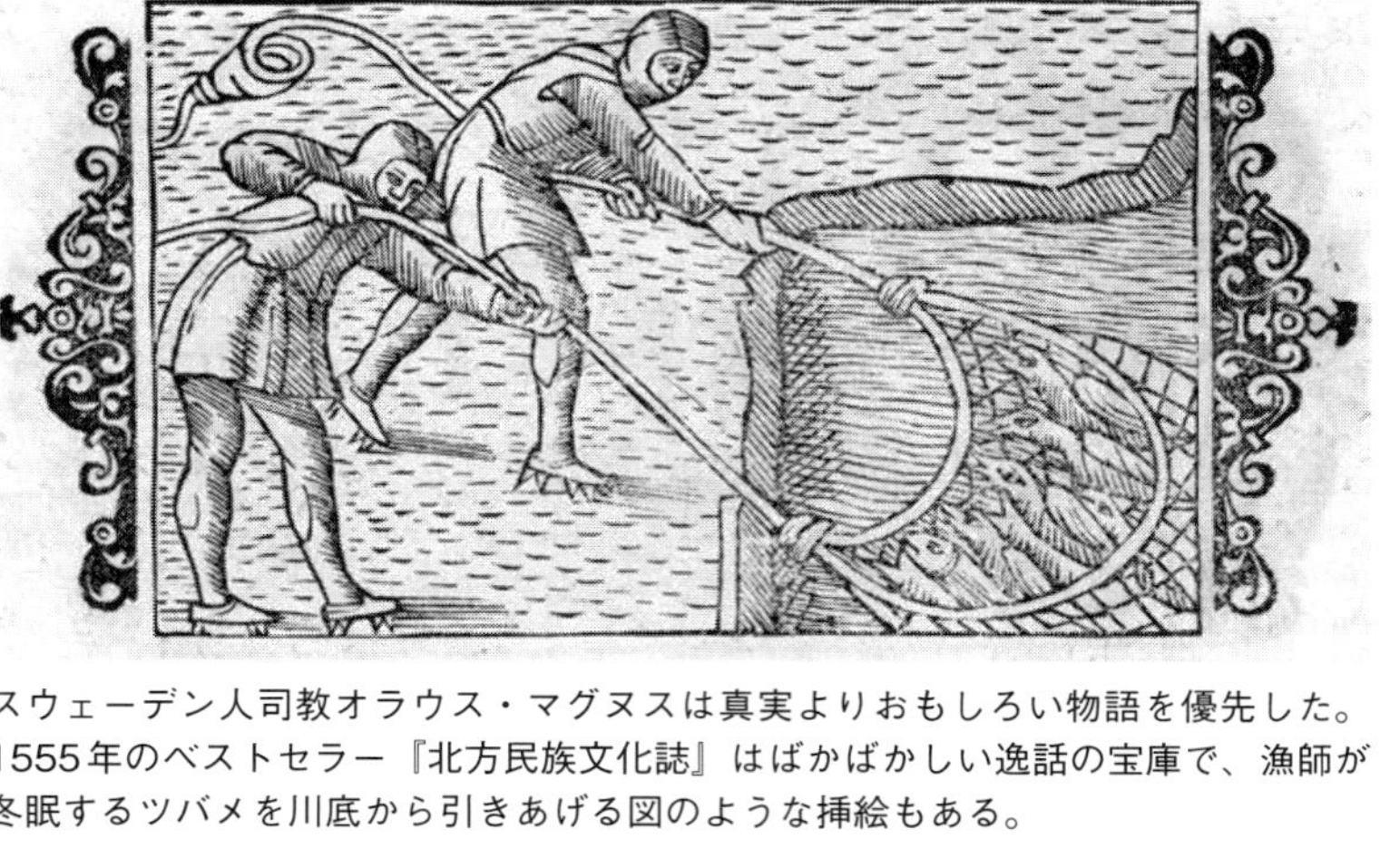

スウェーデン人司教オラウス・マグヌスは真実よりおもしろい物語を優先した。1555年のベストセラー『北方民族文化誌』はばかばかしい逸話の宝庫で、漁師が冬眠するツバメを川底から引きあげる図のような挿絵もある。

さな囚人」と呼んでいた鳥たちは岩のように沈み、「溺れるのではないかと不安に駆られ、痙攣した」。三時間後、二人の科学の徒は引きあげた鳥たちの蘇生を試みた。コールドウェルはまったく悪びれる様子もなく、次のように記している。「ツバメたちは冬眠状態に入ったのではなく、単に動けなくなったというわけでもなく、完全に死んでいた」

あるドイツの大学は何年にもわたって、水の底にいたツバメを蘇生したら一羽ごとに鳥の体重に相当する銀を与えるとしていた。銀を手にする者はいなかった。それでも実験材料にされたツバメたちとは対照的に、この言い伝えが死に絶えることはなかった。なぜ「潜水艦ツバメ」などという、おかしな逸話が広がったのだろうか。

噂の元凶はさほど有名ではない十六世紀のスウェーデン人司教、オラウス・マグヌスという男のようだ。マグヌスは鳥が移動するという説に納得できず、正しい説だとする声にも耳を貸さなかった。

「自然に関する書き手の多くは、ツバメは冬が来ると暑い国に移動すると言う」と、彼は著書『北方民族文化誌』に記した。「けれど北国の水辺では、漁師たちはしばしば魚取りの網にツバメが大量にかかるのを目にするという。塊のようになっているそうだ」スウェーデン人司教の説では、巨大な「鳥だんご」はツバメたちが小さなラインダンサーよろしく深みに足を踏み入れたときにできるのだった。「秋の始まりに、彼らは葦の陰に集まる。そこでくちばし、羽根、足をくっつけて水に体を浸すのだ」

ツバメにとっては不運なことに、マグヌスの著作は大評判になった。全二十二巻の事典では事実と逸話が混同されていて、マグヌス自身の北の故郷は空からネズミが降り、巨大なヘビが海を分けて沖へと向かうような異世界として描かれている。そのセンセーショナルな物語は十五世紀半ば、印刷技術の発展によって本を手に入れることが可能になった新世代の読者の心をつかんだ。事典は十以上の言語に翻訳され、ヨーロッパ全土に突飛な伝説を広めた。

けれどツバメが潜水艦のような能力を持つという話にお墨付きを与えたのは、船出したばかりのロンドン王立協会だった。一六六六年、設立からまだ六年のときだ。世界でも有数の自然学者の団体である王立協会は、この件の調査に当たった。「冬の間ツバメが水中で塊になって過ごし、引きあげて火に当てれば蘇生するという話の真実はどこにあるのだろうか」。結論はこうだった。「ツバメが秋の訪れを前に湖の底に身を投じるというのは、確かだといえる」。学識豊かな科学団体の結論としてはいささか驚きだが、この件の調査を担ったのが博物学者ではなく天文学者で、なおかつオラウス・マグヌスが住んでいたウップサラで大学教授を務める知人に確かめただけだと聞けば納得できるだろう。忠実なる同郷の人間から偏見のない答えが得られる確率は、冬の間水中で過ごすツバメを見つけるのと同じくらいのはずだ。スウェーデンではその伝説が民話に深く根を下ろしており、カール・リンネでさえ（彼もまたウップサラ大学の卒業生だ）、百年も後にこのことを事実だとしたほどだった。

ただし、誰もが冬眠説を受け入れたわけではなかった。猛烈に異を唱えた人間の中には、オックスフォード大学で教育を受けたチャールズ・モートンがいる。十七世紀に物理の概論を記して高い評価を受けた人物で、概論に関しては五十年後もハーバード大学で使用されていたほどだ。モートンは物理学者らしい緻密な論理で、凍えるほど寒く、空気もないというのに「ツバメが川底で粘土の塊のようになって過ごしているというのはまったくばかげている」と指摘した。彼はより合理的な説を提唱した――コウノトリのような季節性の鳥と同じく、ツバメは月に渡るのだ。

「子を産んだコウノトリと、羽毛の生え揃った若鳥は共に出発し、大きな一団として飛行する。最初は地面の近く、やがてもっと高く……まもなく彼らの姿は見えなくなり、ついには完全に消えてしまう」。次いでモートンは最大の疑問を記した。「月でないというのなら、この鳥たちはいったいどこへ行くのだろうか」

さて、いったいどこへ行くのだろう。コウノトリが月へ向かうというモートンの説の証拠は、いささか曖昧だった。彼の説明では、冬の間渡り鳥がどこにいるのか誰にもわからないのだから、地球の外に隠れているに違いないというのだった。さらなる証拠は鳥の振る舞いだった。出発するとき「鳥は心から愉快そうで、大きな計画を温めているように見える」。おそらく他の鳥が行ったこともない場所、つまり「大気圏を超えて、はるかかなたの世界に飛んでいくのだ」

彼の突飛な学説は、当時の社会を反映したものだった。十七世紀の科学者は月に魅了されていた。ガリレオは発明されたばかりの望遠鏡を使って、月の表面が大理石のようになめらかなのではなく、そこには地球と同じように山や谷があることを発見した。モートンの大学の同僚で、王立協会を設立したジョン・ウィルキンスも、月についての本「月世界の発見」を記した。月の地理は地球によく似ていると熱心に論じた書物で、月には海や川、山が揃い、おそらくは生命もあるとされていた。モートンにとっても月は酸素のない、冷たい岩の塊などではなく、冬越えをする魅力的な土地なのだった。

渡り鳥が宇宙に向かうという説は広く支持され、論客たちは王立協会に手紙を送り、どの天体が鳥にとって一番好ましい場所なのか議論した。清教徒(ピューリタン)の牧師コットン・マザーは、月は少し遠すぎると考えた。彼曰く、鳥たちは「より近いところで地球の周りを回っている未知の衛星に」向かうのだった。マザーはニューイングランドでは雄弁な説教で知られ、セイラム魔女裁判では「不可思議な証拠がある」と熱を込めて語り、群衆のヒステリーを煽った人間だ。鳥の宇宙旅行の話を信じたとしても、不思議はないだろう。

ただしこの問題の追究に関して、やはりチャールズ・モートンの手腕は独特だった。彼は宇宙を旅する鳥に代わって、部分的には非常に筋の通った綿密な計算を行い、地球外の旅の詳細を調べた。まずモートンは、一年を三分割した。月を往復するには四ヶ月、片道六十日かかる。つまり鳥は月と地球でそれぞれ四ヶ月暮らすことになるだろう。月は地球を一周するのに一ヶ月かかるので、モートン曰く月に向かう鳥たちにとって「旅を始めるとき、月は直進すればそこにある」のだった。なんともよくできている。

二ヶ月間の旅の食料は体に蓄えた脂肪でまかない、地球を離れるきっかけは気温の変化と食糧事情なのだった。地球上で移動する渡り鳥にとって、これらのことはある程度真実だ。

モートンの計算では、月までの距離は十七万九千七百十二マイルだった。そこまで的外れな数字ではない。月の楕円軌道は地球に一番近いとき、実際に二十二万六千マイルだ。

月に向かって飛翔するあいだ、モートン曰く鳥たちは重力の影響を受けることがなく、つまり空気抵抗なしに時速百二十五マイル（約二〇〇キロ）で前進できるのだった。通常の時速二十マイル（約三十二キロ）と比較すると、ずいぶんな速さだ。宇宙を旅するコウノトリが地球の重力の作用を逃れるには、時速百二十五マイルの二百倍は出さなければいけないという点をモートンは見逃していた。鳥にジェット噴射機でも背負わせないかぎり、到底出せないスピードだろう。鳥たちが宇宙で遭遇するはずの真空状態、放射能、極端な気温の変化など、他にもこまごまとした問題がある。ラザロ・スパランツァーニが復活させたほとんど不死身といってもいい奇妙なクマムシを除けば、どんな動物にとっても致命的な状況だ。

モートンの時代の人々にとっては、もちろん宇宙旅行など夢物語だった。コウノトリやツバメなどの鳥が、本当に月に向かうため衛星のように地球の周りを回っているのか、真偽を確認できるようになるにはそれから三百年もかかる。ただしモートンの時代は大航海時代の頂点で、見知らぬ海を渡ったり、遠い土地を探検したときに、季節性の渡り鳥の姿を見たと観察眼鋭いヨーロッパ人の冒険家たちが言いはじめた。一六八六年に南アフリカ沖で座礁したオランダ船の生存者は、「それほど数は多くないが、この時期オランダにいないコウノトリをアフリカで見かけた」と述べた。

ただしそのような目撃証言は、疑り深い人間たちからは言下に否定された。最も声高だったのは、王立協会の「渡り鳥説否定派」デインズ・バリントン閣下だ。彼は冒険家たちの証言を次々と否定するいっぽう、彼自身の説を遠慮なく述べつづけた。海軍卿サー・チャールズ・ワガーが、ツバメの一団が船の横木に巣を作るのを見たと主張しても、バリントンは巧みにその証拠を自身の説の補強にすり替えた。「鳥たちは常に疲労困憊なので、海上で船を見つけると、警戒心をかなぐり捨てて水夫たちのもとに飛んでいくのだ」

元判事のバリントンは白を黒と言いくるめ、どのような合理的な説に対しても、ばかげた回答をすることができる男だった。彼は鳥の移動という行為を「信じるのは危険だ」という理由で否定し、そのような「非常に考えにくい」出来事を証明するには目撃者が足りないとした。鳥は空の非常に高いところを飛ぶので見えないのだという指摘は（確かに鳥は理想的な気流に乗るため高いところを飛ぶ）、「つまり証拠がないということだ」と、切って捨てた。渡り鳥は捕食者を逃れるため夜間に移動すると言った人間は、実は正解だったのだが、ばかばかしいと嘲笑された。判事曰く、鳥が人間と同じように夜眠るのは周知の事実ではないか（これまた間違いだ）。

強力な渡り鳥説否定派のバリントンらが、あらゆる主張に噛みつくので、議論に決着をつけるにあたっては動かぬ証拠を提出するしかなくなった。こうしてボスマー伯爵の、首を派手に串刺しにされたコウノトリの出番になる。その鳥は国外に行っていたという、否定しようのない置き土産を持っていたのだ。このことがやがて鳥類学のパラダイムシフトにつながる。

伯爵の負けず嫌いのコウノトリが例外というわけではない。十九世紀から二〇世紀にかけて、ヨーロッパではほかにも二十五羽、同じような「矢ガモ」ならぬ「矢コウノトリ」が捕獲された。鳥類学者たちはこれらの気の毒な鳥をヒントに、矢よりもう少し鳥にやさしいもの、すなわち刻印して足に装着する金属の標識を使った追跡システムを確立した。この小さな標識は鳥の研究に革命を起こし、やがてコウノトリをはじめとする鳥たちの季節性の移動について、決定的な証拠をもたらすことになる。

鳥に標識をつけるという手法を取った初期の鳥類学者の中で最も重要なのは、ドイツ出身の風変わりなプロテスタントの牧師ヨハネス・ティーネマンだ。標識をつけたのはティーネマンが最初というわけではなく、その栄誉は数年前に実験を行ったデンマーク人教師のものだ。けれどより大きな規模で、かつアフリカに長距離の移動をする鳥に標識をつけたのはティーネマンが最初だった。ティーネマンは個性派で、狩りを偏愛し、ツイードを好んで着るいっぽう、いわゆる普通の科学者ではなかった。実は正式な学問的訓練を受けたこともなかったのだ。それでも無限の熱意と、自分を売りこむ腕の確かさで、彼は新しい科学的研究の拠点の開設に成功する。一九〇一年一月一日、世界初の年間を通した鳥の観察ステーションを作ったのだ。

渡り鳥の研究に特化したそのステーションは、プロイセン東部のロシテンという町に設けられていた。ティーネマンが一番気に入って研究対象にしていたのはコウノトリで、非常に目立つこと、移動の予定が読みやすいこと、大衆にも非常に人気があることから「実験材料として運命づけられた鳥だ」と彼は言っていた。

鳥の観察への純粋な情熱と、宣伝の才能に助けられて、ティーネマンはドイツ中から大勢のボランティアを集めることに成功した。おかげで個別の番号と出身地を記した標識を二千羽のコウノトリに装着することができた。ただしそこまではまだ簡単で、それ以降はいささか彼の力の及ばない範囲にあった。ティーネマンにできることといったら、コウノトリたちが飛び去ったのちに広大な「暗黒大陸」にいる誰かが彼らを見つけ、さらに足の標識に気づき、東プロイセンの本部に届くような形で奇妙な発見を報告してくれるのを期待するだけだった。

熱意あふれるティーネマンの壮大な計画については、批判がないわけではなかった。著名な科学誌〈コスモス〉の編集者は、とりわけ辛辣だった。金属の標識は鳥の健康によくないし、その実験自体が「自己満足の科学」で、「コウノトリの大量死」に終わるだろうというわけだ。けれどティーネマンは野心的な実験を知らしめるために、とにかく世間の注目を求めていて、そのためにはネガティブな反応にも意味があった。当時はまだ電話の普及率が低く、テレビというものも存在しなかった。大事な標識について少しでも情報がほしいなら、ティーネマンは国際的な新聞やアフリカの植民地の役人に頼るしかなかった。宣教師や役人が、大量死したコウノトリに目を光らせてくれるというのなら、彼にとっては歓迎すべき事態だった。

まったく意外なことに、標識についての最初の連絡は、わずか数ヶ月後にティーネマンのもとに届いた。すっかり冷たくなっていたものの、標識をつけていた鳥も一緒だった。こんなふうに標識が戻ってくるとは思ってもみなかったが、ある種の成功ではあった。

ロシテンに帰還する標識の旅も、南へ渡るのと同じくらいドラマチックだった。それらは宣教師、植民地の役人、商人、新聞記者の手を経てようやく故郷に戻ってきたのであって、途中で新しい神話まで生まれた。鳥を発見したアフリカ人の猟師たちは、謎めいた金属の物体は「天から遣わされたもの」だと思ったそうだ。ある部族の長は槍先に幸運の印としてコウノトリの標識をつけ、後生大事にしていたので、ようやくティーネマンの手元に戻されたのは亡くなったあとだという。

一九〇八年から一九一三年にかけて、ティーネマンのもとには四十八羽の発見の報告が入った。発見された場所を地図に記していくと、コウノトリがナイル川を下ってアフリカの南端まで長距離の旅をしていることがわかった。だがしかし、ようやくコウノトリの謎が解決すると思ったら、鳥たちは東西ヨーロッパの町や村から姿を消しはじめたのだった。いつもと違い、戻ってくる気配はなかった。

渡り鳥をめぐる環境は悪化していた。毎年の移動のとき、上空を通過する国々が戦争を始めていて、飢えた人びとが大きな鳥を食料として狙うようになっていたのだ。(こうしてヨーロッパにお土産がわりに矢をつけて帰還する鳥が増える)。一九三〇年、ティーネマンはこれらの国々の住人の狩りのせいで「可愛いコウノトリ」の数が減っている、と気落ちした様子で記している。

ティーネマンは南アフリカ政府によるバッタの駆除も、可愛い研究対象の減少の原因ではないかと推測した。彼は正しかった。現代の機械化された農業はコウノトリの敵だ。害虫を進んで食べることで「農家の友」と呼ばれていた鳥にしたら、何とも皮肉な運命だろう。

一羽のコウノトリが一分間に三十匹のバッタを食べたという記録がある。別のコウノトリは四十四匹のネズミ、二匹のハムスター、一匹のカエルを一時間で平らげた。コウノトリの群れは二十億匹以上いる害虫のタンザニアアーミーワームを、わずか一日で食べ尽くすといわれている。農薬の導入は、コウノトリから役割を奪っただけではなく、死に至る消化不良の原因を作ってしまったのだ。

農薬、環境汚染、排水設備を使った湿原の農地化は、二〇世紀に入ってヨーロッパのコウノトリの数を激減させた。最後につがいが目撃されたのは、ベルギーでは一八九五年、スイスでは一九五〇年、スウェーデンでは一九五五年だ。多くの村人たちは、コウノトリが姿を見せなくなったことにひどく落胆した。鳥が公衆の面前から姿を消したことは、古い言い伝えに照らし合わせると不吉だった。彼らは春を告げる使者で、幸運のお守りなのだ。ヨーロッパ全土で、人びとは自分の家の屋根にコウノトリが巣をかけるよう働きかけ、鳥たちが平和と健康、豊かさをもたらすことを望んだ。

実際のところ、巣をかけられた家の住人がどれだけ喜んでいたのかは疑問だ。コウノトリは何世代も同じ巣に戻ってきて、毎年家族を増やす。巣の大半は枝だけで作られるが、ティーネマンが作成した目録によると「婦人用の手袋、紳士用の手袋、馬糞、傘の柄、玩具、じゃがいも」も使われていたという。

結果として、コウノトリの巣は肥大化した。特大のもので重さ二トン、深さ二・五メートルもあったほどで、現代の建築物でも支えるのが難しいのはもちろん、中世の家が持ちこたえられるはずもなかった。それでも巣は何世紀も残った——人間が相当手を貸したにしても。ドイツの町ランゲンザルサの塔の上にかけられた巣は、四百年も持ったという。一五九三年の資料には、巣の修繕と維持にかかった費用が記されていて、住人たちは家を圧迫する二トンもの枝の塊のために、かなりの出費を強いられていたようだ。

*

コウノトリは出産との関わりが最もよく知られている。多くのヨーロッパの国では、家の屋根にコウノトリの巣がある夫婦はまもなく子宝に恵まれるとされていた。現代のドイツでも小枝をくわえた木彫りのコウノトリが、赤ちゃんが生まれたばかりの家の扉にかけられ、おめでたのことを「コウノトリに足を噛まれた」と表現することもある。けれど、そんな民間信仰がある種の混乱を呼ぶこともあった。アメリカのテレビ局〈フォックス・ニュース〉は、不妊に悩んでクリニックを訪れたドイツ人の夫婦が、赤ちゃんを作るにはまずセックスをするよう諭されたと報じた。夫婦はコウノトリさえいればいいと思っていたそうだ。

赤ちゃんを連れてくるというコウノトリの言い伝えは、非キリスト教の世界に端を発している。毎年鳥があらわれるのは、出産の季節とされる春だ。六月二十一日の夏至は、非キリスト教の世界で伝統的に結婚と豊穣の祝日とされてきた。その日多くのロマンチックな出会いがあり、九ヶ月後コウノトリの帰還と同時に赤ちゃんが生まれたというわけだ。こうして鳥の帰還と出産という二つの出来事が結びつけられるようになり、コウノトリが赤ちゃんを連れてくると考えられるようになった。

ヨーロッパの出生率は数十年に渡って低下していて、大陸のコウノトリの数も減っている（ただし両者に因果関係はない）。それでもここ三十年、積極的にコウノトリを保護する試みがなされている。二〇一六年六月の大雨の日、わたしはそんな試みの一つを見学するために、ずぶ濡れになりながらノーフォークの町ディスに向かった。

動物の保護に携わるベン・ポッタートンが駅まで迎えに来てくれて、水浸しの土地を運転し、ショアランズ野生公園に連れていってくれた。コウノトリをイギリスの大地に呼び戻すという、ベン自身の非常に独創的な計画が進行していた場所だ。

ベンは動物の魔術師だ。最も希少で、最も交尾に乗り気でない鳥たちを繁殖させるという能力があって、それを生かして各地の動物園や動物保護プログラムに雛を定期的に供給している。彼は「小さくて茶色い連中」、すなわち人の目に留まらず、大々的にキャンペーンが行われる際には無視されがちな動物に愛着があるという。ショアランズ野生公園は無秩序かつ賑やかな空間で、ピグミーマーモセットやアオガンなど、茶色い奇妙な動物たちが闊歩していた。わたしが最初に出会ったのは、本能とは裏腹に雨に当たるまいとしていた非常におしゃべりなアヒルだった。「彼女」は園内のカフェまでついてきて、ベンがイギリスのコウノトリの未来について語るあいだ、ずっとそばに寄りそっていた。

二〇一四年、ベンはポーランドの動物保護センターからの連絡で、白いコウノトリの一団が家を求めていることを知った。ほとんどは電線に触れて感電した鳥たちだったが、鉄塔の上に巣をかける大胆不敵な習性を持つ鳥には珍しくないことだという。これらの鳥たちはもう長距離の移動ができず、ポーランドの寒い冬を越せそうになかったが、動物保護センターは二十二羽の負傷兵たちの受け入れ先探しに苦心していた。そのときベンは、彼らを引き取ってコウノトリのいないイギリスで繁殖させることを思いついたという。こうして彼はポーランドに行き、鳥たちを衣類の輸送に使う段ボール箱に入れて（「一羽ずつ運べるのでちょうどよかった」）、イギリスに連れ帰った。

ベンとわたしは雨に打たれながら、異国の鳥たちと対面した。ほとんどは大きな群れを作り、雨の中で草地を歩きまわっていたが、二羽だけは集団から離れて巣作りをしていた。ベンは嬉しそうに、オオハクチョウの保護区の裏にある塚の上に小枝が積まれているのを見せてくれた。珍しく低いところに作られたその巣は、イギリスに六百年ぶりに生まれた雛の家だった。

コウノトリの巣作りが最後にイギリスで目撃されたのは一四一六年、エディンバラのセントジャイルズ教会の屋根の上だ。ベンの話では、イギリスからコウノトリが姿を消したのは移動が危険になったからだけではなく、もっと身近に脅威があったからだという。ヨーロッパ諸国ではコウノトリが大事にされていて、危害を加えると死刑に処されることもあったが、イギリス人は積極的にコウノトリを駆除したのだ。

「当時の聖職者や支配者、政治家が積極的に行ったことです」と、ベンは言った。「教会にしたら、鳥が赤ちゃんを連れてくるという考えかたが不愉快だったのです。赤ちゃんを連れてくるのは神さまでしたからね」。鳥たちは各地の教会が一掃しようとしていた、非キリスト教的な民間信仰と危険な関わりを持っているとされた。ヨーロッパの国々では屋根の上の巣は吉兆だったが、イギリスではその家の誰かが不貞行為をしている印だとされた。中世の不倫の罰は軽くて追放（男の場合）、重くて鼻と耳の切除（女性の場合）だったので、けたたましく騒ぐコウノトリのつがいはさぞかし嫌われたことだろう。

コウノトリは「政治的な立ち位置」に関しても厳しく糾弾された。彼らは共和制の国だけで繁殖するという根強い言い伝えがあったのだ。宗教的な差も非難に輪をかけた。コウノトリはイスラム圏の国々では大切な鳥で、熱心なイスラム教徒同様メッカを訪れるといわれていた。一八二三年、オスマン帝国を訪れたスコットランド人の作家兼冒険家チャールズ・マクファーレンはこう記している。「これらの賢明な鳥たちは、国の価値観をよく理解していて」、モスクやミナレットの屋根に巣をかけることでイスラム教徒のトルコ人に忠誠を示すいっぽう「決して教会の屋根にはかけないのだった」

イギリスでは、大陸から渡ってくるコウノトリは不審の目で見られ、すぐに撃ち落とされた。一六六八年、そんな負傷兵の一羽が、偉大なる神話バスターことサー・トーマス・ブラウンのノーフォークの自宅の玄関前に降りたった。オリヴァー・クロムウェルのせいで、イギリス自身が短い共和制を経験してからまだ日が浅かったときだ。サー・トーマスは傷ついたコウノトリを保護し、カエルやカタツムリを与えて看病して、すっかり仲良くなった。ただし隣人たちはいささか警戒ぎみで、鳥が新しい共和制の訪れの前兆でなければいいのだが、と神経質に冗談をかわした。常に合理的なサー・トーマスは、そんな「俗っぽい言い伝え」は「支配者が都合よく舵取りをする手段だ」と言い、古代エジプトから最近のフランスまで、コウノトリが巣を作った王政の国を挙げてみせたという。

ベンはショアランズ野生公園の鳥たちが、今のノーフォークの人びとにもっと好意的に迎えられることを願っていた。わたしが野生公園を訪れた週、イギリスは渡り鳥ならぬ国を渡ってくる人間たちへのヒステリックな恐怖に駆られ、EUからの離脱を決定した。ベンの異国の鳥が侵略者と呼ばれ、「ポーランドのコウノトリが我々のカエルを盗んでいる！」と、新聞が書きたてるのを想像するのは難しくなかった。なんとも皮肉なのは、これらの傷ついたポーランド出身の鳥たちが、EU離脱派が切望する「古き良きイギリス」をいろいろな面で体現しているところだろう。考古学にはコウノトリが中世期（三十五万～十三万年前）のイギリスに生息していた証拠があるのだ。けれどベンの話では、ひとたびイギリスがEUを離脱したら、異国の動物に依存する彼のような保護プログラムの継続は、お役所の都合で非常に難しくなるだろうとのことだった。

直近の問題は、果たしてベンの鳥たちがアフリカに旅立つかということだ。チャールズ・ダーウィンを含む著名な動物学者たちは、鳥の習性は生まれつきのものだとしていたが、現在ではコウノトリのような空を飛ぶ動物の場合、社会的学習も大きな要因だとされている。たとえ若鳥に南へ飛びたいという本能的な欲求があったとしても、それだけでは簡単にいかない。複雑な航空図がなければいけないし、中でもどこで陸に降りて食事をするかという点は、両親の行動から学習されるのだ。その点は、ベンのコウノトリたちには望みようがない。けれどベンは楽観的だ。サー・トーマス・ブラウンが経験したように、毎年ノーフォークの沿岸にはデンマークから数羽のコウノトリが飛来する。ベンの希望はこれらのコウノトリが自然に旅を始め、彼の鳥たちもそれに続いてアフリカへ渡ることだ。

ただし保証はまったくないし、最近の研究によると、ヨーロッパの渡り鳥の習性にも変化が起きているようだ。多くは伝統的な長距離の旅に背を向け、家に残ってジャンクフードを食べるという、より楽な生き方を望んでいるらしい。

二年前、ドイツの鳥類学研究所のドクター・アンドレア・フラックは、若鳥を含むコウノトリの群れの移動に一ヶ月同行した。「巣立つ前に、六十羽の若鳥に標識をつけました」と、ドクター・アンドレアは言った。「そして私は二十七羽のあとをつけました。毎日、自分の車で追いかけたのです」

地元の消防士たちの協力を得て、ドクター・アンドレアは研究所の近くにいる雛に標識をつけるところから始めた。それは簡単ではなかった。保護本能の強い親鳥たちは、ドクター・アンドレアが雛たちに手を出すのを嫌い、くちばしで攻撃してきたからだ――長い梯子に登り、不安定な体勢で作業をしていた彼女を。それでも苦心の甲斐があり、成長して旅に出た若鳥をドクター・アンドレアはどこまでも追いかけることができた。

第六章のハゲワシ同様、コウノトリは気流に乗って移動する。つまり移動は日が高く、条件さえよければ長い距離を移動できる昼間に行われるのだが、車にとって都合のいいルートとはかぎらなかった。「ずいぶんな長距離ドライブでした」と、ドクター・アンドレアは言った。「夜の八時か九時になってから車に乗りこみ、鳥に追いつくため何百キロもドライブするんです」

暗闇の中、見知らぬ土地を運転しなければならないこともしょっちゅうだった。「舗装されていない道を何時間も走り、気がつくと養豚場に着いていて、そこに何百羽ものコウノトリがいるのです」

ドクター・アンドレアの勇気は賞賛に値するだろう――外国の右も左も分からない土地を、真夜中にドライブしたのだから。「一番怖かったのはイヌです。もちろん農場の番をしているのですが、暗闇の中で猛然と吠える声が聞こえるのです」。ドクター・アンドレアはだいたい明け方まで車内で眠り、それからまったく言葉の通じない農場主を相手に、自分は侵入者ではなく、食べものを求めてたどり着いたコウノトリを追っているだけだ、と説明したという。

南に近づくにつれて、人間の数は減っていき、鳥たちを見つけるのはますます困難になっていった。手元の地図に載っていない、秘密の場所にいることがあったという。「特にスペインは大変でした。地面はとても乾燥していて、土埃が舞っているのです。でも何もないところを延々と運転していると、青々と美しく、フラミンゴやコウノトリに囲まれた池に出ることがありました」と、彼女は言った。「鳥たちはこういった小さな水場を、どこからともなく見つけることができるのです」。あくまで彼女の推測だが、どうやら鳥たちはこれらの秘密の場所を、空高く気流に乗って飛ぶ別の鳥の群れを見ることで探しているようだ。

ドクター・アンドレアは風変わりな旅を通じて、コウノトリは完全に行き当たりばったりで食料を探し、カエルやブタの餌など、その場で見つかったもので栄養補給していることを知った。コウノトリたちのヨーロッパ全域グルメツアーは驚きに満ちていたが、一番の驚きは最後の食事場所だった——スペインの巨大なごみ処理場だ。

マドリード、バルセロナ、セビリアといったスペインの大都市は、巨大なゴミ処理場に囲まれている。山のような生ゴミと、それに惹かれて集まってくる昆虫やげっ歯類は、鳥たちにとって究極のバイキングだ。「コウノトリはこれらの場所に二週間から一ヶ月ほど滞在します」と、ドクター・アンドレアは言った。「それ以上移動しないことさえあるのです」

高カロリーのファストフードに満足したドクター・アンドレアのコウノトリの群れの半分は、アフリカまで旅を続けようとしなかった。その場に留まり、ひと冬ジャンクフードを食べて過ごしたのだ。春がやってきても、一部の鳥たちは北ヨーロッパに旅立とうとさえしなかった。移動そのものをやめてしまったようだ。移動とはおそらく絶滅を避けるため段階的に行われてきたことで、ドクター・アンドレアのコウノトリの祖先たちは、繁殖地や冬場の食事場所を徐々にずらし、競争相手から離れたり、つかの間の豊かな食事を追い求めてきたのだろう。今、ヨーロッパのコウノトリの一部は、そんな先祖の軌跡を逆行しているのだ。

わたし自身もコウノトリの行動様式の大きな変化を目にしてきた。ただしドクター・アンドレアと違って、ヨーロッパ中を走りまわって確認したわけではなく、ロンドンの自宅のソファに座っていただけで、本書の読者のみなさんもできるはずだ。マックス・プランク研究所が開発した非常に中毒性の高い「動物追跡アプリ（アニマルトラッカー）」を使えば、ドクター・アンドレアが標識をつけたコウノトリの群れや、その他の動物の位置情報がスマートフォンに送られてくる。二〇一五年以降、わたしはドイツ出身のオデッセイという名前のコウノトリを追跡している。どうも彼は渡り鳥としての本能と、長い冒険の旅を意味する自身の名前に背くことにしたようで、二〇一五年九月にスペイン南部のゴミ処理場に到着してからというもの、ほとんどどこへも行っていない。時たまジブラルタル海峡を越えて、北モロッコのゴミ処理場に食事に行くのがせいぜいだ。同じ巣で標識をつけられた兄弟のフェリックスも、似たような生活をしている。

これらの追跡テクノロジーのおかげで、渡り鳥研究は黄金時代に差しかかっている。コウノトリだけではなく、一八〇〇種類もの渡り鳥の生涯を一望する可能性が生まれているのだ。こうした研究の結果、今まではわかるはずもなかった渡り鳥たちの耐久レースの秘密が見えてきた。たとえばアマツバメは十ヶ月、空中で食事や短時間の睡眠をしながら南アフリカと故郷を往復し、南アフリカに到着したあとも地面に降りないことが判明した。イギリスから南極へ行くのに年間約十万キロの移動をするキョクアジサシは、長距離レースの王者だ。iPhoneよりも体重の軽い鳥が、地球の円周よりも長い距離を旅しているとは驚くしかない。生涯を通して、この小さな飛行士たちは三百万マイル、つまり月と地球を四往復できる距離を移動するのだ。チャールズ・モートンが唱えた宇宙への旅も、それほど突飛ではないように思えてくる。

ドクター・アンドレアのような研究も、リアルタイムで渡り鳥の行動の変化を解き明かしはじめている。イギリスでは、もうズグロムシクイとニワムシクイが入れ替わっていると言われることもないが、それは最近のイギリスが暖冬で、また人間が十分に餌を供給してくれるので、夏の渡り鳥たちが国を離れる欲求を失いつつあるせいだ。ツバメもアフリカに戻るのをためらうようになっている。そのほか十数種類のヨーロッパ、アジア、アメリカなどの鳥を含めて、長距離の渡り鳥の数は乱獲、狩猟、農薬などのせいで深刻に減少している。

一部の科学者は、長距離の移動もやがて過去の話になると予測している。鳥たちがいっせいに姿を消すという、何世代にも渡って人間を驚かせてきた行動そのものが、またしても魔法のように消える可能性があるのだ――ようやくその実態がわかってきた矢先に。

人間が自堕落な生活をするのと同じように、コウノトリも内向きな生活をするようになってきているわけだが、第九章で紹介するカバはその正反対だ。ずいぶんと誤解の多い動物であるカバは、ある世界的に有名な麻薬王の気まぐれのせいで、今や地球を闊歩しているのだった。

第9章
カバ

HIPPOPOTAMUS

その動物は非常に体が大きく、牡牛の蹄を持ち、左右の口の端から牙をのぞかせ、どのような獣より大きく、耳と尾があり、馬のようにいななき、それ以外は象に似ているという。たてがみ、上を向いた鼻、埋蔵は馬やロバにも似ているが、毛はない。

エドワード・トプセル『四足獣の歴史』(一六〇七年)

当時ベストセラーになった動物寓話の中で、十七世紀の聖職者エドワード・トプセルは、ユニコーンや半人半獣の精霊サテュルスの存在はあっさり認め、細かく描写していた。ところがカバの存在に関しては真っ向から懐疑的だった。トプセルの責任ではないだろう。当時カバを見たことのある博物学者はごく少数で、ほとんどいなかったと言ってもよく、巷で語られていたカバに関する突飛な逸話は、現在知られている動物とはかけ離れていたのだった。

ローマ帝国の時代からカバは怪物といわれ、うなじに毛の生えた「河の馬」で、火を吐くことができるし、血液を分泌するとされていた。ギリシャ人の作家アキレス・タティウスはこんなふうに書いた。「鼻孔を大きく開き、まるで火でもついているかのように、赤みがかった煙を吐く」。タテウスこそ自身の想像力に火をつける何かを吸っていたのではないかと思えてくるが、おそらく単に聖書を真似していただけだろう。旧約聖書「ヨブ記」に登場する巨大な怪物ベヘモットは、古代のカバに酷似していて、実際カバが原型だったと考えられる。「彼がそてつの木の下や浅瀬の華の茂みに伏せるとそてつの影は彼を覆い川辺の柳は彼を包む。…見よ、腰の力と腹筋の勢いを」と、神は朗々と語る」と、気の毒なヨブについて語る神は大声で言う。

聖書に登場するこの神話上の怪物は間違いなく、カバの大きさと火を吐く能力についての人びとの空想に拍車をかけただろう。その意味では、血液を分泌するというのはまだしも現実味のある誤解で、おそらく実際の観察に基づいていた。ローマ人の博物学者大プリニウスは、紀元前七十七年に完成した偉大な事典『博物誌』の中で、想像力に富んだ解説をしている。

日ごろからの過食によって体重が増すと、カバは川岸に向かい、刈りこまれたばかりの葦の様子をうかがう。切断面の鋭い葦を見つけるやいなや、体を押しつけ、片方の腿の血管を傷つける。血液が流れ出ると、そのままでは健康が損なわれていた体が回復するのだ。その後、カバは泥を塗って傷口の手当てをする。

悲惨な自傷行為に及ぶカバと、深刻な体重の問題は、実際のところ古代の瀉血(しゃけつ)について語っているとも読める。瀉血は三〇〇〇年近く、あらゆる病気の治療に用いられてきた手法で、微熱のあるギリシャ人や腺ペストに苦しむ中世のイギリス人は、医者に行くとまず血管を傷つけて血を流すことを勧められた。とりわけ運のいい患者は、鋭い木の棒のかわりにヒルを勧められることもあった。出血による治療はエジプト人も実践していたが、大プリニウスによるとナイル川周辺の有名な住人であるカバも同じやり方をしていた。「カバは瀉血を最初に行った動物だ」と、プリニウスは事典の中で一度ならず二度も述べている。

カバが古の世界で最も人気のある治療法のひとつを発明したという大プリニウスの説は、今では失笑を買うだろう。けれど実のところ、この大きな水生動物は製薬会社の仕事を先取りしていたのだった。それも大プリニウスではなく、わたしたちの時代に実践される方法で、なんと実際に効き目があるのだ。

古代の人間も観察した、カバのお尻からにじみ出る物質は、確かに血液によく似ている。わたし自身も、初めて見たときはすっかり騙された。でもそれは血液ではなく、まったくの別物で、深紅の粘ついた液体は、カバの厚い皮膚の下に埋もれた特別な腺で生成される。ある種の粘着質な赤い汗で、カバが体を涼しく保つためにやっているのだと長いこと思われてきた。けれど最近の科学者は、それ以上の効果があることに気づいている。

粘ついた血液のように見えるのは赤とオレンジの色素で、最初は透明だが、紫外線を吸収して反射するうちに色と質を変えていく。なぜそれがカバにとって有効かというと、自分で日焼け止めを分泌していることになるからだ。巨大で体毛がなく、サハラ以南の焼けるような太陽にさらされる動物の、進化の過程における創意工夫の結果だった。

粘ついた液体は抗生物質としての役割も備えているようだ。カバが自身の糞にまみれた水にわざわざ浸かっているというのに、争いによって負った傷が膿むこともないのはそのせいだ。糞が大好きなハエも、カバにはあまり近づこうとしない。この粘ついた液体は、虫除けの機能まで持っているかもしれないのだ。

4 DELLA FLEBOTOMIA

Chi ſia ſtato l'inuentore della Flebotomia.

Cap. III.

HIPPOPOTAMO

Dicono i naturali, che l'inuentore della Flebotomia è ſtato l'Hippopotamo animale, che habita preſſo il fiume Nilo, di grandezza ſimile à qual ſi voglia cauallo di Friſia, & è di terreſtre, & acquatica natura, il quale, quando ſi ſente aggrauato dalla copia del ſangue, và in vn canneto, ò coſa ſimile & per iſtinto di natura ſi feriſce la vena, & ne laſſa vſcir tanto ſangue, fin che ſi ſenta ſgrauato: poi troua la belletta, ò ſango, & iui ſi imbelletta, & ſi ſtagna, e ſerra la ferita della vena.

イタリアの医学本（1642）はカバを瀉血の考案者としている。カバは（小型のウマくらいの大きさとされる）本能的に血管を刺して出血し、「気分が回復したら」傷が癒えるまで泥に浸かるという。衛生面に一考の余地ありだ。

この「一粒で三度おいしい」液体が、ドラッグストアで販売される高価な日焼け止めよりはるかに優秀なのは明らかだろう。実のところそれは非常に革命的な物質で、カリフォルニア州在住の生物模倣技術（バイオミメティクス）の研究者クリストファー・ヴァイニーは、カバの汗を次世代の日焼け止めとして売り出そうとしている。「三つの思いがけない要素が詰まっているのが魅力なんです。日焼け止め、抗生物質、虫除けの三点セットですからね」

「自然に存在する有効な物質は、長い時間をかけて、目的に対して最適であるよう作られています。自然が有効なスキンケアの素材を作ったというのなら、我々に改善の余地はないはずです」ただし、いくつか解決しなければいけない問題がある。「難しいのは、糞にまみれていないサンプルを入手することです」。確かに糞に汚染されてしまっていては、ライバルの製薬会社が作る「夏の休暇を想像させる香り」には負けるだろう。

ここで諦めるのはもったいなかったので、わたしは自分の皮膚に採れたてのカバの分泌物を塗りつけるという実験を行うことにした。協力を仰いだのは南アフリカの保護センターで暮らす、エマという名前の非常におとなしい孤児の赤ちゃんカバだった。彼女に餌を与えていると、背中を赤い液体が大量に流れ、首筋の皮膚がたるんだところにも溜まっていたので、少し頂戴してみた。液体は卵の白身のようにべたつき、表面には泡が立っていた。わたしの皮膚はあっという間にそれを吸収した。残念ながら両手はもうすっかり日に焼けていたので、日焼け防止の効果を期待するわけにはいかなかったが、片方の手は明らかにすべすべ感が増した。保護センターの代表も、皮膚の保湿効果に興味があり、カバの分泌物をリップクリームとして大いに活用しているとのことだった。

みなしごエマに餌を食べさせようとするわたし。このあとお尻ににじんだ赤い物質を頂戴し、SPFの強度を確かめるため肌に塗ってみた。

自分で日焼け止めを分泌する哺乳類は、カバのほかに知られていない。体毛あるいは毛皮が、皮膚を守る役割を十分果たしてくれるから、その必要もないのだろう。いっぽう「河の馬」と呼ばれる彼らは日差しに対して非常に敏感なので、進化の過程で洗練された特別な汗を分泌し、皮膚を守るようになったのだ。

そして「河の馬」というネーミングからは、また大プリニウスがあやまちを犯したことが察せられる。事情はよくわかる。カバはとてつもなく大きな出生の秘密を抱えていて、そのせいでつい最近まで議論が行われていたのだから。

一九九〇年代初頭に動物学を学んだ私は、カバはウマよりもブタに近い動物だと教えられた。なるほど説得力はあったが、残念ながらそれは間違っていた。分類学上の系統樹において、カバの近縁種は似ても似つかない動物なのだ。わたしの大学時代の恩師リチャード・ドーキンスも、著書『祖先の物語』にこう記している。「非常にショッキングな話で、私自身もまだ信じられないのだが、どうやら信じなければいけないようだ」
カバの一番の近縁種は、クジラなのだ。

*

何世紀ものあいだ科学者たちは、カバを分類するにあたっては歯や骨を調べるという通常の手段を取ってきた。けれどカバに驚天動地の秘密を吐かせるには、そうではなく話しかけるのが正解だった。

ビル・バークロー博士は二十年をカバの会話の研究に費やした結果、世界を代表する研究者になった。いや、世界で唯一の研究者かもしれない——カバのコミュニケーションの専門家は少ないのだから。

ビルに出会ったのは、テレビ番組の制作のために動物のコミュニケーションについてウガンダで調査していたときだ。当時六十代後半だったが、わたしは彼を隠居生活から引きずり出して、カバ語の初歩を教えてもらった。簡単な話ではなかった。フランス語だって何年も勉強したのに、ろくに話せないのだ。けれどビルは本当にいい人で、カバのおかしな鳴き声やうなり声を、こんなふうに聞こえるはずだと実演してくれた。何年間も孤独に両生動物と向き合いながら、完璧に身につけた技術だった。

カバの分類について自身が果たした役割について語るとき、ビルの青い瞳は輝いた。「科学者というものはみんな、『我発見せり（ユリイカ）』と叫ぶ瞬間を夢見るものです。前人未踏の領域に差し掛かったときですね」と、ある蒸し暑いアフリカの午後、モーターボートに乗ってナイル川の源流に向かいながら彼は言った。「でもそんな経験をする人間はほとんどいません」

ビルに「ユリイカ」の瞬間が訪れたのは一九八七年で、ほとんど偶然だったという。当時は北米にいる、人間のような声を出すことで知られるアビという鳥を研究していた。彼は自分へのご褒美として休暇を取り、憧れていたアフリカのサファリに向かった。ある朝初めてカバを見ていたとき、不思議な光景に出会った。一頭のオスが高らかに縄張りを宣言する声を上げると、数分のうちにほかのカバたちが水面に上がってきて返事をしたのだ。「一体どうなったんだろうと思いました。物理の法則に反しているではありませんか」

空気に比べて水は質量が重く、水の上あるいは中で立てられた音を弾いてしまうので、陸地で発された音は水中では聞こえないし、水中では陸地の音が聞こえない。ところが水に潜っていたカバには、陸にいたオスの声が聞こえていたようだった。だから呼びかけに答えられたのだ。「作業が終わると私はまっすぐ図書館に向かって、カバの音声とコミュニケーションに関する文献を当たりました。一生懸命調べたけれど、何も見つかりませんでした」

科学者が新しい考えに取り憑かれたときの常として、ビルはアビに別れを告げてアフリカに引っ越し、カバが物理の法則を破る方法の追究に人生を捧げた。丸十年ほどかかったが、とうとう答えにたどり着いた。カバは水陸両用のコミュニケーション機能を備えているのだ。

鼻と目、耳を出して浅瀬を泳ぐとき、カバの唸り声は鼻孔から出るので水の外に響く。けれどその声は同時に、喉の厚い脂肪の層を通して水の中にも伝わっている。脂肪は水と同じくらいの質量だから、その唸り声は声帯から直接、ほとんど歪むこともなく水の中に伝わるのだった。潜水しているカバたちは超音波の唸りを、内耳につながる顎の骨を通して聞き取る。

わたしにわかるように、ビルは小さなボートに積んだ大きなスピーカーからカバの声の録音を流してくれることになった。半身を水に浸けたカバたちがくつろぐ浅瀬に、ビルはできるだけボートを寄せた。午後遅い時間帯で、空気は暑く、眠気を催しそうだった。ボートから流れた荒い唸り声が、静寂を乱す。一分もしないうちに最初のカバが返事をよこした。それから魔法のように、カバが一頭ずつ水面に顔を出してコーラスに加わった。その効果は川の下流までさざ波のように伝わり、十頭以上のカバが濁った川から顔を出して返事をしたのだった。

研究を続けるうちにビルは、雷のような唸り声で知られるカバが、コミュニケーションのほとんどを水中で行うことに気がついた。水中用のスピーカーと、水中に沈められるよう長いポールに簡単に巻きつけたマイクを使って、カバの超音波の世界に入りこんだという。この潜水艦のような装備を駆使して、唸り声、喉を鳴らす声、甲高い声など、空気を声帯に送りこんだり、鼻腔をひくつかせることで出しているらしいカバたちの多彩な音声を録音したのだ。これらの音声がまったくカバらしくないことに加えて、脂肪の層を通して発信し、相手は顎の骨を通して聴いているという方法から、ビルは非常によく似た遠い種類の水生の哺乳類を連想した――クジラやイルカだ。もしかして関係があるのだろうか。ビルにはそうとしか思えなかった。

ビルの発見は分子生物学者ジョン・ゲートシーの目に留まった。分子系統学的にカバがクジラと共通の祖先を持つという謎を追っていた人物だ。分類学の系統樹を覆すような彼の研究は、当然ながら動物学の世界に大きな波紋を広げていた。ゲートシーには自身の説を支える証拠が必要だった。彼が求めていたのは共有派生形質、すなわちカバとクジラだけが共有し、ほかの種類にはまったく見られない、共通の祖先から両者に渡されたかもしれない資質だった。ゲートシーが求めていたものを、ビルが見つけたのだった。

「カバの声の出し方が、クジラやイルカが超音波を使うやり方によく似ていると気がついたのです」と、ビルは言った。「カバも体毛がなく、水の中で出産して子育てをしますし、水の中で使ういろいろな声を持っています。これらはすべて共有派生形質、つまりカバとクジラが共通の祖先から性質を引き継いだ証拠なのです」こうして生まれた「クジラカバ説」は、一部の学者の失笑を買った。分子生物学と共有派生形質の両方を笑いものにするとは、なかなか大胆なことだ。分類学者たちは数十年にわたって反対を唱え、おかげで過去を研究する科学者と、現在の手がかりを探す科学者が対立する羽目になった。

最大の問題は、カバの化石が二〇〇〇万年前を境に途絶え、十分な量がないということだった。いっぽうのクジラには、もっと古い化石があった。けれど二〇一五年、古代のカバの歯の化石がケニアの沼地で見つかり、動物の先祖を探す上での重要なピースが手に入った。間違いなく、カバとクジラの家系図を結びつけるものだった。

何とも皮肉なことにカバの出生の秘密は、あの悪名高いベヘモットが「ヨブ記」のもうひとつの怪物レビヤタン（クジラだと言われている）の兄弟だということを証明してしまった。そして聖書においても最も巨大な怪物たちは、互いにコッカースパニエルほどの大きさしかない、ひどく小さな祖先から生まれてきたのだった。

*

カバの伝説や神話との深い結びつきは、数世紀に渡ってさまざまな混乱を引き起こした。かの有名なビュフォン伯は、大著『自然誌』を一七九五年に出版したとき、混乱を一掃しようとした。「この動物はごく初期から賞賛されてきたが、昔の人間には詳しく知られていなかった」と、ビュフォン伯は述べた。「ようやく十六世紀に近づいてから、カバに関する正確な情報が得られるようになった」

本人曰く、事典は最新の科学の原理に基づいて自然界に秩序をもたらす史上初の試みだった。彼は中世の寓話に深く食いこんでいた、迷信に満ちた民話を排除すべく努力した。その高邁な理想がいささか残念な結果に終わっているのは、カバについての記述がすべて誤っていたせいだ。ただし、カバについての見かたに長年影響したのだから、その主張をある程度詳しく検討することにも意味があるだろう。

伯爵は、まずこう書いた。「カバは泳ぎがうまく、魚を食べる」間違い。カバは菜食主義者で、犬かき程度のことしかできない。そのかわり、水の中ではほぼ無重力なのを利用して、川底をジャンプしながら移動する。水中式ムーンウォークのようなものだ。

博物学の本の挿絵画家はナマケモノ同様カバの扱いにも苦心した。唇の上にうぶ毛が生え、人間のような目をしたこの不審なカバは『ジェントルマンズ・マガジン』(1772) に登場する。

伯爵はこうも書いた。「カバの牙は非常に頑丈で、硬い物質でできており、鉄のかけらで打てば火を起こすことができる。古い神話でカバが火を吐くとされたのは、そのせいだろう」。努力は認めるが、やはり間違っている。古代エジプトの時代から象牙の一種として扱われてきたカバの牙は、ゾウの牙よりは硬いが、簡単に加工できる。時間が経っても黄ばんでこないという長所もある。実際のところもしビュフォン伯が歯を痛めたら、カバの牙でできた被せ物をしていたかもしれない。一七〇〇年代に大いに流行した治療法で、ジョージ・ワシントンまでそんな被せ物をしていた。(わたしが知るかぎり、初代アメリカ大統領が火を吐いたという記録はない)。

まだ続く。「このように強力な武器を身につけているので、カバはどんな動物にも勝つ自信がある」。ビュフォン伯はこうも書いた。「しかしカバは生来おとなしい動物だ」。間違っている。かなり間違っている。カバは気性が荒いことで知られ、非常に縄張り意識が強く、大きな牙を使って争いを始めることもためらわない。乗用車と同じくらいの重さがあるくせに、初速が非常によく、人間に追いつくことなど簡単だ。そのダッシュ力とボートを標的にする癖のせいで、アフリカでは一番危険な動物だとされている。もっともわたしは、アフリカ一危険だという評判についてはネット神話の類ではないかと思っている。そんな調査結果が、カバの生息するアフリカの国々を横断して得られるわけがないからだ。ただしわたし自身、カバに追いかけられたことはあり(川に近づきすぎたわたしの失敗だ)、彼らが温和と程遠いと言うことはできる。

最後にビュフォン伯はこんなことを書いた。「これらの動物はアフリカの川のみに生息する」。今だから言えることだが、これもやはり間違いだ。けれどノストラダムスでさえ、カバの進化をめぐる物語の終盤の展開については予言できなかっただろう——コロンビアの一角が、二十一世紀のカバの楽園になるとは。

*

二年ほど前、わたしは調査のためコロンビアのメデジンに行った。アンデス山脈の千五百メートルほどの高地にある、この国の第二の都市は、赤道に近い場所としては驚くほど涼しく、湿気があった。飛行機を降りて厚い灰色の雲に覆われた空が目に入ると、少しだけ気分が沈んだ。こんな陰鬱な空はイギリスのヒースロー空港に置いてきたと思ったのだが。わたしはカルロス・バルデラマの出迎えを受けた。三十代のハンサムな獣医で、あとで説明するように、カバといささか親密すぎる付き合いをした人だ。わたしたちのサファリの旅は、みずみずしいエメラルド色の丘陵地帯を四時間ドライブするところから始まった。マグダレーナ・リバー・バレーを下り、奥地へと向かう道中、カルロスはじっくり時間をかけて自分のことを語ってくれた。

二〇〇七年、コロンビアの環境省にはアントキアの田舎に非常に奇妙な動物があらわれたという報告が何件も寄せられた。「それは巨大で、小さな耳をしていて、非常に口が大きいということでした」とカルロスは言った。

こうして地元の住民たちを落ち着かせるため、動物と人間の仲立ちのスペシャリストであるカルロスが呼ばれたのだった。彼は戸惑う住民たちに、その奇妙な動物はアフリカからやってきたカバだと説明することになった。

実は同じくらいカルロスも混乱していて、そのカバはどこから来たのかといぶかしんでいた。すると住民たちは口を揃えて言った――アシエンダ・ナポレスに決まっている。

ちょうどコロンビアの首都ボゴタとメデジンの中間地点にある、約二十平方キロメートルのアシエンダ・ナポレスは、悪名高い麻薬王パブロ・エスコバルが君臨した土地だった。この場所から彼はアメリカのコカインの九十パーセントを支配し、世界で最も裕福な人間の一人に名を連ねたのだ。〈フォーブス〉誌によると、資産は三十億ドルに達していたこともある。アシエンダ・ナポレスはいわば彼専用の遊び場で、ここで贅沢なパーティを開き、ヴィンテージカーのコレクションを陳列したり、息子のために等身大の恐竜の像が並ぶ公園を作った。誇大妄想癖がある人間の例にもれず、エスコバルは自分だけの動物の庭が欲しいと考え、億万長者の麻薬王にしかできない方法でそれを成し遂げた。

噂によるとエスコバルは巨大なロシア製の貨物便をアフリカに向かわせ、いささか歪んだ現代版ノアの方舟のように、麻酔をかけた野生動物を詰めこんで不法に運びだすよう指示したという。エスコバルの方舟は、動物たちが目を覚ます前にコロンビアに着かなければならず、そこに大きな問題があった。アシエンダ・ナポレス空港の滑走路は、あくまでコカインを満載したプライベート機用で、十分な長さがなかったのだ。貨物機と半分眠った乗客が無事着陸できるように、エスコバルは緊急の拡張工事を命じた。

長年をかけてエスコバルはライオン、トラ、カンガルー、そして本書にとって最も重要な四頭のカバを密輸した。メスが三頭に精力絶倫のオス一頭で、エスコバルはそのオスをコロンビアのマフィアがよく使う「オールド・マン」という愛称で呼んでいた。カバたちはアシエンダ・ナポレスの豪邸の隣の小さな湖に連れていかれた。そして今でもまだ、そこにいる。わたしが訪問したとき、オールド・マンのハーレムには三頭をはるかに超えるカバがいた。

エスコバルは一九九〇年代初頭に、治安部隊によって射殺された。彼の築いた帝国は崩壊し、動物たちも南アメリカ各地の動物園に送られた。カバだけは例外だった。最高四・五トンある動物を移送するのは、カバが欲しくてたまらない動物園の所有者にも難しすぎたのだ。それから二十年、カバたちは湖で水を浴びつづけていた。麻薬王の広大な公園は荒れ果て、のちに政府の手で「パブロ・エスコバル・テーマパーク」に改装された。エスコバルのファンのためのもので、滑り台までついている。そこには高セキュリティの刑務所まであった（第二、第三のエスコバルのためのもので、滑り台はついていない）。

それでもカバたちは繁栄した。カルロス曰く、その数は五年ごとに倍増していて、今では六十頭以上いるかもしれない。ただしオールド・マンの湖にいるのはせいぜい二十頭だろう。残りはアシエンダ・ナポレスを囲むちゃちな鉄条網を破って逃走し、コロンビアの田舎を我が物顔で歩いているということだった。

カバは非常に縄張り意識が強い。つまりオールド・マンの息子たちは性的に成熟すると同時に、家族の湖とハーレムから追放されるのだった。周辺のマグダレーナ・バレーに何本も走る大きな川が、カバにとっては高速道路の役割を果たし、若いオスたちは流れに乗ってコロンビアの田舎へ数百キロの移動を果たしたようだ。アフリカなら若いオスが群れを離れて、恋人を探す一人旅をするのも珍しくない。けれどコロンビアの場合、よそへ行ったところでメスは見つからず、こうしてむしゃくしゃした若者が各地で問題を起こしているのだった。

カルロスはわたしを、そんな寂しいカバのもとに案内してくれた。巨大なオスで、村の学校から百メートルも離れていない水場に浸かっていた。もっとよく見ようと思って近づくと、カバは大きく口を開けて威嚇し、攻撃的な唸り声をあげた。ビル・バークローに習ったカバ語を思い出そうとしているうちに、カバは猛然と水しぶきをあげながら突進してきた。先ほどの唸り声の意味がよくわかった。進入禁止ということだろう。学校の子どもたちが水遊びを避けている理由もよくわかった。ある男の子は先週、おばあさんがこの恋に飢えたカバに追い回され、あわや失神するところだったという。

ただし、みんなが怖がっているわけではなかった。BBCの報道によると、ある男の子は新聞記者にこう語ったそうだ。「僕のお父さんは三頭捕まえたんだ。家に帰ると動物がいるから、楽しいよ。皮膚がつるつるしていて、水をかけるとねばねばした液体が出てくるんだ。触ると石鹸みたいなんだよ」

カルロスが見たところ、コロンビア人はアフリカ人に比べてカバの怖さに免疫がない。ディズニー映画のせいで、カバとは縫いぐるみのようなものだと刷りこまれてきたからだ。「カバはぽっちゃりしているから、可愛い動物だとみんな思ってしまうんですよ」と、カルロスは言った。「でもそうではないんです」カルロスはコロンビアのカバの増加を「時限爆弾」と表現する。

人間の安全だけを心配しているわけではない。カバには自然の環境を一変させてしまう力があり、彼ら自然のエンジニアたちが国内の花や動物に与える被害を、カルロスは何より憂えているのだった。

アフリカのカバの生涯は過酷だ。池は干上がり、食べ物は減る厳しい乾季を、子どもたちを空腹のワニやハイエナから守りながら生き延びなければいけない。いっぽうエスコバルの動物園の住人たちは、そんな苦労とは無縁だ。コロンビアは湿度が高く、一年中雨が降る。おかげでカバは好きなだけ草を食べ、日がな一日浅瀬で水を浴びていられるし、捕食者もいなければライバルの数も少ない。そんな気楽な人生が、彼らの行動様式に変化を起こしている。アフリカのカバはだいたい七〜十一歳くらいで性的に成熟するが、エスコバルのカバたちは三歳くらいで交尾を始めるのだ。メスたちもアフリカでは二年に一度のところ、一年に一度出産する。カルロスの表現を借りれば、マグダレーナ・バレーは「カバの楽園」だった。

*

攻撃的な外来種があたり一帯をのし歩き、元からいた種を脅かすようになった場合、通常絶滅させるという手段が取られる。世界中の政府がネズミ、アリ、貝、その他さまざまな外来種の駆除に取り組んできた。グアム政府は猫をパラシュートで島に降ろし、邪魔なチャイロガラガラヘビを駆除するという巧みなやり方で、高く評価された。ガラパゴス政府はいわゆる「ユダの山羊」(キリストを売ったあの男にちなんだ命名)を使って外来種のヤギをおびき出し、ヘリコプターから狙撃するという作戦を取った。アメリカ政府もうるさいムクドリを駆除しようと、体が痒くなる粉から毒を仕込んだ餌まで、さまざまな手段を使って悪戦苦闘している。ムクドリはかつてニューヨークの薬剤師が、シェイクスピアの作品に登場する鳥をすべてアメリカに連れてくるという場違いな夢を抱き、セントラルパークに放ったのだった。一八九〇年に彼が持ち込んだ六十羽の鳥は、今や何百万という恐ろしい数に膨れ上がっている。

ところがコロンビア軍が最初の悪徳カバを射殺すると、世間から非難の声が上がった。その成り行きを、今度は国際的なメディアが報道した。血なまぐさい歴史から決別しようとしていた国家にとっては、ディズニー映画のスターを射殺するのは非常に具合の悪いことだった。こうして絶滅計画はお蔵入りになった。

プランB、すなわち片っ端から去勢するという厄介な計画の遂行を命じられたのがカルロスだった。自然界で最も凶悪な動物を去勢するとは、正気の沙汰とも思えないが、人一倍の度胸があるカルロスは挑戦してみることにした。現在に至るまでカルロスは、アシエンダ・ナポレスから下流に二百五十キロ行ったあたりで漁師たちを脅かしていたオス一頭の去勢に成功している。手術には六時間以上かかり、カバの生態に起因する予想外の事態に悩まされた。「通常の去勢は三十分あればできます」と、カルロスは言った。「けれどカバはあらゆる面で難しいのです」。まずその体の大きさのわりに、カバの麻酔には注意が必要とされる。大量に薬が必要だが正確に量を測らなくてはならず、いっぽう脂肪分が非常に多いので（脂肪はドラッグを吸収する）、打ちすぎてしまうのも簡単なのだ。カルロスは五回注射してようやくカバを眠らせることができたという。注射針を刺すのも一筋縄ではいかなかった。カバの厚いお尻の皮膚のせいで何度も針がはじかれ、ようやく刺さっても怒りっぽいことで知られる動物を余計に苛立たせるばかりだった。「カウボーイ人形を使ってカバの注意をそらしたのですが、それでも何度か追いかけられました」と、カルロスは言った。「それなりに怖い状況でした」。彼はたぶん、控えめに言っていたのだろう。

ようやく動物が眠りについても、成功には程遠かった。この巨大な哺乳類は水から出ると体温が上昇してしまうのだが、水の中で手術するわけにはいかない。カルロスは全速力で作業に当たらなければいけなかった。カバの生殖腺は体の中にあり、皮膚と脂肪の二インチ下に隠れている（親戚のクジラにそっくりだ）。なお厄介なことに、カバの睾丸は位置を変える傾向を持つ「非常に機動力が高い」しろもので、とりわけ危機にさらされているときはその特性を発揮するのだった。その位置は最大で四十センチも変化する。カルロスの話では、手術の最中に三本の外科用メスをダメにしてしまったそうだ。動く標的を見つけるのに二時間かかり（相手はメロンほどの大きさがあるのだが）、巨大な動物を縫いあわせるのに一時間かかった。

その後カルロスは古いロシア製のヘリコプターを貸与され、去勢したオスをアシエンダ・ナポレスに送り返すよう言われた。「ナポリターノ」と命名されたオスは、今では例の大きな湖に住んでいる。巨大なカストラートはオールド・マンを脅かす存在とはみなされなくなったようで、長い苦痛の結果、平和な日々を送っているという。

あいにくその去勢手術は、コロンビア政府に二十五万ドルの負担を強いた。資金不足という問題を抱える発展途上国には許されない値札だ。カルロスがこれ以上、カバの去勢を命じられることはないだろう。今、カバ問題は部署の間をたらい回しにされ、誰も責任を負いたくないと思っているようだ。このまま孤立して過ごせばやがて、彼らはコロンビアカバという新しい種類になり、エスコバルにちなんでHippopotamus amphibius escobarusという学名がつくかもしれない。億万長者の麻薬王の思いがけない置き土産で、また偶然の出来事によってひとつの種が二つに枝分かれするという、興味深い事例のサンプルでもある。

カバだけが危険な性質を持つ大きな動物というわけではない。ヘラジカは同じくらい恐ろしいと評判で、とりわけ酔っ払ったときは問題だといわれる。けれど第十章で検証するように、動物王国で最も酒癖が悪いとされる動物は、アメリカの自然が二級品だと烙印を押されるのを防いでいて、酒浸りという非難にはふさわしくないのだった。

第10章

ヘラジカ

ドイツ人はその動物を「ビースト・エレンド」と呼ぶ。彼らの言葉で哀れ、無惨などを意味するのだ…
エドワード・トプセル『四足獣の歴史』（一六〇七年）

遠い昔、ヘラジカは自然界でも群を抜いて暗い性質をしているとされていた。「彼らは憂うつな動物だ」と、博物学者エドワード・トプセルは自身の動物本に書いた。あまりにふさぎの虫が強力なので、ヘラジカを食べると悲しみが伝染してしまうとのことだった。「ヘラジカの肉は憂うつの原因になる」

確かに、ヘラジカには憂うつになる理由がいろいろあるだろう。

彼らのアメリカでの名前「ムース」は、アルゴンキン語では「小枝を食べる者」という意味で、あまりお洒落な食生活とはいえそうもない。シカ科で一番体格のいいヘラジカは、この上なく貧しい食生活をしながら、北アメリカからヨーロッパ、アジアなど、この上なく暮らしにくい亜寒帯気候の地域で生きている。ただし、ビーバーやバイソンより憂うつというわけではないだろう。単にそう見えるだけだ。

進化の神は、人間の美意識になど頓着しない。「世界で最も醜い」といわれるブロブフィッシュがいい例だ。紆余曲折を経た進化の末に、見栄えこそよくないが、生き延びるためには非常に効率的な生きものができあがった。ヘラジカの場合、夕食の小枝を嗅覚で見つけるために、深い雪をかき分けて長距離を移動しなければならない。その難題を前に、進化の神は細長い竹馬のような足、丸めた背中、長く垂れさがった鼻面という冗談のような解答を導きだした。おかげでヘラジカは確かにいつも苦しんでいるような、哀れっぽい外見になり、人間の誤解を招いてきたのだった。

トプセルはヘラジカの憂うつの理由を、慢性的なてんかん発作を患っているせいだと見当をつけた。「一年を通して毎日、昏倒する病に見舞われる彼らは、最も惨めかつ哀れな動物だ」。そんなもっともらしい解説が生まれる背景には、長い足を持つヘラジカは膝が弱いという別の誤解もあった。彼らには「足を曲げるための関節がない」と、聖職者兼博物学者のトプセルは述べ、あまり格好の良くない逸話まで披露した。「いったん地面に伏せてしまうと、彼らは二度と立ち上がれない」

ただし後ろ足の関節がないという話を最初に広めたのは、そのようなほら話をする役回りとしては最もふさわしくない、偉大なるローマの大将ユリウス・カエサルだった。

カエサルはヘルシニアの森の中でヘラジカに遭遇したという。ローマでは「アルケス」と呼ばれていた動物で、当時はヨーロッパ全土に生息していた。「彼らの足には関節も腱もない」と、カエサルは『ガリア戦記』に書いた。「木が寝床の役割を果たす。ヘラジカは木に寄りかかり、少しだけ背中を預けて休息するのだ」

実際は関節がないどころか、ヘラジカはシカ科の中でも飛びぬけて機能的な膝を持っている。強靭な足は、真横を含めてどんな方向にも蹴りだすことができる。ところがヘラジカが「不具」だというあやまった話を聞いたローマ人は、彼らを捕獲してコロッセオの決闘に出場させることを望ん

『薬の全歴史』（1737）にはてんかん発作を起こしたヘラジカが登場する。ヘラジカは左の耳にひづめを突っこんで自力で回復したという。このやり方は「失神病」を患う人間のあいだでも標準的な対処法になった。でも大きな汚いひづめを耳に入れられて喜んだ人間がいただろうか。

だ。紀元前二百四十四年、血みどろの決闘に駆り出されたエキゾチックな動物およそ五〇〇〇頭には、六十頭のライオン、三十二頭のゾウ、三十頭のヒョウ、二十頭のシマウマ、十頭のヘラジカ、一頭のカバが含まれていた。賭け屋はさぞかし忙しい一日を送ったことだろう。

そんな過酷な運命に見舞われているのだから、ヘラジカがお酒に走ったとしても無理はない。やがて気の毒なヘラジカは、動物王国ナンバーワンのアルコール依存症患者だという評判を得てしまった。

＊

九月はスウェーデンの警察にとって忙しい月だ。熟れた果実の落ちるこの季節が、警官のアルビン・ナヴァーベリにとって意味することはただひとつ――

酔っ払いのヘラジカの徘徊だ。「人間がワインを好むように、ヘラジカは発酵した果物が好きなんです」。ストックホルム市を車で横断し、ヘラジカがまたしても酒を飲んで起こした問題の後始末に向かいながら、彼はそう言った。

スウェーデンにはおよそ四十万頭のヘラジカが生息していて、ほかのヨーロッパの国同様、エルクと呼ばれることが多い。「ムース」と「エルク」は、どちらも学名Alces alcesだ。（アメリカ人はまったく別の種類のシカを「エルク」と呼ぶので、大きな混乱が起きる）。スウェーデンのヘラジカは一年のほとんどを森の中で過ごし、狩猟の愛好家に近づかないようにしているが、秋になるとアルコールにつられてジキル博士とハイド氏のような変身を遂げるのだ。粗暴なヘラジカが大挙して町や村にあらわれ、「男だけの（スタッグ）」ならぬ「雄ジカ（スタッグ）のパーティ」を開くので、地元の人間は恐ろしい思いをする。「この季節の大きな問題なんです」と、アルビンは言った。「毎年秋にストックホルム市では五十件近く、ヘラジカに関する通報を受けます」

アルビンとわたしは、首都近郊の小さな農場に到着した。古びた木のコテージが、小ぢんまりとした果樹園を背景に建っていて、ささやかな楽園のようだった。あたりには熟れすぎた果物の芳しい匂いが満ちていた。アルビンはリンゴを一個拾ってわたしに差しだした。「連中はこれのために来るんですよ。青いうちは食べません。柔らかくて茶色い、発酵が始まったものを選ぶんです」

農場主によると、メスのヘラジカと子どもが二日間にわたって果樹園をのし歩き、木から落ちた果物をむさぼり食っていたそうだ。三日目に外へ出てみると、子どもは死に、母親は行方をくらましていた。

「連中は民家の庭に居座るんです。一週間か二週間ですね」と、アルビンは言った。「発酵した果物に目がないんですよ。自分たちのものだと思っているんです。誰かが果物を取ろうとすると怒りだし、ひどく暴れることもあるんです」

ヘラジカを甘く見てはいけない。ローマのコロッセオでライオン六十頭に歯が立たなかったといって、勘違いは禁物だ。シカ科で一番大きな体を誇る彼らは、危険が迫ると豹変する。ヘラジカは大きくて体重一トン近くあり、体高二メートル強、小さなハンモックをかけられるくらい巨大な二本の角を持っている。発情期を迎えると、その大きな角を武器にほかのオスと戦う。人間が気をつけなければいけないのは足だ。削岩機並みのパワーを秘めていて、柔軟な膝を生かし、マイク・タイソン級の一撃を繰りだしてくるのだ。ある生物学者はこう忠告する。「ヘラジカを見たら、銃を構えた連続殺人犯が道の真ん中に立っていると思ったほうがいい」。いささか大げさにも聞こえるが、アラスカ州ではクマよりヘラジカに襲われる人間のほうが多いらしい（ただしこの件を裏づけるデータは見つけられなかった）。

アルビンによると、彼らが最も危険なのは酔っ払っているときだ。最近もへべれけのヘラジカの群れがノルウェー人のハイカーたちを襲い、スウェーデンの年金生活者のケア施設を包囲した（角の生えたギャングどもを追い払うには、武装した警察の手が必要だった）。とりわけ奇妙な話としては、一人の男が妻を殺害した罪で刑務所に送られた事件がある。後になって、犯人は発酵したリンゴを食べ過ぎたヘラジカだと判明したのだ。

シカ科の中で、酒癖が悪いといわれているのはヘラジカだけではない。トナカイも幻覚作用を引き起こすベニテングタケを食べ、「酔っ払いのように意味もなく走り回り、奇声を発する」と昔からいわれてきた。そんな奇癖が、生存競争の上でプラスになるものだろうか。言い伝えが本当なら、おそらくこの有名な赤と白の毒キノコには、反芻動物の悩みの種である寄生虫を殺す成分が含まれているのだろう。

スカンジナビアの遊牧民サーミのシャーマンは、ベニテングタケの幻覚作用を儀式に利用するそうで、キノコを食べたトナカイの尿を舐める方法を好むという。最も毒性の強い物質はトナカイの体内で分解され、精神に影響を及ぼす成分だけが残るから、「安全」にトリップできるそうだ。(あまり気持ちよくできないように思えるが)。

*

ヘラジカの恥知らずな振る舞いは、スウェーデンのマスコミにたいそう人気のあるネタで、酒の上での愚行を下品な見出しにしては嬉々として報道している。「スウェーデン人もびっくり! 裏庭でヘラジカ三頭が……!」と、ある地元紙は書きたてた。記事では三十四歳のマーケティング責任者ピーター・ルンドグレンの非難の言葉が紹介されている。「ヘラジカがリンゴを食べていると思ったら、突然三頭でヤリ始めたんです」。若いオスのヘラジカが年増のメスにのしかかり、メスはもう一頭の若いオスのお尻を舐めていたそうだ。

ただし人間のマーケティング責任者にとってはショッキングな行動でも、ヘラジカにとって必ずしもそうとはかぎらない。あるスウェーデン人の動物学者(兼ヘラジカのセックスカウンセラー)は、ヘラジカが住宅街で交尾をするのは「非常に例外的」だとしても、第三者の前でセックスするのは珍しいことではないと新聞社に伝えた。「たいてい何頭かのオスが、渦中のメスを争います。普通は一番強いオスが勝って、ほかの個体はその後の成り行きを周りで見ているのです」と、ヘラジカのセックスカウンセラーは言った。「ごく普通の行動なんですよ」

ヘラジカが槍玉に挙げられるのを見ていると、道徳を説く中世の動物寓話が思い起こされる。中世の書き手の興味の中心は、動物王国を通して動物の生態を学ぶことではなく、恐れ多い道徳的な教えを垂れることだった。現代のタブロイド紙をにぎわす動物の逸話も、ほとんどそうだと言えるだろう。皮肉なことに、中世の書き手にとってヘラジカは禁酒の徳をあらわす存在だった。

中世のヘラジカは、今よりだいぶ広い範囲に生息していた。北アメリカ、東アジア、ヨーロッパ、遠いところではフランス、スイスやドイツでも姿が見られ、エリイやエルヒ、ヒルヴィなど、ますます混乱を招くような名前で呼ばれていた。十二世紀のラテン語で書かれた『獣の書』には神秘的な「アンテロープ」が登場するが、歴史学者たちはヘラジカだったとみなしている。「アンテロープ」は「類のない敏捷性」を称賛されていた。「あまりに速いので、猟師が近づけないほどだった」剥製にされ、暖炉の上に飾られたヘラジカの頭は断固として反論するだろうが。彼らは弾丸や弓矢を逃れることはできないが、確かに足は速い。グレイハウンドよりも速いくらいで、トップスピードは時速五十五キロほどだ。

足の速さ（とりわけ深い雪をかき分けて走る場合）、また家畜としても驚くほど適応性が高い点を

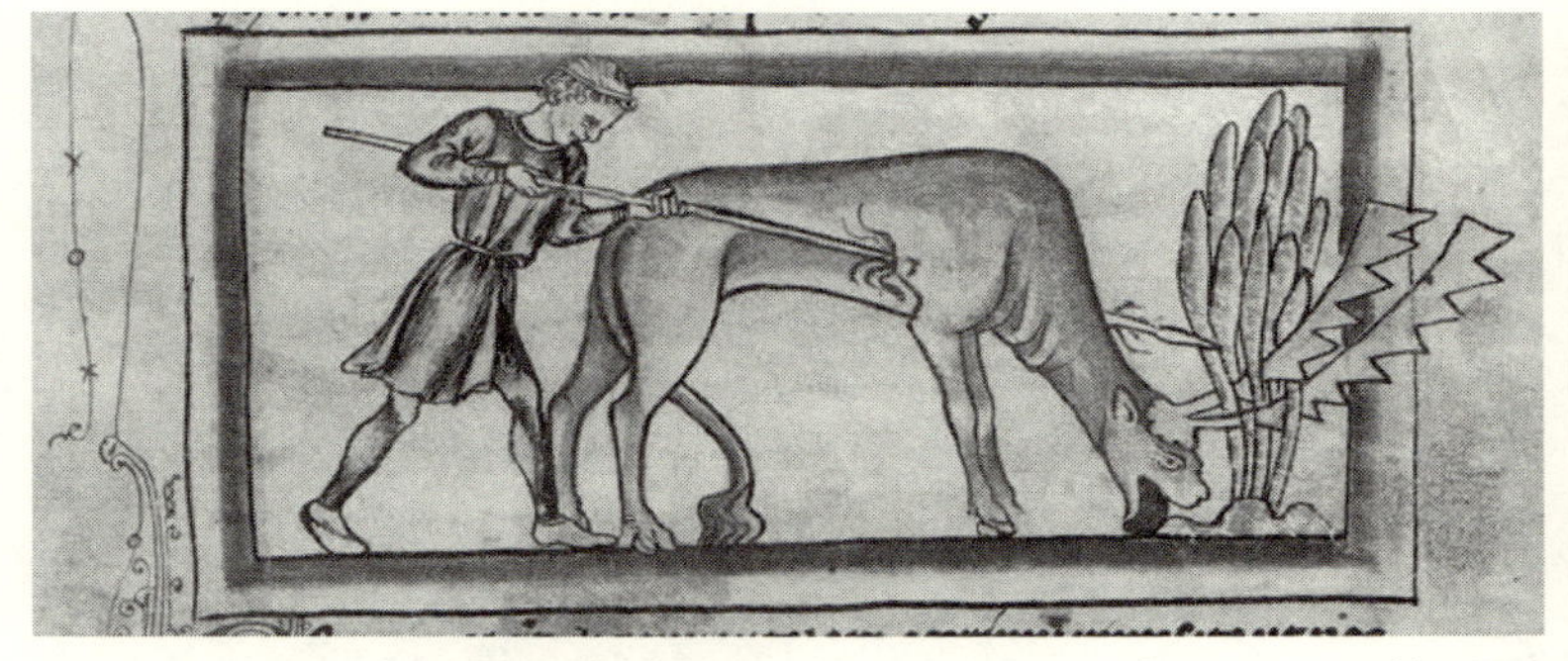

ノーサンバーランドの動物寓話（1250 ～ 60）に登場する「アンテロープ」、禁断の灌木に絡まったのち猟師の手で成敗される。

買われて、十七世紀のごく短い期間、ヘラジカは宮廷お抱えの郵便配達員という意外な職業に就いていた。スコットランド人の博物学者サー・ウィリアム・ジャーディンによると、スウェーデンのカール九世の宮廷では、ヘラジカを雇って郵便配達員の橇を引かせたという。宮廷はヘラジカの騎兵隊を作ることも考えていた。戦場では目新しさが話題になっただろうが、それ以上の意義はなかったのではないか。

『獣の書』にはヘラジカが「鋸のように長い角を持ち」、「非常に大きな木を切り倒す」とも書かれている。これまた不可解な説で、ヘラジカに大工の技術があることは知られていない――確かにオスは角を激しく木の幹にこすりつけて、柔らかな表皮を剥ぎとり、発情期に備えるが。動物寓話の書き手は、こういったヘラジカの行為に宗教的寓意を見出そうと苦心したあげく、シカの二本の角は聖書の二つの教えを示しているとした。すなわちヘラジカは、「飲酒と肉欲」を含む「すべての肉体の罪」を切り落としているのだ。「低木の実を使った酒には要注意」と、書き手は警告した。「長い枝に角が巻き込まれ、普段は素早い動物も動きが取れなくなり、猟師の手で死に至らしめられる」。

確かに気をつけなければいけない。「事実は小説より奇なり」ではないが、アルビンの話によると酔ったヘラジカはあちらこちらに「絡まる」ので、救出しなければいけないそうだ。「丘の斜面を転げ落ちて、木から宙吊りになってしまったヘラジカを見たことがあります」と、彼は言った。「サッカーのゴールネットや洗濯紐にもよく引っかかるんです」。普通は命を失うところまではいかないが、当事者にとっては恥さらしもいいところだろう。

アラスカ州のアンカレッジには「バズウィンクル」という名前のヘラジカがいて、発酵したリンゴで一晩飲み明かしたあと、角に引っかかった長いクリスマス用の電球を引きずりながら、よく街をさまよっている。スウェーデンでは巨体を木の枝に挟まれたヘラジカが、世界中に名前を売ることになってしまった。恥ずかしい二日酔いの姿をとらえたスナップ写真がCNN2で公開され、全世界に拡散したのだ。「ヘラジカの醜態晒し」も、かつてとはまるで規模が違っている。

ヘラジカとお酒の逸話は「インターネットの最高の贈りもの」ともいわれている。しかしこの不格好に大きい、焦点の定まらない目をした獣は（実はもともと逆を向くような目の構造なのだ）、見た目と違って実は酔っ払っているわけではない。

*

ヘラジカだけが発酵した果物で正体をなくすとされているわけではない。新聞には多種多様な動

大衆紙が広めた現代のモラルストーリー。気の毒なヘラジカは2011年、スウェーデンのヨーテボリでリンゴの木に引っかかり世界的に有名になった。発酵した果物で酔ったという話で、消防士に救出されなければいけなかった。（動物のプライドは救われなかっただろう）

物のへべれけ物語が登場する——酔ったあげく木から落ちたオーストラリア北部のインコや、熟れすぎたドリアンの臭い汁を舐めて千鳥足になってしまったボルネオのオランウータンの群れなど。ドイツではタヌキが、アルコール分を含んださくらんぼを食べてしまい、車道にさまよい出て交通の邪魔をしたという。

ただし、こういった逸話のほとんどはおもしろい小ネタに過ぎず、酔っ払いの証言と同じくらいしかあてにならない。それでも、ゾウに関する逸話は繰り返し登場する。アフリカゾウは昔から、熟れたマルーラの実を食べて正気を失うとされていて、一八七五年に出版された狩りの指南書によると、土曜の夜に街に繰り出すティーンエイジャーさながらだとのことだった。彼らは「酔っ払って足もともおぼつかず、悪ふざけをして、数マイル先でも聞こえるように大きな声を上げ、喧嘩もたびたびだ」

大自然のドキュメンタリー『ビューティフル・ピープル／ゆかいな仲間』は一九七四年、ゾウやダチョウをはじめとする多くの動物が「酔ってでたらめに振る舞う」ところをカメラに収め、後に大きな物議を醸した。できあがった映像では、例のごとく擬人化された動物がマルーラの木に登ったり、とろんとした目とおぼつかない足で歩きまわり、背後では「ベニー・ヒル」が流れていた。その映像は後年YouTubeで再度人気を博し、二百万回ほど再生されている。

最初にゾウとアルコールをめぐる真実に迫ったのは、ロナルド・K・シーゲルという伝説の精神薬理学者だった。シーゲルの専門分野は動物の中毒だった。カリフォルニア大学ロサンゼルス校で教鞭を執っていた彼は、アルコールや薬物の効果の検証に科学者人生を賭けた。実験対象のほとんどは「内なる探索者」と名づけた人間のボランティアだったが、広大な動物の王国に足を踏み入れることもあった。シーゲルはサルにコカインを含んだチューインガムを与え、ハトに「LSDでトリップしているときに見たものを人間に伝える」方法を教えたという。ハトのいささか凡庸な答えは「青い三角形」だったそうだ。

一九八四年シーゲルは、飼育されている「アルコールを知らない」ゾウの群れに無制限に酒を与えるという、より危険な実験に挑んだ。結果としてゾウたちは、人間なら一日缶ビール三十五本に相当する量を喜んで飲み、自分の体に鼻を巻きつけたり、目を閉じたまま物にもたれかかったり、互いの尾に鼻を乗せたりという「感心しない行動」を取ったという。シーゲル曰く、尾に鼻を乗せるのは「訓練されたゾウが列を乱さず歩くときの方法」だった。

ゾウの群れのバーテンダーを務めることには、それなりの危険があった。コンゴという巨体のオスはとりわけ乱暴で、シーゲルが彼のビールを取りあげようとすると激高し、ジープを追いかけ回したあげく、空き缶を投げつけてきたという。あるときは一頭の素面のサイが、うっかりコンゴのお気に入りの水浴び場に迷いこんでしまい、シーゲルは両者の争いを仲裁する羽目になったそうだ。「このままでは命に関わる衝突が起きる」ことを察したシーゲルは、二頭の間に車で割りこみ、あわや彼自身が喧嘩に巻きこまれるところだった。「私は脇が甘かった」と、彼は手紙に記している。貴重な教訓で、科学の名において凶暴な動物にアルコールを与えることなどあってはならないと、誰もが肝に銘じたであろうことを願うしかない。

シーゲルが実験から得たいささかおぼつかない結論とは、ゾウは確かに正体を失うまで飲み、おそらくそうやって生活圏の縮小や、食料をめぐる争いという「環境的ストレス」を紛らわせているということだった。ただしアルコールをふんだんに与えられたゾウが酔っ払うからといって、野生のゾウが発酵した果物で酔うとは言いきれない。

南アフリカで開催された動物学の会合の席で、イギリス人の生物学者たちはゾウをめぐる伝説を解体することを決めた。彼らはシーゲルよりも醒めた科学的アプローチを取った。無節操にアルコールを与えてゾウを酔っ払わせるかわりに、統計から答えを探したのだ。平均的なゾウの体重と、マルーラの実に含まれるアルコールの量をもとに、さまざまな数理モデルを作った結果、ゾウが酩酊するには普段の摂食率の四〇〇パーセントに当たるマルーラを食べなければいけないことがわかった。「これらの数理モデルは確かに酔っ払うという結果を強く示していました」と、生物学者たちは言った。「それでもゾウが日常的に酔うという結論は出ませんでした」。彼ら曰く、マルーラの物語もまた、動物を擬人化するという欲求を反映した神話なのだ。『ビューティフル・ピープル』に登場した酔っ払いのスターたちは、どうやら動物用の麻酔を打たれて千鳥足で歩くところを撮影されていたらしい。「人々は単に酔っ払ったゾウを見たかったのだ」というのが、研究者たちの最終的な結論だった。

ヘラジカに関しても同じことが言えるだろう。あるスウェーデン人の研究者によると、ヘラジカの血中アルコール濃度が高いという実験データは存在しないという。「リンゴを食べたヘラジカの血中アルコール濃度に関する研究成果を見せてくれたら、私も真剣になりましょう。現時点では、この話は我々自身のアルコールに関する問題を反映しているのだと思います」

別のカナダ人の生物学者は、より合理的な説明として、ヘラジカは糖分の高いリンゴを一度に大量に摂取するせいでアシドーシスを起こしているのだと指摘する。アシドーシスを起こすと内臓に乳酸がたまり、瞳孔が拡散し、足元がおぼつかなくなったり、ふさぎこんだりという症状が出る。これらはすべて、初期の博物学者のヘラジカの描写に当てはまる。彼らが描いた動物はアルコール中毒でも憂うつ症でもなく、消化不良を患っていたというわけだ。

ヘラジカが絶対に酔っ払わないというわけではない。少なくとも一頭は、そんな経験をしている。望遠鏡が登場する前の時代に正確に星を観察し、現代の天文学の基礎を築いた十六世紀のデンマーク人天文学者、ティコ・ブラーエの飼っていたヘラジカだ。

ヘラジカを飼うとはいささか酔狂にも思えるが、ティコ自身が普通とは言いがたい人間だった。学生時代、数学をめぐる決闘で鼻を失い、それ以降は金属で作った偽物の鼻をつけていた。のちにヴェン島に宮殿を建て、地下には立派な研究室を作り、豪華なパーティを開いて友人知人を招いた。島を訪れた彼らは超能力があるという小人イェップと、ペットのヘラジカに引き合わされるのだった。ブラーエの日記によると、ヘラジカはたいへん気立てがよかった。「すくすくと育ち、走り回り、踊り、見ていると愉快になる……まるでイヌのようだ」

ティコはヘラジカをことのほか気に入っていたものの、天文学者の社会的地位を向上させるため、パトロンに譲ることにした。ヘラジカは旅の途中、ランズクルーナの城で死んでしまった。大量のビールを摂取して、足もとがふらつき、階段を転げ落ちたのだという。

それだけが本当にあった酔っ払いヘラジカの話だろう。けれど素面のヘラジカだって、階段を降りるのが容易ではないことは覚えておくべきかもしれない。

*

酔って繰り返し愚行に走るという評判を考えると、そんな動物王国の札付きが、独立したばかりのアメリカに「二級品の国」というレッテルが貼られるのを防いだというのは、なんとも皮肉な話だ。けれど一七八〇年代後半、ある無残なヘラジカの死骸が、思いがけずアメリカ合衆国の名誉を守る役割を果たしたのだった。

旧大陸は新大陸についてひどく懐疑的で、脅威を覚えていた。その攻撃的な心理を科学的な文章にまとめあげたのが、ほかでもないビュフォン伯だった。彼は『自然誌』に収録された、非常に高飛車な「二流国アメリカ」という文章の中でこう述べている。「彼らの自然は貧弱だ」。新大陸には動物が少ないというだけではなく「すべて旧大陸のものより小さい」。両方の大陸で発見された獣については、新大陸のほうが「虚弱で」、アメリカには自慢できるような大きな獣はいないとされた。「アメリカの動物はゾウ、サイ、カバ、ヒトコブラクダ、キリンといった旧大陸の動物とは比較にならない」

ビュフォン伯は例のごとく自信満々に自説を開陳していたが、実は新大陸に足を踏み入れたことがなかった。アメリカの動物のサイズに関する知識はほとんど剥製を見たり、旅行者から聞いて得たもので、正確性を欠いていた。しかし彼は、信ぴょう性に関する独自の理論を確立していた。その奇怪な確率論によると、最低十四人の旅人の話に同じ「事実」が登場したら、その話は確かだと推測されるのだった。

アメリカの動物が生来的に小さいのは、伯爵によると環境のせいだった。新大陸はつい最近海上に顔を出したばかりで、そのせいで非常に水分が多く、ヨーロッパと違ってまだ乾く途中だったという。だからアメリカの植物や動物は小さくて弱く、種類も少なかったのだ。それなりの大きさに育つのは昆虫と爬虫類だけで「浅瀬を泳ぐ動物は血液が薄く、不道徳に繁殖し、大きくて、新大陸の湿った沼地では数が多い」のだった。

アメリカではイヌも貧弱で「これ以上なく愚か」だった。そして美食家のフランス人ならではの侮辱の言葉として、ビュフォン伯は新大陸で育った子羊が「汁気に欠ける」と述べた。

ネイティブ・アメリカンも、ビュフォン伯に言わせると同じような二級品だった。知能は劣り、体毛はなく、「血気に欠け」、「小さくて惨めったらしい」性器をしているというのだ。アメリカに行ったヨーロッパ人はみんな同じように縮んでしまう、と伯爵は言いたかった節がある。当地に運ばれた動物はみんな「汚らしい空と痩せた土地のもと、小さく縮んでしまう」のだった。

ビュフォン伯の説は、旗揚げをしたばかりの国にとってはたいそう屈辱的だった。昆虫ばかり大きく、性器は小さいというのでは、必死で移民を求めていた国の宣伝にならない（そう、当時は移民を求めていたのだ）。侮辱の言葉としては学校の校庭で交わされるような低劣なしろものだったが、そこには無視できない権威があった。ビュフォン伯は当時最も有名な博物学者で、啓蒙時代の代表格とされ、彼の事典は国際的なベストセラーだったのだ。おかげで彼の「二流国アメリカ」という論文は山火事のように拡散し、旧大陸は新世界よりも優れているという、都合のいい科学的正当性をヨーロッパの人間に与えた。

アメリカ男子の名誉にかけて、何か手が打たれなければいけなかった。こうして未来の合衆国大統領トーマス・ジェファーソンが登場する。彼は独立宣言をし、ヴァージニア州の知事とパリの外交官を務める合間を縫って、ビュフォン伯の主張に対抗する時間をひねり出した。政治と同じくらい自然を愛するジェファソンは、祖国を貶めようとする人間に対抗し、アメリカの偉大さを証明するのにうってつけの人材だったのだ。

ジェファーソンは仲間の建国者たちに、巻き尺を持って大自然に繰りだし、アメリカの動物の大きさを計測するよう頼みこんだ。そうすればフランス人博物学者に、正当なデータをもって対抗できるだろう。ジェファーソンの同志は、この気高い任務に熱心に取り組んだ。そのうちの一人、ジェームス・マディソンがジェファーソンに宛てた長い手紙が残っており、そこにはさまざまな形式の代議政治のメリットの議論に続いて、驚くほど詳しく地元ヴァージニア州のイタチについて記されている。マディソンはあらゆる部分を計測し、「肛門と外陰部」の距離まで計っていた。イタチの計測結果は「両大陸に共通する動物において、新しいものが古いものに劣るというビュフォン伯の推測は、まったく正当性がない」とのことだった。

フランスで外交官を務めていたとき、ジェファーソンはビュフォン伯の夏の別荘への招待状を受け取った。どうにも気まずい晩だったようだ。庭にいるあいだ、二人は互いを無視していたが、ついに書斎で鉢合わせした。ジェファーソンは苦心して準備した知的なミサイルを発射する間合いをうかがっていたが、イタチの統計で一本取る前に、伯爵が彼の前に膨大な原稿を積みあげた。最新版の事典で、伯爵はこう言ったそうだ。「ジェファーソン君、この原稿をすべて読んだら、君も私が正しいと納得するだろう」。二人はヘラジカに関して議論を戦わせながら、それ以降の時間を過ごした。

ビュフォン伯は「アメリカのヘラジカについては一切知らない」と言い、単なるトナカイの見間違いだろうと切り捨てた。ジェファーソンはいささか軽率に、「あなたがたのトナカイは我々のヘラジカの腹の下をくぐれるはずだ」と言い返した。ビュフォン伯が鼻で笑ったのも当然だろう。それでもフランス人の伯爵は多少譲歩して、大きな賭けを提案してきた。もしジェファーソンが「角が一フィートある」ヘラジカを提供できたら、最新版の事典にはアメリカを貶める論文を載せないというのだった。

ジェファーソンはそれ以前から、ヘラジカが切り札になると気づいていた。既に多くの人間に「彼らはガラガラと音を立てて走るのだろうか？」といった問いが含まれる質問表を送り、情報を集めていた。さらに政治的な同志には、ヘラジカを撃って剥製に仕立て、郵送してほしいと懇願していた。とにかく大きなものが必要で、「背の高さ七〜十フィート（トール）」、「巨大な角を持つもの」が望みだった。まさに「無茶振り（トール・オーダー）」だ。

この件に関して頼りになりそうなのは、ジョン・サリバン大佐だった。ビュフォン伯と対面し、いよいよ血眼になったジェファーソンは大佐に至急の手紙を書いた。「君はヘラジカの毛皮と骨格、それに角を用意すると約束してくれたね」一七八六年一月七日、パリから送られた手紙にはそう記されていた。「その約束を思いだして、あらためてお願いしたい。それがここにあるということは、君が想像するよりもっと重要なことなのだ」

動物の偉大さを損なわず剥製にできるよう、ジェファーソンは執拗に注意をうながした。「頭に関しては頭蓋骨を残して、角もつけておいてくれ」と、サリバン大佐に宛てた長々しい注意書きには綴られている。「そうしたら首筋と腹の皮膚を縫い合わせて、動物の本来の姿と大きさを再現することができるだろう」。残念なことに、サリバン大佐がようやく調達した七フィートのヘラジカは、既に二週間も経ったしろものだった。専門の剥製師ではなかった大佐は、手もとに届くまでに傷がついた死骸の修復に骨を折り、おまけにヘラジカは「腐敗が始まっていた」。肝心かなめの素晴らしい角も欠けていた。やむなくサリバン大佐は、腐った死骸に一回り小さい別の個体の角を添えて送った。「この動物の角ではない」と、ジェファーソンに白状しつつ、軽い口調で付けくわえている。「好きなように調整したらいい」

フランスへの輸送も一筋縄ではいかず、波止場で危うく紛失しそうになったのち、ヘラジカは一七八七年十月にパリに到着した。形は崩れ、毛はほとんど剥がれ、巨大な角もなく、もはや無残というしかない状態だった。それでもジェファーソンは楽観的で、この巨大な剥製がいわく言いがたい惨めな外見であることの弁解の手紙と一緒に、ビュフォン伯に送りつけた。手紙には角が「非常に小さいこと」についても触れられていた。ジェファーソンは大胆にもほらを吹いている。「私は本物の角を見たが、五～六倍の重さがあったはずだ」。

ジェファーソンの日誌には、伯爵が確かにヘラジカの剥製を受け取り、その哀れな状態にも関わらず「最新版には訂正文を載せる」と約束してくれたことが綴られている。しかしジェファーソンは運に見放されていた。ビュフォン伯は直後の一七八八年に亡くなり、偉大なる事典に訂正文が載ることはなかったのだ。それでもジェファーソンの哀れなヘラジカが、アメリカの自尊心を守る上で大きな役割を果たしたことは間違いない。彼は自説を発展させ、自著『ヴァージニア覚え書』に新旧の大陸の動物を統計的に比較した細かいリストを載せた。その本は直ちにベストセラーになり、アメリカの二流国ぶりを説く論文は忘れ去られた。

ヘラジカだけが国際的な争いに巻き込まれたわけではない。第十一章で紹介するパンダは地球上でも特に政治的な動物で、優れた外交のスキルにより、完全なる虚像を広めることに成功したのだった。

Male Moofe.

THIS remarkable Animal is said to be the largest, and to discover the greatest variety in his looks, of any Animal that America produces. When at their full growth, they are from eight to twelve feet high, short neck, a very large and long head and ears, and no tail. They part the hoof, and chew the cud. In these two points they resemble the Ox. There is something very extraordinary in the horns of those animals---they grow five feet in one season---they are extensive, one foot wide, and full of branches. They shed their horns every winter. They are said to trot at the rate of twenty miles an hour---they will swim fourteen or fifteen miles across ponds and lakes. They defend themselves by striking with their forefeet.

This animal will eat hay, indian meal, and most kinds of fruit, and may be seen in this City, at any hour in the day, from sun rise to sun set, at a convenient place, at

He is one year and eight months old, and is sixteen hands high.

The striking and curious appearance of this Animal is really worth the attention of all those who are inclined to satisfy an anxious curiosity.

There are many other discoveries to be made at the sight of this animal.

Admittance for Gentlemen and Ladies, One Shilling.---Children, half price.

N. B. Should any person be disposed to purchase the above Animal, he can have him on easy terms.

PRINTED BY G. FORMAN, No. 64, WATER-STREET, NEW-YORK.

オスのヘラジカの偉大さを主張するこちらの宣伝は、新世界の動物は貧弱だとするビュフォン伯の「二流国アメリカ」に対抗していたのだろう。「驚くべき動物」は体高12フィート（！）もあると書かれている。

第11章
パンダ

パンダはセックスが下手で、食べものの好みがうるさい。……メスは一年で数日しか発情しない。オスの社交的なスキルときたら、にきび面の十代の男子並みだ。この遺伝子的な落伍者は、あれほど可愛らしくなければとっくに絶滅していただろう。

〈エコノミスト〉（二〇一四年）

二〇世紀を通して、ジャイアントパンダはある種の進化の失敗の産物だとする見かたが広まり、最も基本的なサバイバルの能力にも欠けているといわれた。彼らは変てこなクマだとされ、その愛らしさは世界中で賞賛されたものの、セックスに無関心なところや、常識はずれな菜食主義の食事は嘲笑された。優秀な博物学者たちでさえ、パンダは「強靭な種とはいえない」として、やがて絶滅すると予言した。これほど生存に適した能力があると主張することを求められた動物は、ほかにいないのではないか。パンダは人間の助けがなければ、恐竜やドードーと同じように、やがて進化のゴミの山に埋もれてしまうとされた。

でも、本当にそうなのだろうか。

パンダを救いようのない動物とみなすのは、ごく最近できた神話だ。実際のところ、世界には二種類のパンダがいる。片方は動物園に住んでマスコミにセレブのような扱いを受ける、人間が作りあげたパンダで、確かに手助けがなければ絶滅してしまう、無害で不器用なコメディの主人公だ。

もう片方のパンダは非常に生存能力が高く、現在の姿で人類の三倍は長く生きてきて、いささか風変わりなライフスタイルにもうまく適応している。こちらの野生のパンダは実は性欲が強く、複数での荒っぽいセックスが好みで、生の肉を好み、恐ろしく顎の力が強い。けれど野生のパンダは、人間が足を踏み入れることのできない神秘的な場所に住んでいるので、動物園で暮らす「パンダまがい」がセンターステージを占めることになってしまった。世界で最も人気を集める動物のキャラクターは、実は偽物なのだ。

*

あれほどの知名度を誇る動物にしては、パンダの研究の歴史は驚くほど浅い。わずか百五十年ほど前まで、事実上の無名の存在で、生まれ故郷の中国でさえその存在に関する言及は驚異的に少なかった。事情が変わったのは一八六九年、あるフランス人の宣教師が、パンダが一躍スターダムにのし上がるきっかけを作ったときだ。

アルマン・ダヴィド神父は、神と同じくらい自然を愛していた。「神は多様な生きものを地上に遣わした」と、彼は日記に綴っている。「そして神自身の傑作である人間に、彼らを永久に滅ぼす許可を与えたとは誠に信じがたい」。よき神父は神と自然を愛する心を、中国を探索することで満たした。この国では大勢の「異教徒たち」を、カトリック教徒に改宗させることができたし、その合間に新しい動物を探してパリの自然史博物館に送ることもできたのだ。どれくらいの中国人の魂を彼が救ったのかは知る由もないが、観察眼鋭いダヴィド神父は新種の発見にかけては驚くべき成功率を誇った。百種類の昆虫、六十五種類の鳥、六十種類の哺乳類、五十二種類の植物、一種類の「イヌのような声を上げる」カエル——すべて彼自身が見つけたものだ。そのまま行けばダヴィド神父の最大の功績は、非常に多産なアレチネズミを世界に紹介したことになっていたはずだが、ある偶然の出会いによって彼は動物学の歴史に名を刻んだのだった。

ある日の午後、四川省の山中の猟師の家で休憩していたとき、ダヴィド神父は「何とも魅力的な白黒のクマの群れ」を目にし、「科学の世界は大きな興味を示すだろう」と、考えた。数日後「キリスト教徒の猟師たち」が見本を携えて帰ってくると、神父はその動物が「あまり獰猛には見えず」、「胃袋には葉がぎっしり詰まっている」ことを知った。文字通り「白黒のクマ」と名づけたのち、神父は動物の毛皮をパリの国立科学博物館館長アルフォンス・ミルン＝エドワーズのもとに送り、分類を依頼した。

その動物は科学の世界では未知の存在で、大きな発見だった。ただしミルン＝エドワーズは、クマだという神父の推測に納得していなかった。その動物の歯と珍しく毛深い肉球は、最近同じ中国の山中で発見された、こちらも竹を食べる別の哺乳類によく似ていたのだ。先に見つかったほうはアライグマの親戚とされ、レッサーパンダと名づけられていた。ミルン＝エドワーズはこの白黒のクマも、レッサーパンダと同じ科に含まれるべきだとして、クマとはまったく違う生きものだと断言した。

こうして謎めいた白黒の生きものをめぐり、一世紀を越える分類学上の綱引きが始まった。パンダに関する逸話と同様に、その議論は科学的なものから主観的なものまで玉石混交だった。分子生物学者がミトコンドリアＤＮＡと血中のタンパク質に注目するいっぽう、もう少し慎重であるべきだった他の科学者たちは、より直感的なアプローチに走った。著名な生物学者にして保護主義者のジョージ・シャラーもその一人で、膨大な反証があるのにもかかわらず、「ジャイアントパンダはクマに非常に似ているが、絶対にクマではない」と言い張ったのだ。シャラーは本能的に、パンダを他のクマ属と一緒にしたら存在意義が失われると思っていた。「パンダはパンダである」というのが、専門家としての彼の意見だった。「私はイエティがいたらいいと思っているが、彼らが発見されることはないだろう。そのかわりパンダに、ちょっと夢を見せてほしいのだ」

シャラーにとっては残念なことに、遺伝学者たちは先祖に関する反論不可能な証拠を突きつけて彼の夢を台無しにした。パンダの遺伝子を解析したところ、明らかにクマと類似していたのだ。ダヴィド神父は正しかった。パンダはパンダではなく、原初のクマ属の末裔で、二〇〇〇万年ほど前にほかの者たちとは別の道を行くようになったのだ。それでもパンダという名前は定着して、その神秘的な独自性を維持した。

外見的なことを除いて、ジャイアントパンダはクマとあまり変わらない。パンダの奇妙な繁殖のサイクル、すなわち発情している期間はごく短く、着床を遅らせることができるという特徴も、ほかのクマに共通するものだ。パンダの赤ちゃんは目が見えず、体はピンク色で、サイズはモグラ程度という、明らかに「準備不足」の状態で生まれてくるが、これまた新生児が大人の体格の一パーセントもないクマと同じだった。生まれた直後のそんな姿のせいで、アイリアノスら初期の博物学者は三世紀ごろ「クマは明らかな形も特徴もない、ある種の奇形の塊を産む」と記した。クマの母

フランスの動物寓話（1450年前後）に登場するこちらのクマは食糞をしているようにも、嘔吐しているようにもみえる。実際は曖昧模糊とした塊で生まれた赤ちゃんを母グマが「舐めて形に」しているところなのだ。

親は「赤んぼうを舐めてクマの形にする」。想像力豊かな間違いで、英語の「舐めて形にする lick into shape（仕上げる）」という成句のもとになったのだった。

アイリアノスには文才があり、クマの生態について印象的な文章を書いたが、正確性には欠けていた。彼の観察によるとクマは食べ物も水分も摂らずに冬眠するのを好むので、やがて小腸は「水分を失って硬くなる」が、野生のアルムを食べることで機能を取り戻すのだった。アルムを食べたクマは「おならをし」、やおら表に出て「大量のアリを食べ」、「お通じの快感を楽しむ」とされた。パンダは冬眠しないし、自分で体を治すこともないが、厳密に言ったらそんなことをするクマはどこにもいない。確かにアメリカグマ、ヒグマ、ホッキョクグマなど、ごく一部の種類は冬になると「トーパー（まひ状態）」と呼ばれる長い眠りに入り、その間体温は低下するし、食事は摂らず排便もしないが、それは本来の冬眠だとは考えられていない。長い眠りから目覚めた彼らが最初の排便を楽しんでいるかどうかは、わたしたちには決してわからないだろう。

菜食主義のパンダは確かに「食の好みがうるさい」といえるかもしれないが、徹底して執着するわけでもない。大半のクマは分類学上は肉食獣で、実際はその場に応じてどちらも食べるため、結果的に植物が食生活の七十五パーセントを占めているのだ。パンダはより極端な食生活ぶりで、ほとんど竹しか食べずに過ごす。竹なら故郷の山にいくらでも生えているのだ。ほかのクマたちも、食事に関しては同じようにうるさい。ナマケグマは進化の過程でシロアリしか食べなくなったし（特別に長い舌を使って吸い上げると便利なので、前歯はなくなった）、ホッキョクグマはワモンアザラシくらいしか食べない。ただしこういった食生活の偏りは、パンダが生の肉を食べなくなったという意味ではない。ジョージ・シャラーは野生のパンダを観察していたとき、ヤギの肉を罠に仕掛けて、これがパンダをおびき寄せる確実な手段だと学んだ。わたしも野生のパンダが死んだシカをむさぼる映像を見たことがある。バンビを食べるパンダは、ディズニー映画の中で野菜ばかり食べる、子どもに大人気のぬいぐるみとはまったく違うが、それがむき出しの真実なのだ。

ただし、ジャイアントパンダに関して最も誤解がはなはだしいのは、食事ではなく性生活だ。現代の神話が生まれたのは、パンダが外国の動物園に送りこまれたときで、人間のせいとはいえ彼らは一九七〇年代のラブコメのようなどたばた劇を演じた。パンダの笑ってしまうような性生活は、おかげで一躍有名になった。

*

初めて白黒のクマが踏んだ外国の土は第二次世界大戦直前のアメリカで、大恐慌に長年苦しめられ、疲弊していたアメリカ人にとっては待ち望んだ嬉しい出来事だった。最初にやってきた丸々とした赤ちゃんの名前は「蘇琳（スーリン）」、すなわち「ちょっとした可愛いもの」だった。ファッションデザイナーにして社交界の華ルース・ハークネスが付き人になり、人間のような振る舞いとエキゾチックな外見を一層強調してみせた。ハークネスはパンダを求めて中国に渡った夫を亡くすという悲しみを乗り越え、強盗やお役所をめぐる問題にも負けず、さらには手押し車での旅という恥辱にも耐えて、中国の山林から彼女自身の手で、目の周りが黒いふかふかのぬいぐるみ（スーリン）を連れてきたのだった。パンダの密輸というスキャンダラスな物語には、不倫の愛や卑怯な競争相手（ハークネスより先に中国から連れ出そうと、パンダの毛を茶色く染めた）というおまけまでつき、マスコミは何カ月も盛り上がっていた。こうしてハークネスたちがようやく船から降りると、スーリンは映画スター並みの扱いを受けたのだった。

動物界のシャーリー・テンプルは期待を裏切らなかった。人間はネオテニー、すなわち大きく張り出した額、つぶらな目、ふっくらした頬など、赤ちゃんらしい特徴を備えたものを可愛いと感じるようにできている。ひどく無力な人間の赤ちゃんが庇護を受けられるよう、神経化学が保険をかけているのだ。赤ちゃんが無力なこと自体、人間の脳が大きいことから生じる必然で、比較的大きい頭が無事に産道を通り抜けるため、早い段階での出産が必要とされるのだった。ネオテニー愛は人間に深く埋め込まれているいっぽう、いささか厳密性を欠き、おかげで人間は命を持たないものでも、少しでもそれらの特徴を備えていれば惹きつけられるようになってしまった——たとえばフォルクスワーゲンビートル。

ユニークな外見を持ち、人間のように座って食べるパンダは、保護本能を刺激する材料としては完璧で、遺伝子的にそのように設計されているのかもしれない。保護本能は人間の脳を騙し、セックスやドラッグに嬉々として反応するのと同じ「報酬系」のスイッチを入れさせる。赤ちゃんのジャイアントパンダは、不器用で人間の子どものような動きをするし、言ってみれば可愛さという成分を含んだドラッグなのだった。スーリンが人間の「母親」の手で哺乳瓶を与えられ、カメラの前で聞き分けのない幼児のように振る舞うと、アメリカ人はめろめろになってしまった。

スーリンの直後にやってきたのが妹妹(メイメイ)、つまり「小さな妹」で、最後に将来の花婿候補の美蘭(メイラン)が到着した。シカゴの動物園は彼らを交尾させようとしたが、実は三匹全員オスだったのだ。世界は息を詰めてロマンスの芽吹きを待っていたが、オスたちは期待を裏切るばかりで、マスコミは彼らが失敗するたびに記事を書いた。「パンダの報われない恋。メイメイ、恋人を誘うも相手にされず」〈ライフ〉誌に掲載されたこの手の見出しが、パンダがおくてだという噂の最初の種を蒔いたのだった。

似たような運命が、一九四一年に鳴り物入りで到着したブロンクス動物園の「繁殖用カップル」

にも降りかかった。名前はパンディーとパンダーといった。二十一世紀に入り、イギリスの南極探査船が「ボーティ・マクボートフェイス」という名前になりかけるという騒動が起きたが、やはり大事なものに命名するときは公募してはならないのだった。そしてパンディーとパンダーは小さな男の子と女の子などではなく、どちらもメスだった。「ブロンクスの役人は外見上の違いを確認したというが、本当の性別に関わる点ではなく、単に個性の域だったのだろう」と、動物学者のデスモンド・モリスは一九六〇年代の著書『人間とパンダ』に書いている。

パンダの性別を見分けるのは恐ろしく熟練を要する技術で、このほかにも数え切れないほどオスメスの取り違えが起き、さらに失望を誘った。ただし真実を言い当てたとしても、あまりパンダにとっていいことはなかった。オスのペニスはメスの性器とほとんど区別のつかないしろもので、人間の基準で測ろうとするなら、男らしくないということになるのだった。

オスとメスのパンダが同じケージに入っても、期待に添う結果となることはなかった。最も有名な実らぬ恋の物語の主人公は、姫姫（チーチー）といった。

幼いチーチーは一九五八年、ロンドン動物園に到着して、大衆に向けてその一挙一動を放映する大人気TV番組のスターになった。数年の間、チーチーは念入りに準備されたバブルバスに浸かり、世話係とサッカーゲームを楽しんだが、ついにその生涯のドキュメンタリーには恋人の登場が必要だということになった。当時、中国以外で飼育されていた唯一のパンダは安安（アンアン）といって、モスクワ動物園で暮らしていた。当時は冷戦のピークで、東西の思いがけない結婚計画を、国際的なメディアは喜んで迎えた。

けれどチーチー自身はあまり乗り気ではなかった。一度モスクワでアンアンと顔を合わせたあとは喧嘩を繰り返し、ぎこちない誘いを拒否しつづけたという。やがてわかったことだが、チーチーはパンダには惹かれないのだった。彼女の欲望の対象は人間で、とりわけ制服を着た人間が好みだった。モスクワ動物園の職員がケージに入ってくると、チーチーは「性的な反応として尻尾とお尻を持ち上げた」と、ロンドン動物園の哺乳類担当のオリヴァー・グラハム＝ジョーンズの記録にはある。ロシア人の職員は「ひどく恥ずかしがっていた」そうだ。

チーチーがそんな反応をしたのは初めてではなかった。「彼女は性的にいささか倒錯しているようだ」と、グラハム＝ジョーンズは回想している。動物園の職員に惹きつけられていて、仲間のパンダより「見知らぬ人間」のほうを好むのだった。当時は一九六〇年代後半、フリーセックスの時代だったが、それでもチーチーの恋を実らせる試みが三度失敗すると、この動物園のスーパースターを性的に満足させることはできないと言わざるを得なくなった。ロンドン動物学協会はやむなく公式声明を発表した。「チーチーは長いこと他のパンダから引き離されていたせいで、人間に対して愛情を抱くようになってしまったのです」

うまくいかなかったのはチーチーとアンアンだけではない。彼らのロマンスが幻に終わったあと、今度は興興（シンシン）と玲玲（リンリン）という注目のカップルが、パンダの種全体を救うという使命を帯びてワシントン動物園に到着した。世界野生動物協会の有名なロゴのモデルはチーチーで、パンダを保護しようという機運も高まり、とりわけ人工飼育されているパンダの繁殖が鍵だとされていた。残念なことにワシントン動物園のカップルはそんな風潮を知らなかったようで、期待のロマンスはまたしても空

1959年のロマンス。チーチー、愛するロンドン動物園の職員アラン・ケントに竹を食べさせてもらう。十年後、動物園はこの有名なメスがパンダ以外を恋の対象にするようになってしまったと発表した。

騒ぎに終始する。シンシンは「的を絞ることに問題があり」、リンリンの耳や手首、足に射精したのだった。けれど既に、シンシンの個人的な問題ではすまなくなっていた。種の運命がかかっていたのだ。メディアがこぞってこの件を書き立てると、大衆はパンダたちにウォーターベッドを送るという形で反応した。

それから二十年、第一線の動物学者たちはワシントン動物園の二匹の生態を調べ、繁殖がうまくいかない理由を探り、マスコミと大衆は赤ちゃんを求めつづけた。リンリンの発情期に関しては、一年に二日しか続かないことがわかった。交尾のチャンスはあきれるほど少なく、どうやらそこに大きな原因があったようだ。ワシントンのカップルは最後にようやくコトを果たすものの、子どもたちは数日間しか生きられなかった。一頭の死因はリンリンが上に座ったことで、彼女がよき母親だという宣伝をすることはできなかった。

このように公衆の面前で繰り広げられた各種のドラマが、パンダは繁殖に向いていないし子育てもできず、生存に必要な基本的な本能を欠いているという評価につながった。人間が積極的に介入し、飼育されているパンダをどうにかして繁殖させろ、という声は日に日に高まった。

野生の動物を保護して繁殖させるのは、簡単なことではない。常識で考えれば、それがなぜなのかわかるだろう。コンクリートの小屋では、野生の動物にとってロマンチックとはいえないのだ。繁殖しようという気を起こすには、様々な行動または環境によるスイッチオンが必要で、人間でいえば素敵なグラスワインにちょっとしたラブソングだろうか。動物園にしても、どうしたら動物をその気にさせられるのか、わかっていないことが往々にしてある。たとえば動物園のシロサイは、どうやっても交尾をしないといわれていたが、それは係が単純にオスとメスを同じ部屋に押しこみ、うまくいくことを期待していたせいだった。サイは群れで暮らす動物で、オスがその気になるには何頭かと軽くデートしたのち、運命のメスを選ぶという点が見逃されていたのだ。ジャイアントパンダの場合は反対で、メスが選ぶ側だった。

一九八〇年代、パンダは徹底して単独での生活を好むものの、セックスに関しては集団でやりたがると最初に発見したのはジョージ・シャラーだった。パンダの山林の故郷で、複雑な手順にのっとって交尾が行われるのをシャラーは目にした。独身のメスたちが木に登り、チューバッカのような鳴き声をあげるあいだ、木の下では数匹のオスがメスの注目を求めて小競り合いをしている。競争に勝ったオスは、ご褒美として半日で四十回もセックスをする。最近の大衆向け科学の調査を参考にするなら、日本人が一年間にするのと同じくらいの回数だ。けれど誰も日本人が絶滅するとは言わない。さらにジャイアントパンダの精液は「質のいい精子の密度が驚異的に高く」、人間の男性の十〜百倍はあるという。彼らが性欲の強い動物であることは疑いようがない。

パンダはセックスそのものが暴走気味のしろもので、やたらと咬みついたり吠えたりする。オスは母親と遊び、その行動を観察することで従属と支配のさじ加減を学んでいるようだ。赤ちゃんパンダは長くて三年、母親の庇護のもとにいる。おかげで少なくとも一度は繁殖の季節を目にする機会があり、メスのパンダがどんな性戯を好むのか、裏も表も観察できるというわけだ。

パンダの縄張りは相当広く、四〜六・五平方キロあり、セックスの相手を探すにあたっては自分の身元、性別や年齢、発情しているかどうかを、専用の木に臭いとして残していく。パンダ版のデートアプリと言っていいだろう。発情期を迎えたメスは、お尻の生殖腺をこれら共同体の伝言板の根元にこすりつけることでオスの注意を引く。臭いサインに気づいて四方八方からオスが集まったあとは、メスの愛情を賭けた「排尿オリンピック」とでも呼ぶべき競争が始まる。メスのパンダは、セクシーな匂いを木の一番高いところにつけられるオスが好みだ。スクワットや片足を上げるポーズなど、オスは様々なアスリート並みのポーズをすることが知られているが、最も印象的なのは逆立ちだろう。尿をできるだけ高いところまで飛ばすための工夫だ。オスは自分自身の体をセクシーな臭いの広告塔にするべく、アフターシェーブのように両耳に尿を塗りつけるともいわれる。尿臭のする耳は一種の旗として、交尾の準備ができていることを、山中の風に乗せて伝えるのだった。

クマは嗅覚が非常に発達していることでも有名だ。つまりメスが発情している期間が非常に短くても、自然界では繁殖の妨げにはならない。実のところそれはパンダの数を調整するための、進化における適応の例かもしれず、オスのパンダもそんなことを問題にしない生殖の名人なのだ。パンダは竹林に負荷がかかるほど出生率が高くならないように抑えているのだろう。野生のメスは平均して三～五年という長い時間をかけて子どもを育てるが、出産の頻度が低すぎるというわけではない。それ以上のテンポで出産したら、たちまち周囲の環境がもたなくなってしまうだろう。

こういった野生のセックスと、コンクリートの小屋に見知らぬメスと一緒に放り込まれ、公衆の面前で交尾するよう求められるのには大きな差がある。それでも落差を乗り越えて、過去二十年ほど中国は動物園のパンダの繁殖を成功させ、赤ちゃんパンダを次々と作っている。公開される写真といえば、あまりにも可愛いので、公衆衛生上の警告が必要なくらいだ。十匹近い赤ちゃんパンダが並んでいるのは、「可愛い成分」を含むドラッグの過剰摂取に当たるだろう。飼育下のパンダの繁殖の成功は、世界中の注目を集めた。そんなわけで二〇〇五年、わたしは中国へ行って、どうやって彼らがそれを成し遂げているのか調べてきた。

わたしが向かったのは四川省の省都の成都市で、そこのパンダ繁殖センターはとりわけ成功率が高いことで知られていた。パンダ王国の中心部は緑が多く快適なところだろうと思っていたのだが、実際は千四百万人が住む巨大な都市で、ロンドンも霞むほどだった。最初に見たパンダはタバコの箱の上に座っていたが、深刻な大気汚染とスモッグのただなかでは奇妙に絵になるようでもあった。成都には「太陽を見るとイヌが吠える」という言い回しがある。わたしは滞在中、一度もイヌの吠え声を聞くことがなかった。

パンダの繁殖をドキュメンタリー化するという調査目的のおかげで、特別に成都ジャイアントパンダ繁殖研究基地の舞台裏を見せてもらうことができた。まずわたしは、そこで働く年長の科学者に周囲を案内してもらった。灰色のコンクリートの建物の中を歩きながら、この驚くほど殺風景で味気ない環境でパンダをその気にさせるため、どんな創造性豊かなアプローチを取ったか、彼は語ってくれた。若いオスのパンダが必要な性教育を母親から受けていないため（ほとんどは生まれた直後から人間の手で育てられる）、ポータブルテレビの前に座らせて、飼育されているパンダがコトに及ぶVHSビデオを、ある種の成人の儀式として見せているという。小さなオスのパンダが三歳の誕生日にポルノを観るシュールな風景を想像し、わたしは笑いをこらえるのに必死だったが、パンダは極度に視力が悪いし、人間以外の動物は自分や仲間がTV画面に映るという事態を理解できない。そう考えるとますます、パンダポルノは笑いを誘う以上の効果はないような気がした。大人のおもちゃを使ってメスのパンダを刺激するという実験も同じだ。ほかのパンダの繁殖センターでは、バイアグラも使われているという。結果を出せていない十六歳の強強（ジャンジャン）は、実験として薬を与えられたものの、その名前にふさわしい振る舞いはできなかったそうだ。

まるで性具や女性用の下着を売る〈アン・サマーズ〉の役員が、科学コンサルタントとして赴任したかのようだった。角を曲がったらパンダがセクシーな赤いレースのサスペンダーをして、乳首にラメ入りの飾りをつけているのではないかと思った。ここではパンダの問題をあくまで人間の視点から解決しようとしているのに、なぜ驚くようなベビーブームが起きているのか、わたしには理解できなかった。実は性具やパンダポルノは関係なかった。赤ちゃんパンダが多数生まれる理由はアン・サマーズではなくJ・G・バラード風の悪夢、すなわち人工授精(AI)だった。

飼育している動物の種類を問わず、今では繁殖の際はAIが標準的な方法として使われる。必要なのは生きた精子少量と、半覚醒状態のメスだ。精子は「指先の操作」で集められることもある。奥歯に物が挟まったような言い方だが、要するに人間が手で奉仕するというわけだ。おそらく動物保護に関するものでは最も人気のない仕事だろうが、特殊というわけではない。ガラパゴス島で生まれた最後の純粋なピンタゾウガメ、通称「ひとりぼっちのジョージ」には、専任の「指先の操作」係がついていた。魅力的な若いスイス人女性動物学者で、この生きた化石の精子をできるだけ多く搾り取ることが仕事だった。彼女はスキルに磨きをかけて、スローモーな百歳のリクガメを十分足らずで満足させられるようになり、「ジョージの彼女」とあだ名された。

わたしは一度、優秀な競走馬が「黄金の液体」を「摘み取られて」いる場面を見たことがある。まぶたに焼きついて消えない光景だ。そのようなやり方は、人間の「操作係」にとって危険がないわけではない。ベルリンの保護センターで働くベテランの科学者は、ゾウの一メートルもあるペニスをしごいていて、目の周りに大きなあざをこしらえる羽目になった。仕事が終わって一杯飲みに行ったとき、どんな言い訳をしたのだろうか。

人間にとってはより安全かつプライドも保たれるが、動物にとってはそうではないだろう解決法は、電気的な刺激で射精させることだ。言葉から想像されるとおりの恐ろしい方法で、電気の通ったプローブを動物の肛門に差し込み、絶頂を迎えるまでボルテージを上げていく。四川省の保護センターとスミソニアンの両方で働いた経験を持つアメリカ人獣医学者、ドクター・ケイティ・ローフラーの話では、この手法は農場の動物を一気に増やすために開発されたという。今、中国ではパンダを増やすための一般的な手順で、パンダは意識が朦朧とするケタミンを与えられるので、電気の通った棒で肛門を突かれてもそれほど不快感を覚えないようだ。ローフラーによると、農業技術が機械化した余録で、飼育されているパンダの数は過去二十年で五百匹にも跳ね上がったという。けれどその数字も、動物保護のサクセスストーリーとは到底言えない。白黒のぬいぐるみは確かにパンダの外見をしているが、パンダらしい行動をするようには育たないのだ。人工授精されたメスはよく双子を産むので、二匹は母親と保育器を交代で使いながら育つ。そうすれば両方とも母親のお乳を飲んで成長し、生存に必要な免疫システムも得られるのだった。生後三〜四ヶ月になると、母親がまた繁殖のベルトコンベアーに乗れるよう、赤ちゃんは母親から完全に引き離される。その後は自然とは言いがたい集団で人間に育てられ、大きくなって喧嘩をするようになると、独房に移される。

「繁殖センターや動物園の赤ちゃんは、人間中心の環境で育てられて、通常の社会生活や行動の発達は大幅に抑えられるのです」と、ローフラーは言った。「若いパンダは普通のパンダになるチャンスを与えられていません」

2016年、成都の繁殖基地では大勢の赤ちゃんパンダが生まれた。世界に「パンダ保護の成功」を印象づける大事な「カワイイ成分高」の写真のためポーズを取らされるパンダたち。

パンダらしさの欠如がさらに露呈するのは、新世代の動物たちが人前で繁殖するよう求められ、うまくできずに苦労するときだ。人間は人工的に彼らを育てることで、セックスに消極的なパンダという神話を実際のものにしてしまった。

子どもたちを野生に返そうという試みも――元々はそのために保護して繁殖させているのだが――はかばかしくなかった。最近の研究によると、自然の中で単独で生活している動物は実際とても社交的で、繁殖期以外も社会性豊かな振る舞いをするという。「野生のクマたちは、高度な社会的スキルを求められるのです」と、ローフラーは言った。「洗練された駆け引きを学ぶことで、共同作業ができるようになるし、食料や交尾の時間を共有することもできるようになります」。社会生活が苦手なパンダは単に空腹に悩まされたり、相手が見つからないだけではすまないことを、祥祥（シャンシャン）という名前の若いオスが証明してしまった。

シャンシャンは中国の保護繁殖プログラムを経て、野生に返された初めてのパンダだった。ローフラーの話によると、実験対象にオスが選ばれたのは偶然ではなかった。「メスは取っておかなければいけないのです。金の卵を産むのはメスですから」ローフラー曰く、シャンシャンは最初の数ヶ月こそうまくやっていたが、「繁殖の季節がやってきて、オスが次々と目的のメスの周りに集まると、当たり前ですがシャンシャンは途方に暮れていました。鉄格子の後ろで一人きりで育てられたのですから。当然オスたちは彼にひどい暴行を加えて、危うく殺すところでした」やがてシャンシャンは野生のパンダたちの手にかかり、死体となって発見される。これまで野生の世界に返された十匹のパンダのうち、生き延びているのは二匹しかいない。

動物園で育った動物を野生に返すのは、オオカミの群れの中にチワワを放りこむようなものだ。ここ最近、中国の繁殖センターの一つでは、パンダを野生の暮らしによりよく備えさせようとしている。そのためには母親代わりのパンダが、半野生の環境で赤ちゃんと一緒にいるようにされているし、人間の係はパンダの着ぐるみ姿であたりをうろつき、剥製のヒョウを手押し車に乗せて押しながら、捕食者について赤ちゃんたちに教えようとしている。このシュールな光景は、写真の構図としては素晴らしいが、北京大学で動物保護を教える呂植（ルーチー）教授は、野生に返す試みを「おならをするために下着を脱ぐくらい無意味」と批判している。

動物保護を研究するドクター・サラ・ベクセルは、ゴールデンライオンタマリンやクロアシイタチの野生復帰計画に成功してきた経歴の持ち主で、ルーチー教授の発言の意図について補足してくれた。「まず一つ、今ではパンダの生息地にヒョウはいないのです」。他にも根本的な問題がいくつかあるそうだ。「どうやって動物になるか、人間が動物に教えることはできません。母親や代理の動物にしかできないのです」。つまり同じ種の仲間ということだろう。「彼らだけが教師になれるのです」。けれどパンダの母親も人間に育てられていて、野生の暮らしの経験がほとんどなく、子どもたちに教えることはできないのだった。

最大の問題は、パンダの生息地が減少していることだ。そのことは四川省を出て、まだ野生のパンダが生息するといわれる秦嶺山脈を目指して長距離ドライブをしているとよくわかった。都心を脱出するのに数時間かかった。街のがらくたが何マイルも積み上げられた道を通り過ぎると、ディストピアもののSF映画のように、工場がセメントの塵を村全体に吐きかけているのが目に入った。ようやく山にたどり着くと、巨大なダムに迎えられた。これは十年以上も前の話なのだ。

中国政府は五十ヵ所を超えるパンダの保護区を作り、おかげで個体の数は増加しているという。最近パンダのレッドリスト上のステータスが「絶滅危機」から「危急」に格下げされたくらいだ。けれどローフラーは納得していない。中国政府はこれらの「保護区域」では農業や道路の敷設はもちろん、炭鉱を掘ることさえ許可しているという。「ずいぶん傲慢だと思いませんか。パンダは自力でやっていくには愚かすぎるから、人間が繁殖させ、自然に戻さなければいけないというんです」と、彼女は言った。「ただ生息地だけ返してやれば、ほかの動物のように何とかするはずです。ひこういった動物に、人間が直してやらなければいけないような致命的な欠陥なんてありません。ひとつだけ必要なのは、故郷を返してやることです」

サラ・ベクセルも賛成する。「本当に気がかりなのは、野生動物の保護団体がこんなふうに言っていることです。『ほら、見てごらん。我々はこんなことができるんだ。我々は科学者で、生物多様性に関する大きな問題を解決していて、種全体の問題をこの小さなプロジェクトを通して解決できる』耳に心地の良い物語ですよ。大衆はいい気分になり、リラックスしてポテトチップスを食べながら大型車に乗るでしょう。寝室が五つある家に住んで子どもを三人育てながら『よしよし、科学者が問題を解決してくれている』と言うんです」。ベクセルは続けた。「でも科学が生物多様性を救うことはありません。人間が行動パターンを変えることだけが、救いをもたらすのです。今すぐ努力すべきなのは、世界規模で人口をコントロールし、大量消費社会のありかたを考え直すことでしょう」

矛盾したことに、パンダ自身が飛び抜けた外交のスキルを駆使して、中国の開発ブームという車輪にオイルを塗り、環境面でのコスト増も支えている。神話の世界の「無能な」クマにも、一つは才能があるようだ。

数年前わたしは、そんな政治的役割を担った二匹のパンダと一緒に過ごした。スウィーティこと甜甜（ティエンティエン）、サンシャインこと陽光（ヤングアン）だ。二匹は二〇一一年十二月、専用のプライベート機に乗ってエディンバラに到着した。飛行機の横腹にはジャイアントパンダの絵が描かれていた。子どもたちが道の両側で旗を振って出迎え、バグパイプが演奏され、特別に作られたパンダ柄のタータンがお披露目された（果たしてパンダに歓迎の意が通じただろうか）。イベントの様子は完全生中継された。スウィーティとサンシャインの仕事は、地元の動物園の収益を回復させるため少しだけ魔法の粉を振りまくことで、売り上げ七十パーセント増強の目標が立てられていた。けれど二匹の到着の陰には、あまり公にされていない経済的な駆け引きがあった。スコットランドは中国の増加しつつある中流階級のために、工場で育てたサーモンを提供することになっていて、契約書によると二百六十万ポンドの利益が見込めた。最近パンダは世界中を回りながら、ウラン（オーストラリア）、アザラシの肉やガソリン（カナダ）など、似たような契約を成立させている。

「パンダは交渉成立に使われ、長く実り多い関係の象徴とされています」と、パンダ外交についての著書があるドクター・キャスリーン・バッキンガムはBBCに語った。「ひとつの国にパンダが引き渡されても、交渉の終わりというわけではありません。絶滅の危機にある貴重な動物が託されたということで、新しい関係の始まりを象徴します」ドクター・バッキンガム曰く、中国は「目に見える祝福という形を通して、ソフトパワーを発揮したいと思っているのです」。パンダはその役割のために作られたかのようだ。

パンダ外交は今に始まったことではない。遠い昔の七世紀、中国の唐王朝は五匹の生きたパンダを、数枚の毛皮と一緒に日本の皇帝に贈っている。そのやり方が復活したのは一九四一年、パンディーとパンダーがブロンクスの動物園に、第二次日中戦争中に力を貸してくれたことへの感謝の印として贈られたときだ。毛沢東はこれらの白黒のクマの外交力を高く買っていた。彼が権力を握っていたころ、パンダは北朝鮮やソ連といった長年の共産主義のパートナーや、その他新しい政治的な同盟国に贈られた。ニクソンはアメリカと中国の二十五年に渡る敵対関係に終止符を打ち、一九七二年に歴史に残る中国訪問を実行したが、いっぽうでは（のちに性的に活力のないことが判明するが）シンシンとリンリンがワシントンに送られて、熱狂を呼んでいたのだった。

お返しにホワイトハウスも中国に動物大使を贈った。国の象徴として堂々としたハクトウワシやハイイログマを選ぶこともできたはずだが、なぜか選ばれたのはみすぼらしくて臭いジャコウウシ二頭だった。本来はたいそう血気盛んな動物のはずだが、パンダがアメリカで引き起こしたような興奮を中国にもたらすことはできなかった。オスのミルトンは大量の痰を吐く癖があり、おまけに皮膚病を患って、まだらに禿げていた。パートナーのマチルダも同じくらい哀れな状況にあった。「百年後、『ジャコウウシ』が中国語の俗語で『何の役にも立たないが捨てることもできないもの』を意味していないことを心から願いたい」と、〈ニューヨークタイムズ〉の記者はコメントした。

ホッキョクグマからカモノハシまで、数えきれないほどの動物が政治的な駒として地球上を移動させられたが、その成果はまちまちだ。一八二六年、エジプトからキリンが届くと、パリは「たちまちキリン熱に浮かされた」。動物の特徴的な毛皮はハイファッションに影響を与え、女性はキリンを真似た髪型までした——キリン・ア・ラ・モード。

それでもパンダは動物王国の外交官トップの座を譲っていない。「ジャイアントパンダが豊かな自然を思わせることと……見た目の愛くるしさは世界中の人々を魅了するのにぴったりで、一時的にせよ中国のイメージをアップするのです」と、このテーマに詳しい外交の研究家ファルク・ハルティヒは言った。「もちろん中国が、パンダのように平和で友好的かというのは議論を呼ぶところですが、パンダが中国の名のもとに発信するメッセージの力は否定できないのです」

けれど中国のぬいぐるみ外交官は、もう無料で来てくれるわけではない。動物園のレンタル料は年百万ドルで、繁殖させることも条件に含まれている。二〇一四年、わたしがエディンバラ動物園を訪れたとき、パンダ部門の責任者バレンティンは赤ちゃんパンダの小さな足音を心待ちにしていた。おかげでバレンティンの人生は、パンダの尿にどっぷり浸かっていた。パンダの妊娠は謎に満ちていて、ティエンティエンが臨月を迎えているかどうか見極めるには、法医学的な方法でホルモンを測定するしかないのだった。彼女は命令に従って排尿するよう訓練されていたが、いつも素直にするわけではなく、おかげで毎日小屋を掃除し、残された尿を集めるという作業が発生していた。パンダの貴重な尿を採取するのにここまで手がかかるとわかっていたら、小屋をそれに適したデザインにしていた、とバレンティンはぼやいていた。

結局、胎児はティエンティエンの子宮の中で吸収されてしまい、誰もが落胆した。ホラー映画の一場面のようにも聞こえるが、よりよい条件でしか子どもを産まないという進化の選択なのだろう。いっぽうティエンティエンが赤ちゃんを出産していたら、所有するのは中国ということになり、レンタル料として別途百万ドル請求されていたはずだ。おまけに二年経ったら必ず中国の繁殖センターに返さなければいけなかっただろう。政治的な事情で、返還がもっと早まることもある。二〇一〇年、バラク・オバマ前大統領とダライ・ラマ十四世が会談を行うと発表した二日後、中国政府は不満の意を示すために、アメリカで生まれた二匹のパンダの返還を求めてきた。

「要は政治とお金なんです」と・ケイティ・ローフラーは言った。「パンダの繁殖は何百万ドルにもなる産業で、パンダは自力で繁殖できないと大衆を納得させることができたらますます儲かるのです」

外国の動物園にいるパンダだけがドル箱というわけではない。中国では新興の中産階級が国内ツアーを行うようになってから、パンダツアーの人気は五倍になり、今では成都市の重要な資金源だ。繁殖センターでは熱心なファンから百七十ドル取って、赤ちゃんパンダを抱っこする写真を撮影している。不思議なことに、小屋の糞便を掃除したいというファンはさらに多いそうだ。ただし赤ちゃんパンダが全員、ファンの愛情を歓迎しているわけではない。二〇〇六年、赤ちゃんパンダと触れあうためにお金を払ったツーリストは、ふかふかのぬいぐるみに突然襲いかかられてひどく恥ずかしい思いをした。「少し力を込めすぎて頭を撫でてしまったようだ。そして突然、彼女は地面に叩きつけられた」と、新聞記事は報じた。助け出された女性は泣きじゃくっていて、傷ついたプライドだけを抱えて赤ちゃんパンダの小屋を後にした。数ヶ月前には同じセンターで、写真好きのツーリストが完璧なシャッターチャンスを追求するうちに親指を失った。

パンダは竹をかじるという食生活を通して強力な顎の力を手に入れ、その力ときたら竹の固い幹を食いちぎるくらいだ。パンダの頬の強力な筋肉は、皮肉なことにまん丸な顔という印象を与えるが、実は非常に強い力を秘めていて、最近行われた肉食動物の噛む力の比較では、ライオンとジャガーに挟まれて五位に食い込んでいる。

〈パンダが襲うとき〉When Pandas Attackというウェブサイトには、パンダの一三〇〇ニュートン（N）の咬む力の犠牲になった人びとの長い一覧表が掲載され、ふかふかしたクマのまったく違う一面が紹介されている。怪我人の中には香港のテーマパークの世話係もいて、ピース（平和）という名前のパンダにひどい傷を負わされたそうだ。フランス元大統領のジスカール・デスタンもパンダに噛みつかれ、救助されなければならなかったし（危うく外交上の大問題に発展するところだった）、北京の動物園でパンダの柵に転落した酔っ払いは、前科のある古古（グーグー）というパンダをハグしようとした。病院で目を覚ました男は、あわや片足を失うところだったと知った。「パンダは可愛くて、竹しか食わないと思っていたんですよ」と、彼は後にCNNに語っている。このことが示すように、現代のパンダ神話は非常に危険だ。

つい最近まで、人を襲うのは飼育されたパンダに限られていた。ところが二〇一四年、野生のパンダが白水江国家級自然保護区の近くにある村で大暴れしたあげく、老人の足にしたたかに噛みつき、五十日も入院する怪我を負わせた。パンダの故郷が人間によって侵食されている今、野生の襲撃はより頻繁に起きるようになるかもしれない。あえて擬人化するなら何十年も誤解され、嘲笑され、肛門にプローブを突っ込まれてきたクマの逆襲というところだろうか。

ただしパンダのこういった獰猛な一面も、健康的なイメージに傷をつけることはまずないだろう。わたしたちは無害で無力なパンダが好きだ。それが「カワイイ」の力なのだ。第十二章で紹介するペンギンは、これまた人間によく似た可愛らしい行動が人気を集めているが、子どものアニメにもたびたび登場するスターは非常にショッキングな性生活を営んでいて、事情を知る人間は一世紀ものあいだ口をつぐんでいたのだった。変態ピングーの18禁の物語を聞く覚悟はいいだろうか。

第12章

ペンギン

PENGUIN

ペンギンは世界中で好かれている。多くの面で我々人間に似ているし、ある面では我々のあるべき姿をあらわしているからだろう。

アプスレイ・チェリー＝ガラード『世界最悪の旅』(一九一〇年)

最初の野生のペンギンとの出会いは思いがけないものだった。そもそも、わたしはオーストラリアにいたのだ。すべてのペンギンが氷の上を滑りながら一生を送るわけではない。今存在する種類の半分ほどは、北のほうでは赤道付近など過ごしやすい気候の土地で暮らしている。それでもわたしの南極大陸で一番有名な住人との最初のランデブーが、メルボルンから車ですぐの穏やかな金色の砂浜だったというのはやはり変わっていた。世間で信じられているペンギンのイメージのほとんどは、事実といえないのではあるが。

オーストラリアの南の沿岸には、フェアリーペンギンのコロニーがいくつかある。研究室で遺伝子工学的に「カワイイ」を作りだせるなら、きっとこんなポケットサイズになるのだろう。フェアリーペンギンは体高わずか三十センチほどの、たぶん地球上で最も小ぶりなペンギンで、ファンの数は一番多い。

フィリップ島には一九二〇年代から、フェアリーペンギンを一目見ようと観光客が押し寄せている。わたしが島を訪れたときには数百人の熱心なファンがいて、何人かは買ったばかりの実物より二回りほど大きなペンギンのぬいぐるみを抱え、名物のペンギンパレードの開始を待っていた。暗くなってから行われる「カーニバル」で、小さくて黒光りする鳥たちが、日没と同時に海を出てよたよたと砂浜を横切り、砂に掘った穴を目指すのだ。

進化の神はペンギンに、冷たい海の中で魚を追うための素晴らしい装備を授けた。けれど彼らは鳥の本能に従い、乾いた大地に戻って卵を産み、雛を育てなければいけない。それは控えめに言っても非常に不都合なことだ。ペンギンは言ってみれば魔法瓶のような体をしていて、冷たい海で暮らしているぶんには問題はない。ただしより暖かい場所に住んでいるペンギンにとっては、厚い羽毛の生えたスイムスーツ姿で動き回るのは危険な行為だ。

これらのペンギンたちは独創的にしていささか複雑な戦術を編みだし、蒸し焼きになるのを避けている。立ったままイヌのようにはあはあと呼吸をする種もあれば、日陰で涼む種もある。キンメペンギンは一キロメートルも内陸に上がり（あの短い足にとっては大変なマラソンレースだ）、ニュージーランドの涼しい森の中で雛を育てる。ガラパゴスペンギンは容赦ない赤道の太陽を避けるため、居心地が悪そうな海岸沿いの溶岩の割れ目に巣を作る。フンボルトペンギンが一番苦労していると いえそうだ。ペルーの荒れた海岸に住んでいて、発酵した自分の糞を山ほど使って城を建て、日陰を作りださなければいけないのだから。フェアリーペンギンはその問題を、太陽を頭から無視して夜間活動するという方法で解決した。そんなわけで彼らは夜、フィリップ島の沿岸の巣に戻るため行進するのだ。

ペンギンパレードは、地元の観光客向けの看板には「野生の行進」と誇らしげに書かれていた。

小さな鳥たちは期待を裏切らなかった。暖かなオーストラリアの太陽が地平線に沈むと、波打ち際には何十羽もの小さなペンギンがあらわれ、プロのエンターテイナーのように観客を興奮させた。懸命にビーチを歩く姿を見ると、わたしもつい微笑みを浮かべていた。

ただし、ペンギンの滑稽な歩行に騙されてはいけない。陸の上ではひどく不器用な硬い足は、水の中では舵の役割を果たし、時速五十キロで急カーブを切ることを可能にする。彼らは鳥の中で一番機動力が高く、ダイバーとしても一番だ。コウテイペンギンは五百メートル潜ることができる（ニューヨークのワン・ワールド・トレードセンターも高さ五百メートルある）。これらの鳥たちは生涯の八〇パーセントを巧みな捕食者として過ごし、その有能ぶりときたらジェームズ・ボンドにも引けを取らないくらいだ。けれどわたしたちの目に映るのは、チャーリー・チャップリンのように陸をよたよたと歩く残りの二〇パーセントなのだ。

「人間の動物に対する印象は、どこで見るかということに左右されます」と、ローリー・ウィルソン博士は言った。何百羽というペンギンの体やくちばし、お尻に速度計をつけて、水中での暮らしぶりを明らかにした天才だ。「ペンギンが陸の上をぶきっちょに動き回っているのを見るのは、世界屈指のアスリートたちが真っ暗闇の中でよろよろと動いているのを見て、彼らに能力がないと決めつけるようなものです」と、彼は言った。「ペンギンのように動き、かつチーターのように走るというのは無理な相談です」

ペンギンの足をコントロールする筋肉は温まっていなければ機能しないので、足は全体を羽毛に覆われている。足が動くのは滑車の原理により、いわば操り人形を動かすようなものだから、あの特徴的なよたよた歩きが出現する。その偶然が、人間をペンギンの真の物語から遠ざけてしまった。ショッキングな売春と倒錯。アニメキャラクターのピングーも羽毛を逆立てるだろう。

*

ヨーロッパ人が最初にペンギンとみなした動物は、実はペンギンではなかった。オオウミガラスだったのだ。間違いを犯した十六世紀のキャプテンの名誉のために言うなら、オオウミガラスは確かにペンギンによく似た特徴を持っている。同じように太っていて、飛べなくて、白黒で、人里離れた岩だらけの島の大きな繁殖地で過ごしている（ただし場所だけは正反対の北半球だ）。そしてもうひとつ共通する大きな特徴は、とても捕まえやすいという点だ。

これらの太った鳥は、飢えた水夫にとって天の恵みだった。サー・フランシス・ドレイクがマゼラン海峡の島で殺した三千羽の「飛べない鳥」は、「ガチョウのように大きかった」という。謎めいた「ペンギン島」が、古地図の上に宝の隠し場所のように描かれたのは、水夫が海で生き延びるために極めて重要だったからだ。ドレイク以降の時代、ペンギンという言葉は南北どちらの半球で見つかるかを問わず、歩く手軽な食料を意味するようになった。食通たちに言わせれば、ペンギンは脂肪分と一緒に料理すると魚のような味がした。脂肪を取り除けば、多少願望も混じっていただろうが、牛肉としても通用した。おまけに都合のいいことに、脂肪分の多い死骸は燃えやすく、バーベキューの燃料として使えたのだ。一七九四年、ある有能な水夫は書いた。「用意した鍋にペンギンを一、二羽入れて火を起こす。その火は混じりっけなしの、気の毒なペンギンそのものなの

最初期のマゼラン海峡の地図（16世紀）にはのんびり散歩に出かけるペンギンが描かれている。飛べない太ったペンギンは「歩くご馳走」だったことだろう。

だ。体が油っぽいのですぐに火がつくのだ。島に材木はない」

見た目と味にもかかわらず、オオウミガラスはまったく違う科に属し、ペンギンよりウミガラスやツノメドリのほうに近い。似ているのは皮一枚だけで、要するに収斂進化（しゅうれんしんか）の格好の例なのだ。収斂進化とは分類学上まったく関係のない動物たちが、サバイバルという難題の前に同じ解決策を見出すことを指す。オオウミガラスとペンギンの場合、両方とも水の中を素早く移動して、小さな魚や微生物を食べるという解決策を見出した。そのかわり、通常空を飛ぶのに好都合な大きく繊細な羽根と華奢な体を捨てて、いわば脂肪分のついた弾丸になり、飛べないぶん力強い足とずんぐりとした流線型の体を手に入れた。非の打ちどころのない形状で、人間はこれまで彼らの抵抗係数の低さを超えるデザインができたためしがない。また二種類の鳥は同じようなタキシード風のカモフラージュを手に入れた。体の前の白い部分は、太陽の反射した水面を見上げる捕食者や獲物の目をごまかせるし、黒い背中は空から濁った水の中を見通そうとする捕食者から隠れるのに役立つ。それに加えて同じ水かきのついた足と、陸上では無駄な動きしかしない短い足を見たら、おそらく間違えないほうが難しく、おまけに水夫たちは空腹で半ば朦朧としていたのだから無理もないだろう。

のちにオオウミガラスは、いささか困惑することに「羽毛のないペンギン」と名づけられた。羽毛がないわけでもなければ、ペンギンでさえないのだが。この不親切な名前は二つの白黒の海鳥をめぐる混乱を解くのに何の役にも立たず、おかげで誤解は何世紀も続いた。このことにビュフォン伯は憤慨し、命名をやり直そうと提案した。最初はオオウミガラスが足を後ろに突き出して泳ぐ姿を見た水夫たちによるあだ名、「尻足（しりあし）」を検討していた。理由は定かではないものの、結局フランス語で「隻腕」を意味する「マンショ」に落ち着いた。ただしほかの鳥同様、ペンギンには明らかに二枚の羽根があったので、この名前は定着しなかった。ビュフォン伯にとっては幸運なことに（鳥たちにはそうでなかったとしても）、オオウミガラスはやがて食べ尽くされて絶滅し、仲間のために燃料になることもなくなった。

ペンギンの種類をめぐってはさらに混乱が続いた。初期の冒険家の一部は、彼らはなかば鳥、なかば魚だと考えた。ほかの人間たちは恐竜と鳥をつなぐ、欠けた進化の鎖の輪だと思った。わたし自身、ワニを真似て作ったような爬虫類ふうの足を長い時間観察したので、その気持ちはわかる。

けれど結果的に、それは驚くほど危険な誤解だった。世界でも最も恐ろしいと言うしかない卵探しに繋がり、二人の男が命を、一人の男が正気を失ったのだ。

この説を提唱したのは極地探検家のエドワード・A・ウィルソンといって、ロバート・ファルコン・スコットが一九〇一〜一九〇四年にかけてディスカヴァリー号で南極大陸を目指したとき、鳥類学者として同行した男だった。エドワード・ウィルソンは非常に評価されていたペンギン研究者の先駆けで、彼が熱心に観察したおかげでコウテイペンギンのあまり羨ましいとはいえない繁殖のプロセスが明らかになった。オスは過酷な南極の冬に耐えながら足元に卵を抱え、餌を食べることもできず、その間メスは産卵のせいでひどく消耗した体で二ヶ月も海に潜って過ごす。オスとメスはその後交代で雛を育て、食事をする。極限の耐久力が求められるリレー競技で、ウィルソンは「鳥類学でも滅多にお目にかかれないほどの風変わりさだ」と述べた。彼はコウテイペンギンがいわゆる残存種で、その卵に進化の秘密が隠されているとした。南極探検の報告書にはこう記されている。「コウテイペンギンにはペンギンのみならず、鳥の最も原始的な形が秘められているかもしれず、その胎児の成長を追うのは非常に重要な作業だ」

ウィルソンの発生学の元となったのは、ドイツ人生物学者エルンスト・ヘッケルの説だった。一八六八年、ヘッケルは非常によくできた（ただし残念ながら真実ではない）説を提唱した。すなわち、すべての動物の胎児は遠い祖先の進化を鏡に映したような発達の過程をたどるというものだ。彼はこのように言ったとされる――「個体発生は系統発生を反復する」。華麗なる「反復発生説」にはヘッケル自身の挿絵がついていて、発達過程の胎児の繊細な絵は非常に宣伝効果が高かったが、学術上の問題も含んでいた。

ヘッケルの説を信じたウィルソンは、コウテイペンギンの卵はタイムマシンのようなもので、爬虫類が鳥に進化する過程の失われた変身の段階を教えてくれると考えた。「最も初期の鳥、始祖鳥には歯があった」と、ウィルソンは一九一一年、ペンギンに関する講義で述べた。「コウテイペンギンの胎児に本物の歯が見つかることを願っている。ただし大人の鳥には見られないのものだが」ウィルソンはまた、ペンギンの羽根の原型である小乳頭状突起が爬虫類の鱗の原型と一致するのではないかと考えていた。当時はダーウィンの驚くべき自然選択説が発表されてからまだ五十年で、誰もがその説を受け入れていたわけではなかった。ウィルソンはコウテイペンギンの卵こそが反対論者の口を封じ、ダーウィンの説の正しさを証明することを望んでいた。

どのような手を使ったのか、ウィルソンはスコットを説得し、そのとてつもない冒険は二度目の南極探検の科学的側面に貢献すると納得させた。こうして一九一一年六月、ウィルソン、ヘンリー・バワーズ、そしてアプスリー・チェリー＝ガラードこと「チェリー」の三人のドン・キホーテ式十字軍が、コウテイペンギンの卵に隠された幻の恐竜の歯を求めて地の果てに出発する。南極基地から始まる二百キロの旅は、のちに唯一の生存者チェリーによって「世界最悪の旅」と形容された。それは誇張ではなかった。同じ題名のチェリーの回想録には、この呪われた卵探しの恐るべき全貌が綴られている。

コウテイペンギンは南極の冬のさなかに巣を作るので、三人は当時唯一知られていたロス島東端のクロージャー岬の繁殖地を、真っ暗闇の中ろうそくの光だけを頼りに進む羽目になった。南極の

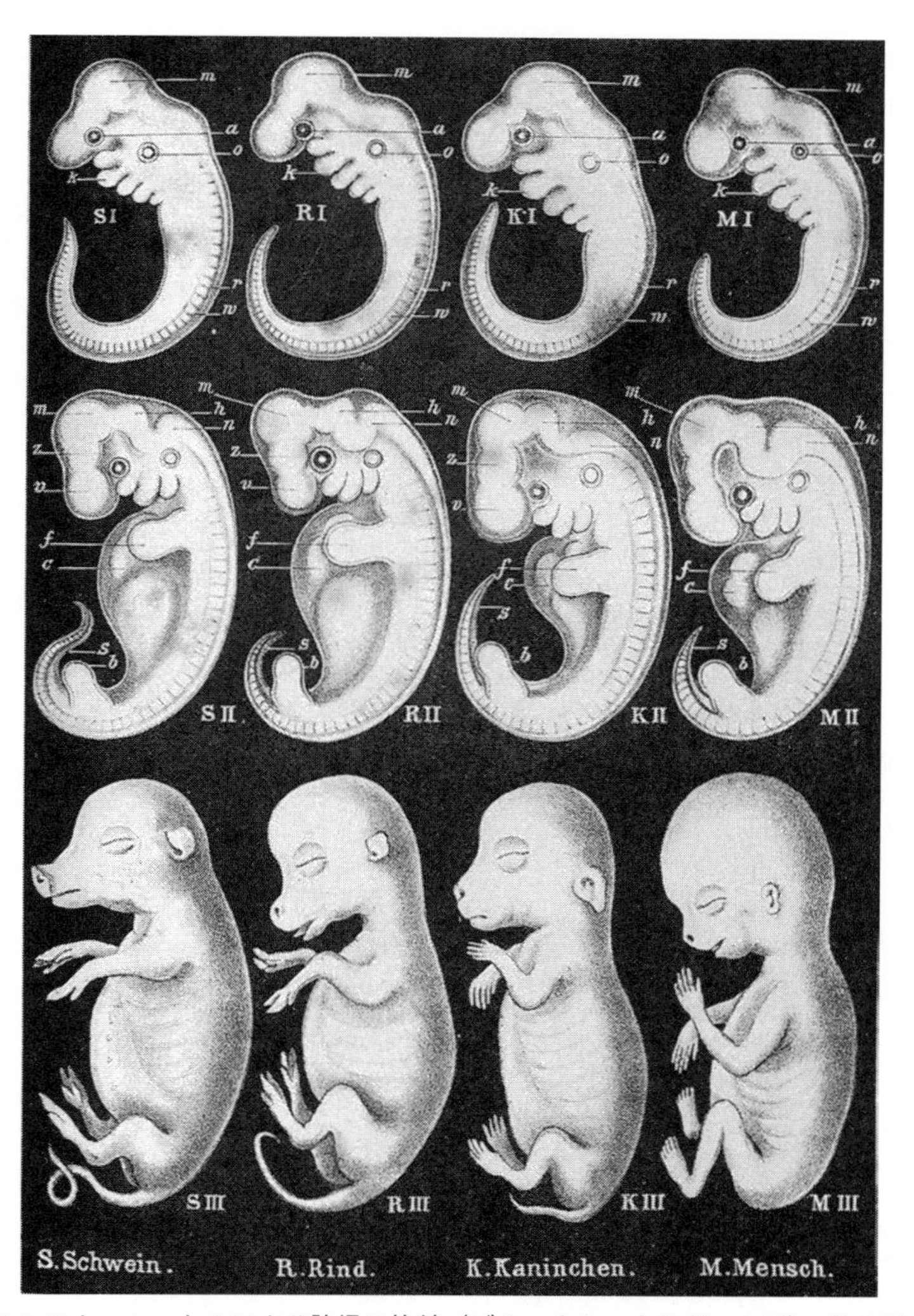

エルンスト・ヘッケルによる胎児の比較（ブタ、ウシ、ウサギ、人間）。彼の誤った反復再生説をそれらしく見せてしまった絵。反復再生説を信じて地の果てまで行った冒険家のうち、帰還したのは１人だけだった。

吹雪が荒れ狂う中では簡単なことではなかった。三人は順繰りに、至るところにあるクレバスに転落した。気温はマイナス六十度を下回り、湿った雪は非常に重かったので、一度に一台の橇しか引くことができなかった。三台の橇を順番に引くしかなく、引き終わっても一マイル（約一・六キロ）しか進んでいなかった。汗のせいで服は氷の鎧になり、息を吐くと頭巾が凍って顔にはりついた。激しくカチカチと鳴らすあまりシェリーの歯は砕けてしまい、肉刺（まめ）はアイスキャンディのように凍った。

あまりに恐ろしい道行きだったので、目的地に着くとチェリーはそれ以上進む気力を失った。

「私はすっかり苦しみの限界で、楽に死ぬことができればほかのことはもうどうでもよかった。世間では死を選ぶことを勇敢だと言う。彼らは何も知らない。死ぬのは簡単なのだ……難しいのは生きつづけることだ」

凍えきった三人組は強引に前進して、まったくの暗闇の中で六十メートルの氷の崖を登り、繁殖地をめざした。

ペンギンにはあまり歓迎されなかった。「いらだったコウテイペンギンたちはすさまじい騒ぎを起こした」と、チェリーは回想している。「奇妙に金属的な声を張り上げていた」そうだ。探検家たちは荒れるペンギンの足元から五個の卵を奪い、さらに燃料のために何羽か捕まえて皮を剝いだ。ところが「ミッション成功」と言える前に、さらに厄介な事態が襲いかかった。

彼らは道に迷ってしまったのだ。手探りで闇の中を進み、もときた道を見つけようとするうちに、チェリーの凍りついた指は卵の二個を落としてしまった。偶然によって三人はテラー山（恐怖（テラー）とはよく言ったものだ）の麓のキャンプに戻りつき、すぐさま体を温めようとした。その日はウィルソンの誕生日の前夜で、彼らはペンギンの脂を使ってストーブを焚いたものの、あたかも鳥たちの復讐のように「沸騰した脂がはねてウィルソンの目に飛びこんだ」ウィルソンは目に重傷を負い、一晩中「うめき声を押し殺すこともできず、激しい苦痛にさいなまれていた」

「つねづねあのストーブは怪しいと思っていた」と、チェリーは綴った。それでもまだ終わりではなかった。「世界中が癇癪を起こしているような」猛烈な嵐が起こり、テントや持ち物のほとんどが吹き飛ばされてしまったのだ。三人は烈風によって「細かく引き裂かれた」キャンバス地の屋根を使い、仮設シェルターを作った。彼らはウィルソンの誕生日を「死を目の当たりにして」過ごした。食べ物も火もないまま寝袋に入って身を寄せ合い、賛美歌を歌ったり、おいしそうな桃缶の夢を見たりしながら、チェリーとバワーズはときおり誕生日の主役を揺さぶって、まだ生きているかどうか確かめた。

二日後、吹雪がやわらぎ、バワーズが奇跡的に吹き飛ばされたテントを見つけた。「我々は希望を奪われたあと、ふたたび与えられた」と、チェリーは書いた。

三人は一九一一年八月一日、ほうほうのていで南極基地に帰りついた。凍りついた服は体から切り離さなければならず、両手の指はなかば死んでいた。ささやかな卵ハンティングが始まった五週間前から三十歳も年を取ったように見えた。チェリーはその悪夢から二度と精神的に立ち直ることがなく、以降は死ぬまでPTSDに苦しんだ。ウィルソンとバワーズはどうしたわけか立ち直ったが、そのことは彼らにいっそうの不運をもたらしただけだった。おかげで二人はスコットの呪われた南極探検に加わることになり、仲間たちと共に帰還途中に命を落としたからだ。チェリーだけが三つの貴重なコウテイペンギンの卵と、進化科学の名誉を守る役割を抱えることになった。

二人の死を背負いこんだチェリーは、「聖なる卵の番人」としての役割をひどく真剣に受け止めた。ロンドンに戻ったあと、彼はサウスケンジントン自然史博物館に自らの手で卵を持ちこんだ。おそらく英雄として迎えられることを期待しただろう。ところが対応に出てきたのは下っ端の係員で、彼の収集品に何一つ興味を示さず、こう怒鳴ったという。「お前は誰だ。何がしたいんだ。ここは卵売り場じゃないんだぞ」チェリーはのちに博物館に手紙を書いて、その仕打ちについて抗議した。「私が差し出したのはクローザー岬で採集した胎児で、そのために三人の男があわや命を失い、一人の男は健康を害した。それほどのものを個人的に進呈しようとしたのに……あの係員は礼すら言わなかった」

チェリーには知る由もなかったが、博物館の無関心の根っこには進化に関する考え方の間の悪いパラダイムシフトがあった。チェリーと仲間たちが氷の山で科学のために命をかけているあいだに、ヘッケルの反復発生説そのものが瓦解していたのだ。科学は無情にも歩みを進め、コウテイペンギンの卵は無用の長物と化した。

チェリーは残りの人生を通して、胎児の研究の進展に手を尽くしたが、多少なりとも結果があらわれるまでに二十一年かかった。そしてその結果は、待ちぼうけの時間には値しなかった。動物学者のジェームス・コサー・エワートは、胎児の切片を顕微鏡で観察したところ、ウィルソンの希望とは裏腹に、鱗や羽根は共通の祖先を示していないとした。一九三四年、とどめの一撃が訪れた。解剖学者のC・W・パーソンが冷酷にも、三人が早すぎる段階で卵を採集したので「ペンギンの胎児の進化を知るにしても」まったく役に立たないと宣告したのだ。

*

足の指と歯、それに正気の大半をペンギンのせいで失ってしまったのだから、チェリーが彼らにそれなりの恨みを抱いたとしても許されただろう。ところがチェリーの情熱は揺るがなかった。彼の文章からは、人間に似た鳥への親しみと尊敬の念しか感じられない。「アデリーペンギンの一生は過酷だ。コウテイペンギンの一生は苛烈だ」と、波乱の回想録の末尾に彼は記した。「それなのに彼らは快活かつ幸福、健康で、そのような者たちがほかに存在するだろうか。我々はペンギンを尊敬しなければいけない。私たちよりもずっとできた生きものだ」

こんなふうに、ペンギンには擬人化を誘うところがある。「彼らは人間の子どもたちに非常によく似ている」と、チェリーは書いた。「とことん自己中心的で、夕食には遅れてあらわれ、黒い上着と白いシャツを着ている。ずんぐりしたところもよく似ている」そんなふうにペンギンを見たのは彼一人ではなかった。このような子どもじみた比較は、ペンギンが発見された直後から共通して見られたのだ。王立協会に論文を送っていた、十八世紀の最も本格的な科学者たちでさえ、この海の鳥が「一見して子どものようで、よだれかけとエプロンをつけてよちよち歩く」と、嬉しそうに述べている。ペンギンをとらえて鍋にしていた十七世紀の水夫にしても、彼らが「白いエプロンをつけた子どものようにまっすぐ立っている」のを可愛いと思っていた。

パンダ同様、ペンギンの頼りなさは歩き始めたばかりの子どもを思わせ、人間の保護本能をくすぐるのだろう。加えて地球の果てでの厳しい一生があり、コメディアンのような立ち居振る舞いをするのだから、擬人化のスーパースターの座は確実だ。

ストイックな生き方とドタバタ劇の強力な組み合わせが、初めて南極大陸を離れたペンギンを瞬時にスターの座に押しあげた。一八六五年、ロンドンのリージェントパークの動物園で暮らすペンギンについて、〈タイムズ〉紙はその不器用さについて嬉々として語ったのち、それが「滑稽な威厳を兼ね備えていた」と述べている。果てしない氷の落とし穴の前での威厳と、腹這いで滑るのを好む意外な性質は、映像が始まるやいなや彼らを人気者にした。動物王国のチャーリー・チャップリンは、児童書の人気者でもあった。パンダ同様、印象的な白黒の服は宣伝会社の理想で、出版物からクッキーの缶までペンギンのロゴがあしらわれた。アメリカの宗教的右派には、キリスト教的家族観の理想としても扱われたのだった――オスカー受賞ドキュメンタリー『ペンギンたちの行進』のおかげで。

「このドキュメンタリーは新しい命を生み出そうという家族の、驚くべき真実の物語だ。地球でも最も厳しい環境で、愛が勝利するのだ」堂々たるコウテイペンギンのカップルが愛くるしいふわふわの雛を世話するカットの連続に、モーガン・フリーマンのナレーションが重なる。それ以降の映画はいささか端折り気味で、事実に根ざしているとはいえない。コウテイペンギンが毎年ホルモンに急き立てられて繁殖のために氷を横断するのは、ナレーションでは偉大なる愛の物語とされていた。それは真実ではないが、映画は大ヒットした。キリスト教原理主義者たちは映画のメッセージに飛びつき、コウテイペンギンの苦難は精神的な修行で、その行動は人間の模範だとした。

保守系の映画評論家マイケル・メドヴェドは『ペンギンたちの行進』を「伝統的な規範、すなわち一夫一婦制、自己犠牲、子育てを力強く肯定する」映画だと称賛した。一五三ハウス・チャーチ・ネットワークと名乗る団体は、「映画が自分たちの人生に与えた影響」をテーマにリーダーシップ・ワークショップを開催した。「ペンギンが置かれた状況のいくつかは、キリスト教徒のものに類似している」と、主催者は述べた。教会は信者のためにまとめて映画館の席を予約したといい、この原稿を書いている現在、『ペンギンたちの行進』は米国で史上二番目に興業成績が良いドキュメンタリーだ。（マイケル・ムーアがブッシュ政権の「テロとの戦い」を批判的に分析した『華氏九・一一』と、『ジャスティン・ビーバー　ネヴァー・セイ・ネヴァー』に居ごこち悪く挟まれる格好だ）

ペンギンは確かに正しい社会的行動のモデルかもしれない――文字通りの、生物力学的な意味合いにおいては。けれど飛ぶことができず、魚を食べる鳥を道徳的なモデルとするのはやはり無理がある。ペンギンの多くは伝統的なキリスト教的家族観と相容れないばかりでなく、彼らの性的行動のいくつかは、最もリベラルな団体でさえ受け入れるのに苦労するはずのしろものだった。

第一に、ほとんどのペンギンは一夫一婦制とは言いがたい。最悪なのは映画館のスクリーンでロマンチックなスターを演じたコウテイペンギンで、なんと八十五パーセントが毎年パートナーを取り替えている。ただし彼らにはちゃんとした言い分がある。足元で卵を温めているので、巣を作ることができず、毎年繁殖期が訪れても新しいパートナーとランデブーする場所がないのだ。その代わり彼らは昨年のパートナーを見つけようと、巨大なスクラムを組んで動きながら大声を上げる。

何千羽ものペンギンが集まり、みんな同じ格好をしているのだから、そしてパートナーを探す機会は非常に限られているのだから、貞節を尽くすのが難しくてもやむを得ないだろう。

仮に単婚(モノガミー)が達成されるにしても、その中身はレインボーカラーだ。動物のホモセクシュアリティについて詳しく語った本『生物学的繁栄』の中で、カナダ人の生物学者ブルース・バゲミールは、フンボルトペンギンが同性のパートナーと添い遂げた例を挙げている。ゲイのゴリラから互いの噴水孔をカジュアルに刺激するアマゾンカワイルカまで、バゲミールの本では四百五十種類以上の動物の性の解放が語られている。彼の発見の多くはダーウィン式の考え方に合致しないため、動物学者からは長いこと黙殺されていた。オスのオランウータン同士のフェラチオに関して、ある上品な生物学者は「性的ではなく栄養学的な理由だ」と述べた。ようやく最近、動物王国の性的な多様性が認められるようになり、そのような関係が緊張を和らげ、子育てに貢献しているという説や、動物たちは単に楽しんでいるという説が浮上している。

ペンギンの同性とのパートナーシップは、とりわけよく動物園で観察され、レインボーフラッグの旗手として有名なカップルもいる。ドイツのブレーメンハーフェン動物園にはドッティとジーという名前の二羽のオスがいて、最近付き合いはじめてから十年を迎え、なんと雛を養子に迎えて育てている。ただしペンギンの性的多様性が、保守的なキリスト教徒の受けが悪いのはともかく、よりリベラルな向きを失望させることもあった。ペンギンの世界でおそらく最も有名だったゲイのカップル、ロイとシローは子ども向けの本『タンタンタンゴはパパふたり』の主人公で、ニューヨークのセントラルパーク公園でこちらも雛を育て、LGBTコミュニティに歓迎された。とこ

ドイツのブレーマーハーフェン動物園にてフンボルトペンギンのゲイカップル、卵のかわりに石を孵化させようとする。動物園はスウェーデンからメスを空輸して彼らの性的指向を「矯正」しようとし、ゲイの権利活動家たちの怒りを買った。「スウェーデンの売春婦たち」に仲を裂かれることはなく、二羽は卵を温めつづけた。

ろが数年後、シローは六年来のパートナーを捨ててスクラッピーという名前のメスと出奔した。〈ニューヨークタイムズ〉紙によると「ゲイコミュニティに激震が走った」とのことだ。性的指向がどうあれ、ペンギンは生涯貞節を貫くのに非常に苦労するらしい。

ペンギンの離婚率は南極大陸から北上するにつれて低下する。暖かい気候がよりフレキシブルな繁殖行動を可能にするのだろう。ペンギンにしてみたら繁殖のプレッシャーが弱まり、昨年うまくいったパートナーを探すのに時間を費やすことができる。赤道近くに住むガラパゴスペンギンは最も貞節で、九十三パーセントのカップルが季節ごとに再会している。この貞節は、体温調整能力を向上させているかどうかわからないし、子供が赤道直下の太陽のもと干からびてしまわないようにしているのかどうかわからないけど、そうであればよいと思う。

毎回の繁殖期を同じ相手と過ごすように見えるペンギンたちでさえ、それほど貞節というわけではない。メスのフンボルトペンギンの三分の一近くは不貞行為を働き、多くの場合相手は同性だ。メスのアデリーペンギンの十羽に一羽にもその傾向がある。メスの不貞行為は遺伝子的に強靭な子どもを得るためと言われていたが、ニュージーランドのオタゴ大学教授ロイド・スペンサー・デイヴィス博士の新しい発見によると、彼女たちの動機はもう少し複雑なようだ。彼の主張では、アデリーペンギンは地球でも数少ない売春に走る動物なのだ。

アデリーペンギンは誰もが想像する小さなアニメのペンギンではない。彼らは地球の最南端で過ごす鳥で、毎年短い夏の始まりに膨大な数で集まって南極半島沿いに巣を作る。繁殖期の終盤、気温が上がるころには、小石で作った簡単な巣に水が流れこみ、卵が水浸しになる危険が生じる。そこでメスは追加の小石を集め、親として作った巣を守ろうとする。盗みが頻発し、喧嘩も日常茶飯事だ。「驚くほど激しく突つきあったり、羽根で殴りあったりするんです」と、デイヴィスは言った。

こうして知恵の回るメスは、独占欲の強い小石の持ち主に殴られるのを避けるため、コロニーの端のほうで暮らす恵まれないオスを狙うことを考えついた。親としての義務がない独身のオスは自由に小石狩りに出かけ、立派な石の城を築く。いっぽう彼らは自分の種を残そうと必死だ。賢いメスはこうした孤独なオスににじり寄って、深く頭を下げ、コケティッシュな流し目を送って、交尾を求めているようなそぶりをする。オスはお辞儀を返し、脇に寄って、メスが小石の城に横になって交尾できるようにする。セックスはあっという間の出来事で、経験不足なオスはあらぬ方向に弾丸を発射することもしばしばだ。コトを済ませたあと、メスは手に入れた小石をくわえてよちよちと巣に帰る。

デイヴィスはとりわけ狡猾なメスが、セックスの対価を与えることもなく小石を盗むところも目撃した。同じように色目を使いながら、セックスは抜きで小石だけ持って帰ったのだ。「お金だけもらって逃げるようなものです」と、デイヴィスは表現する。怒ったオスが攻撃するところは一度も確認されていない。せいぜい目的の品を抱えてそそくさと立ち去るメスを、約束が違うと必死で引き留めようとするくらいだ。これらのオスを騙すのは可哀想なくらい簡単だ。とりわけ手際の良いメスの中には、一時間に六十二個の小石をかすめ取った者もいたという。

ただしメスも、オスがただの間抜けなのではなく、必死だという点は理解しているようだ。オスには大きな石の巣があるいっぽう、失うものはほとんどない。メスにセックスさせる気があるのなら、リスクを冒す価値もあるというわけだ。愚かなようにも見えるが、デイヴィス曰く「進化という面では非常に賢いのです」

セックスが商品として使われるケースは、動物王国では驚くほど少ない。ペンギン以外にデイヴィスが脊椎動物の中で見つけたのは二種類だけで、片方はチンパンジー（肉と引き換えにセックスする場面が目撃されている）。もう片方は、要するにわたしたちだ。メスのペンギンは、人間が予想

メスのアデリーペンギンはセックスの対価としてモノを手に入れる数少ない動物だ。メスは独身のオスを誘うかわりに石を要求する。巣が冷たい氷水に浸かってしまわないよう、たくさん必要なのだ。

する以上に人間らしいということだろう。キリスト教右派が日曜学校で話題にする内容ではないだろうが。

ところがオスのアデリーペンギンの行動ときたら、さらに顰蹙ものだ。あまりにショッキングなので実のところロンドンの自然史博物館は、その性生活の最初の科学的記録を公開することを拒んだという。

*

アデリーペンギンの私生活は二〇〇九年、ロンドン博物館の鳥類の卵および巣の管理責任者のダグラス・ラッセルによって偶然発見されなければ、科学の世界で知られることはなかっただろう。古い資料の箱を探って、スコットの二度目の破滅に終わる探検について調べていたとき、一九一五年の科学論文が目に止まった。題名は「アデリーペンギンの性癖」で、ただし「非公開」とわざわざ表に書いてあったという。このことはもちろん「ただちに私の好奇心を刺激した」と、ラッセルは言う。

その好奇心は報われた。長いことを失われていた資料は、オスのアデリーペンギンが動くものなら手当たり次第セックスをするという驚くべき内容だったのだ。それどころか、大半は動かないものともセックスするということだった。例えば死んだペンギンだ。死骸が新鮮である必要さえなく、前回の繁殖期の凍った死骸でもいいというのだ。

鳥たちの乱行の生々しい描写は、エドワード朝ホラー特有のおさえた筆致で、ペンギンの悪行を人間になぞらえて表現されていた。彼らは「ならず者の集団」で、「その情熱に抑制は利かず」、「繰り返される堕落した行為」には、マスターベーション、快楽のためのセックス、同性愛、輪姦、死体愛好、小児性愛が含まれていた。雛たちは「しばしばならず者の標的にされ」、一羽など親鳥の目の前で襲われたという。親の元を離れてしまった雛は押し潰され、「これらのならず者の手で非常な屈辱と死を味わわされた」

著者ジョージ・マレー・レヴィック医師は、ペンギン研究の著名な草分けだった。スコットの二度目の探検に外科医兼動物学者として同行した彼は、一九一一年から一二年にかけて夏の南極大陸で、アダレ岬のアデリーペンギンをまる十二週間観察するという稀に見る機会に恵まれた。今日に至るまで彼は、世界最大のコロニーをひとつの繁殖期を通して観察した唯一の科学者だ。その緻密な日々の記録は帰還した一九一五年、自然史博物館によって出版され、「アデリーペンギンの自然史」という題名がつけられた。ところがペンギンたちの奇妙な性癖については、レヴィックの会心の作のどこにも言及がなかった。

ラッセルは首をひねった。しばらくあたりを探し回ると、当時の自然史博物館の動物学の担当者から鳥類の担当者に宛てたメモが見つかり、そこにはアデリーペンギンの性的な秘密に関して箝口令を敷くという内容が記されていた。興味深いことに、メモにはこんなことも書かれていた。「該当の部分は切り離して、我々自身のために何部か印刷しておこう」

アデリーペンギンの生々しい性生活に関するレヴィックの記録は、ヴィクトリア朝後の学問の世界には時期尚早だった。当時はなんといっても貞淑であることが絶対で、セックスや感情についての口頭あるいは手紙でのコミュニケーションは花の名前に託し、「足」という単語を人前で使うのは刺激的すぎて、同性愛を匂わせれば蛇蝎のごとく忌み嫌われたのだ。倒錯したペンギンのセックスは、お上品な社会が受け入れられるようなものではなかった。レヴィックの論文は机の下でこっそりやり取りされるペンギンポルノのように、私的に回覧され、十分に知識があって赤裸々な内容に耐えられると判断された一握りの人間のみが目を通した。印刷されたのはわずか百部だった。「私が見つけた一部が残っていたのは奇跡だ」と、ラッセルは言った。

より調査を進めるとレヴィックが屋外で使っていたノートが見つかり、そこにはアデリーペンギンの恐るべき行動の全貌と、善良な医師の葛藤が綴られていた。コロニーに到着した最初のペンギンたちの観察には純粋な驚きがにじんでいる。ところが彼らの「驚くべき下劣な行動」を目撃すると、レヴィックは人目をはばかる内容を古代ギリシャ語で記すようになった。昔の寄宿学校で、秘密を守るために使われたトリックだ。

あるギリシャ語で書かれた一節には、オスのペンギンが仲間を相手に「実際に肛門性交を行う」場面が記録されていた。「その行為にはたっぷり一分かかった」と、レヴィックは誠実に記している。しかし彼は、自分が目にしたものを分析しようとはしなかった。科学的な分析をするには、あまりに憤慨していたのだ。彼は単純かつ真面目に結論した。「これらのペンギンは、どのような低劣な罪も犯すこともためらわないようだ」

レヴィックによるアデリーペンギンの観察は、時代を何十年も先取りしていた。六十年後の一九七〇年代になってようやく、ペンギンのおぞましい秘密は南極を訪れた他の科学者によって発見され、暴露される。この時は、それが彼らの通常の行動の範囲で、短い繁殖期のプレッシャーによって引き起こされると分析された。

アデリーペンギンがコロニーに集結するのは十月だ。全身のホルモンがたぎっているのに、相手を探すのに与えられた時間は数週間しかない。若いオスはどう振る舞ったらいいのか見当もつかず、多くが誤ったサインに反応して、セックスの相手という点についていささか幅の広い解釈をしてしまう。「若いアデリーペンギンがコロニーの中をうろつき、凍ったメスを見て『前からこんな相手と寝てみたかったんだ』と、思いつくというわけではないのです」と、ラッセルは言った。ホルモンに満ちた十代のペンギンには、半分目を開けて横たわる凍ったメスが、セックスに同意したメスと同じように見えてしまうのだ。「進化という観点からすると、繁殖の機会が非常に限られる種にとっては、こうした行動にも意味があるのです」そう言ってからラッセルは笑って付けくわえた。「ロマンスの要素はまったくないんですよ」

アデリーペンギンの繁殖に関する衝動は強烈で、研究者が似たようなポーズで凍らせたペンギンの死骸を置くと、多くのオスがそれを「放っておけなかった」。オスの執拗な行為によってたちまち死骸は破壊され、残されたのは「白目だけが残る凍った頭部」のみだった。それでもまだ「オスたちにとっては十分刺激的で、彼らは死姦し、岩の上に射精した」気の毒なレヴィックなら正気を失っていただろう。

ただし、この手のことをするのはペンギンだけではない。「鳥のことを知っている人間なら、彼らも同じような習性で有名なのは知っているでしょう」と、ラッセルはいささかうんざりした表情で説明した。そこでわたしはオンラインのバードウォッチャーのフォーラムをチェックして、彼らの証言を調べてみた。

鳥の死体愛好に特化したスレッドにはあらゆる驚愕の行動についての投稿があり、「ハトが死んだツバメにのしかかっているのを見た」という書き込みもあった。投稿主がご丁寧にも付けくわえたことによると、ツバメは「かなり小さかった」。種が違うことも珍しくない。別のバードウォッチャーはメスのツバメが車に轢かれ、大きく羽根を広げて、不運にも「オスに体を許しているかのような」格好で死んでいるところを見た。通りかかったオスは確かに強力な誘いと受け取ったようで、舞い降りて死んだメスと交尾し、「今度は自分も轢かれてしまった」二羽のオスのキジが出会うのを見たという投稿者は、車に轢かれた片方をもう片方が襲う場面を綴っていた。「最初のキジが死んだキジにのしかかって交尾するというのが、この話の結末だ」(「グロいけれど、興味があったら写真を見せますよ」と、投稿者は親しげに言っていた)。

動物に関するわたしたちの理解は、まだ相当限られたものだ。「動物に価値判断を下すことには、十分注意しなければいけません」とラッセルは強調する。「人間はいつでも自分たちの行動と比べたがりますが、彼らが単なる鳥で、脳もとても小さいということを覚えておかなければいけません」

それでは大きな脳を持ち、遺伝子的な類似性も複数ある動物からは何が学べるのだろうか。最後の章では動物の王国でいちばん近い親戚で、時には不安になるほどわたしたちに似ている動物、チンパンジーを取り上げる。何世紀もかけて「むこう」と「こちら」の違いを明確にしようとする中で、わたしたちは自分自身の大きな恐怖と執着に直面していたのだ。

第13章

チンパンジー

野獣ではあるが、極めて非凡な野獣だ。人間は己のことを考えずにそれを眺めることができない。
エドワード・トプセル『四足獣の歴史』（一六〇七年）

わたしは動物の研究を通して十分すぎるくらい貴重な体験をしてきたが、BBCの撮影のために、ウガンダのブドンゴ森に行ったときのことは一生忘れないだろう。あの時は特定の野生のチンパンジーの群れを、十年近くに渡って観察していた調査チームに同行していた。日の出から日没まで一日も欠かさずチンパンジーの生活に密着するので、動物たちも彼らの存在に慣れてしまい、もはや無視していたそうだ。そんなチームについていくのは、人間に最も近い親戚の生活を垣間見る貴重な機会だった。

まずは彼らを見つけなければいけなかった。探検は夜明け前、あたりが真っ暗なころに始まった。そうすればチンパンジーが「睡眠用の木」で目覚め、森の奥深くに消えていくところに間に合うという理由だった。

眠れる密林に侵入するのは、五感を遮断されるのと同じだった。木々の天蓋の下、森は真っ暗で、動きがなく、不気味なほど静かだった。長靴のゴム底の絶え間ない音だけが――毒性のヘビの眠りを邪魔してしまったとき、足首を守るには絶対に必要な装備だった――わたしたちの思考の簡潔なサウンドトラックだった。けれど密林の日の出は早く、いくらも時間が経たないうちに最初の光の筋が差しこんできて、朝の霧を暖かな黄色に染め、周りの生命のざわめきを照らしだした。

密林はいつでもわたしの大聖堂で、自分にとっての神、すなわち「進化」に一番近づける場所だ。そしてブドンゴ森は祈りの場所として素晴らしかった。深いジャングルが五百平方キロメートルにわたって広がり、人間そのものの進化の舞台と考えられている大地溝帯の一部、アルバータイン地溝帯の東の端を覆っている。現存する東アフリカ古来の森としては最大で、巨大なマホガニーの木の大半はロイヤル・アルバート・ホールを飾りたてようというヴィクトリア朝の人びとによって伐採されてしまったが、古木の何本かはまだ残っていて、中には高さ二十階建てのビルほど、樹齢五百年になろうというものもあった。

無言で霧を分けながら古代の木々の下を通っていくのは、時間をさかのぼるような感覚だった。すると遠くから「ホー、ホー」という声が徐々に音量を増しながら聞こえてきた。それはチンパンジーの興奮をあらわす鳴き声で、森林の隅々まで響き渡り、わたしの体を突き抜けていき、聞いていると鳥肌が立った。チンパンジー同士もそう感じているのだろう。もうすぐ彼らの居場所にたどりつく。アドレナリンがほとばしるのがわかった。チンパンジーは非常に獰猛だとされている。人間の十倍の腕力があり、らくらくと人間の腕を引きちぎってしまうという説はさすがにオーバーだが（せいぜい二倍といったところだ）、手土産に朝食のバナナスムージーの一本も持たず、徒歩で到着して彼らを起こしてしまうことが、わたしは恐ろしくてしかたなかった。

調査チームが巨大な果物の木の下で立ち止まって、上を指差した。最初は何も見えなかった。チンパンジーの黒い体は、底知れない森と一体化していたのだ。けれど徐々に目が慣れてくると、騙し絵でも見ていたかのように、チンパンジーの輪郭が薄暗がりからあらわれるのがわかった。十匹ほどいて、朝のご馳走を念入りに咀嚼している。チンパンジーなら数えきれないくらい、動物園で癇癪を起こしたり、紅茶のCMに出たりするのを見てきたが、彼らはまったく別物だった。驚くほど近くて遠い存在だった。人間に瓜二つのようで、まったく別物だった。わたしは頭がくらくらして、思いがけず感情が高ぶった。胸が熱くなり、目に涙がにじんだ。心が打ち震えて、遠い過去の窓が開いたと思った。これらの絶滅が危惧される動物を野生の世界で見たのは、わたしにとって大きな意味のあることだった。

わたしの夢想はおならの音で破られた。野生のチンパンジーは、いつもお腹のひどい張りに悩まされているという。彼らのおならは大きくて、湿っぽくて、一瞬のためらいもない。それは生の果実を主食にし、お行儀の良し悪しなど洟もひっかけない動物の音だった。わたしはこの奇妙な明け方のおなら合戦には不慣れで、高名な動物学者デヴィッド・アッテンボローのドキュメンタリーというよりは、メル・ブルックスのコメディ映画に放りこまれたような気がした。けれど調査チームにしたら、珍しくもないことのようだった。遠くでこだまする「トランペット」は、果てしなく広い森の中でチンパンジーを探すのに便利なのだそうだ。

人間はつい動物王国の住民たちに自分たちの姿を重ねてしまうものだが、チンパンジーは鏡に映したようで、あまりに似ているので呆然としてしまう。このことが混乱と恐怖を呼び、わたしたちに一番近い親戚を悲惨なまでに誤解された動物にしてしまった。わたしたちと彼らを隔てる境界線への執着が――どこにあって、それを超えたらどうなるのか――科学でも最も誤解に満ちた瞬間へ導いた。

*

「サルの気質は『熱』で、人間に酷似しているため、その行動を真似しようと常に我々を観察している」と、十一世紀のヒルデガルト・フォン・ビンゲンは書いた。「サルは獣の習性も持ち合わせるが、その性質はどちらも不完全なものだ。そのためサルの行動は完全に人間でもなければ動物でもない。よってサルは不安定だ」

想像力豊かなドイツ人の神秘家兼女子修道院長も、自分の目で不安定なサルを見たわけではないだろう。初期の博物学者にとってサルとはいわば神話の動物で、その描写は聞きかじりの塊で、ピグミーやサテュロス、長い耳でお尻を覆う野生の人間など、動物と人間の境界線に立つ生きものの逸話と一緒くたにされていた。大プリニウスの事典の中では、サルはチェスができることにされ、中世の動物寓話ではカタツムリをひどく恐れるといわれた。どちらの書物も、人間の真似をするサルの不可思議な能力について触れていた。おかげでサルは悪魔に匹敵する存在だとされた。人間が神の似姿だというのなら、この恐ろしい毛だらけの偽物は天敵に違いないというわけだ。これら初期の文章に添えられた図版も、それにふさわしくシュールなものだった。とりわけ何度も複製されたのは、大柄で毛深い女性が誇らしげに立つ図版で、彼女は立派なたてがみをなびかせ、巨大な乳房は垂れ、歩行用の杖を持っていた。

野生のサルを見たという初期のヨーロッパ商人たちの証言も、負けず劣らず風変わりなものだった。たとえば一五八九年にポルトガルで捕まり、アンゴラで幽閉されたイギリス人の私掠船長(しりゃくせんちょう)アンドリュー・バッテルの話だ。バッテルは牢獄に入れられたり、主人たちのアフリカ貿易遠征に連れていかれたりしながら十八年を過ごしたという。ようやくリー＝オン＝シーの自宅に帰ったとき、痩せたエセックス出身のバッテルは土産話には事欠かなかった。彼は自身の悪運を冒険物語として大いに売り出し、いささか長々しく空想じみた、今ではゴリラやチンパンジーだとされる動物を描写してみせた。「森ではよく見かける二種類の怪物だ。どちらも非常に危険だ」。以降はバッテルが「ポンゴ」や「エンジェコ」と呼んでいたという、毛深くて人間に似た獣の漠とした説明が続いている。それらは木の上に家を作り、こん棒でゾウを叩きのめしたそうだ。

バッテルだけが、この毛深い人間もどきに混乱していたわけではなかった。オランダ人の冒険家ウィレム・ボスマンも、西アフリカのサルは人間を攻撃するし、人語を喋ることさえできるが、あえてそうしないと主張した。喋らずにいるかぎり、仕事を強要されることがないからだ。「彼らは仕事には乗り気ではない」。ボスマンは彼らについて「恐ろしく有害な獣で、悪意を持って作られたとしか思えない」と言った。その獣は子どもを誘拐し、女性を襲い、人間を飼育するともいわれていた。

最初の生きたチンパンジーは、鳴り物入りでイギリスの地に到着した。イギリスの商船スピーカー号が一七三八年ロンドンに停泊したときのことだ。「たいそう不愉快な容貌の獣で……名前をチンパンジーという」。見知らぬ客人に戸惑ったイギリス人たちは、とりあえず動物にカップの紅茶を与えた。動物は人間のように優雅に飲んだという。いっぽうチンパンジーの食生活は、ジョージ王朝時代のサロンではあまり受けがよくなかった。「その獣は自分の糞を食べようとする」と、ある記録には書かれている。その不快な習性に加え、チンパンジーは人間の女性に「許されない関係を」迫ったそうだ。数十年後、動物園を訪れるヴィクトリア朝の人びとが抱いたのと同じ不安だった。

動物の習性だけが混乱の種なのではなかった。イギリス人の外科医エドワード・タイソンが行なった最初のチンパンジーの解剖は、サルと人間が類似しているという気まずい事実を明らかにし、神に作られた人間という優越感にひびを入れてしまった。チンパンジーの脳について、タイソンは記した。「気高い人間と獣には大きな差があるのだから、脳もまったく違うものと考えるべきだろう」。けれど、そうではなかった。それどころか「驚愕するほど」サルの脳は人間の灰色の脳細胞に似ていたのだ。

当時、研究のための解剖の材料は非常に入手困難だった。こうして異なるヒト科の三種類、すなわちチンパンジー、ゴリラ、オランウータンが混同され、分類も難しくなった。分類学の父カール・リンネは、まずサルを人間に似ているものとそうでないものの二種類に分けた。前者のカテゴリを彼はHomo troglodytes（穴居人という訳もある、穴で暮らす人々）と呼び、人間の二つ目の種類だとした。後者のカテゴリはSimia satyrus（シミア・サティルス）という、まったく違う生きものとして扱った。

糞を食べる好色な動物と人間が似ているという意見は、貴族のビュフォン伯の納得のいくところではなく、彼は分類を試みたリンネを例のごとく嘲笑してみせた。その上で、伯爵は輪をかけてエキセントリックな意見を提示した――チンパンジー（彼は「ジョッコ」と呼んでいた）は、ただの幼いオランウータンなのだ。大人が巨大な赤茶色の毛並み、子どもが小さくて黒い毛並みの生きものであることにもビュフォン伯は動じず、こう言い放った。「人間にもその程度の違いはあるではないか」。伯爵曰く、ラップランド人とフィン人は同じ気候で暮らしているのにまったく外見が違うだろう（それは分類学におけるスカンジナビア人のライバルへの当てこすりだったのかもしれない）。

ビュフォン伯は事典のページを延々と割いて、サルと人間の驚くべき類似性について語り、その「肉づきのいい尻」まで似ているとした。伯爵はサルと人間の類似点を比較するいっぽう、サルには「考えてものを言う能力」が完全に欠如しているとした。それこそは人間が「超越した力」によって作られたという決定的な証拠で、これらの獣に対する優位性を確かにするのだったのだ。二つの種が分類学上で隣り合っていること自体が、彼にとっては恥ずべきことだった。いっぽうカール・リンネは復讐としてフランス人貴族の分類学の雑な（テニュアス）知識を揶揄し、植物にBuffonia tenuifoliaと名前をつけた。

ダーウィンが一八五九年『種の起源』を出版するころ、サルと人間を切り離す特徴を見つけることは、科学の差し迫った課題だった。この話をめぐる主人公の一人が、自然史上最も有名な悪人サー・リチャード・オーエンだ。イギリスで最も名前の売れた解剖学者オーエンは、科学界の頂点に君臨し、女王陛下の子息にまで動物学を教えていた。けれど彼は並はずれて嫉妬深く、危険なまでの野心を持っていて、おかげで同時代の学者たちの評判は散々だった。外見までいかにも悪人で、イタチのように痩せて目は飛び出し、禿げた丸い頭という容姿は、〈ザ・シンプソンズ〉のバーンズ社長瓜二つだった。（もちろん、あんなに黄色くはなかったが）。

カール・リンネ編Academic Delights(1763) には初期のヒトと猿人の混乱が見られる。人間をルシフェル（左から二番目）と並べてしまった分類にビュフォン伯はご立腹だった。今度ばかりはわたしも伯爵と同意見だ。

非常に信心深かったオーエンは、ダーウィンの進化説に激しく反対していた。彼には人間が単なる「外見の異なるサル」だとは到底思えなかったのだ。そこで自身に、人間の独自性を体の構造から探し出すという使命を課した。最初に注目したのが脳で、独自性の証拠となる候補が三つ浮上した。最も重要だったのは後方にあるささやかな脳の皺、すなわち鳥距溝（ちょうきょこう）だ。オーエンはこの無害な皺は人間だけに存在するもので、すなわち人間の理性の源であり、「この地球と下等な動物に君臨する」根拠であるとした。オーエンの意見では、この発見により人間が独自の高い地位に就くことが正当化された。彼は「支配する脳」という単語を使った。

その主張を耳にしたダーウィンは、友人に宛てた手紙で皮肉っぽく言った。「チンパンジーは何と言うだろうかね」

ダーウィンの友人に宛てた言葉にも棘はあったが、公衆の面前でオーエンの仮説を解体したのはトマス・ヘンリー・ハクスリーという名の、労働者階級出身の豪気な生物学者だった。「ダーウィンの番犬」を名乗っていた彼は、科学は宗教から分離されるべきだと固く信じていて、「私はサルが祖先であっても恥ずかしいとは思わない。だが偉大な才能を、真実に蓋をすることに使う男と同類なのは恥ずかしい」と言った。

彼は霊長類の脳を、自ら系統立てて分析していった。たちまち彼はオーエンが多くの間違いを犯していることに気づき、「あの嘘つきのろくでなしに……納屋の戸に釘で固定された凧のように」とどめを刺す好機の到来を察した。

口頭の発表と論文を使った反論の両方で、ハクスリーはオーエンが不誠実な盗作の常習犯であることを暴露した。チンパンジーの脳の図版をほかの解剖学者から拝借して自分の論文を飾り立て（クレジットを記載することは都合よく忘れた）、またチンパンジーに鳥距溝が存在すると彼らの論文にはっきり記述があるのを無視したことも明かした。ハクスリー自身の系統だった解剖は、チンパンジーと人間の脳の驚くべき類似性を明らかにした。彼はオーエンの仮説を「牛の糞の上に建てられたコリント人のポルティコのよう」だと言った。

実をいうと、チンパンジーと人間の決定的な差は脳のささやかな違いに起因するとしたオーエンは間違っていなかった。単にその部位を見つけられなかっただけだ。けれどハクスリーの執拗な攻撃を受けて、彼は鳥距溝が確かにサルの脳に存在することを認めなければならなかった。地に落ちた信頼は二度と回復しなかった。

リチャード・オーエンが、チンパンジーのせいで高みから転落した唯一の科学者というわけではない。サルと人間の境界線（と、その境界線の欠如）に対する科学的好奇心は、その後も選りすぐりの犠牲者の群れを生みだすことになる。

*

二〇世紀初頭、ロシア人科学者イリヤ・イワノビッチ・イワノフは「ゾンキー」や「ズブロン」、「ゾース」といった奇妙な名前の獣の作り手として名前を売っていた。信憑性の低い、中世の動物寓話と並べても不自然ではないしろものだった。彼が作っていたのは雑種で、遺伝子的にも命名の面でも文字通りシマウマとロバ、バイソンとウシ、シマウマと馬のあいの子だったのだ。イワノフの最大の野心は「ヒューマンジー」、つまり人間とチンパンジーの掛け合わせを作ることだった。

マッドサイエンティストを地で行こうとした科学者は彼が最初ではない。ヒューマンジーを作ろうという動きは、新しいものではなかった。ドイツ人の生理学者ハンス・フリーデンタールは一九〇一年、人間とサルの血を混ぜて実験し、抗体反応が起きなかったことから両者の交雑種（ハイブリッド）を作ることは可能かもしれないと考えた。それから二十年のあいだにオランダ人の動物学者ハーマン・モーンズとドイツ人の性科学者ヘルマン・ロールダー（思わせぶりな『ザ・マスターベーション』という名の著作がある）が、それぞれチンパンジーのメスに人間の精子を授精する実験を行うと発表した。ただし両者とも計画止まりだった。

ゾンキーやゾースを作ったイワノフは、人工授精の第一任者としての地位を確立し、その能力は時代の要請にもぴたりと合致していた。一九二〇年、旗揚げしたばかりのソ連は宗教的な思考を抑えこみ、テクノクラシー社会の優位性を証明したいと考えていた。ソ連の権力者たちはハイブリッドが「人間の出自という問題を理解するのに、非常にいい証拠となる」と考えて、「宗教的な教えにとっては大きな打撃であり……教会の力から労働者を解放する我々にとってもいいことだ」と述べた。

イワノフの実験を支えたのはソ連だけではなかった。一九二四年、パリのパスツール研究所がロシア人科学者に朗報をもたらした。西アフリカに完成したばかりのチンパンジーのコロニーで「是非実験を行ってほしい」というのだ。彼らはほかにも、チンパンジー研究において同じくらい風変わりな分野を切り開いてきたセルジュ・ヴォロノフという名前の科学者を支援していた。彼はチンパンジーの睾丸を薄く切って年寄りの陰嚢に載せれば、若さを取り戻せるとしていた。いわゆるカストラートになるべく、すりつぶしたモルモットと犬の生殖腺の混ぜものを自身の睾丸に注射するという、できればごめんこうむりたい治療を通して、ヴォロノフは独創性豊かな「若返り法」というものを編み出したのだ。

サルの生殖腺の小片を最高級の絹糸を使って手縫いするのが、ヴォロノフの非常に高価な治療法で、寿命が百四十年になるというのだった。彼曰く「移植は媚薬そのものではないが、人体を刺激することで全臓器に影響を及ぼす」。噂によると億万長者たちは精力、記憶力、視力を取り戻したとのことだった。その真偽のほどはともかく、ヴォロノフのクリニックは客足が途絶えなかった。

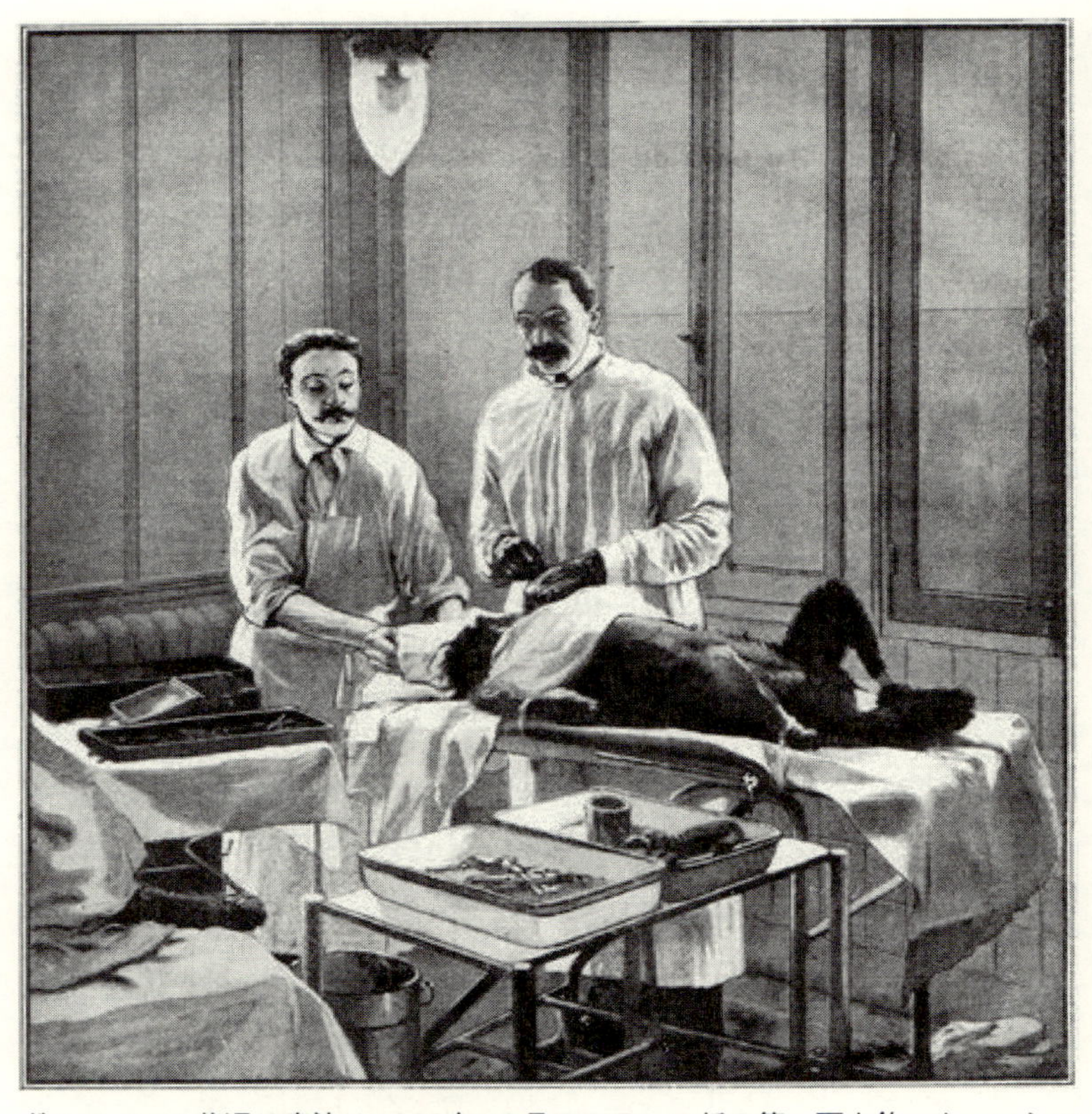

ヴォロノフの若返り療法は1922年10月のフランス紙の第一面を飾った。ロシア人医師はチンパンジーの睾丸のスライスを老犬に移植しようとしている。裕福な犬たちが後に続いた——もう一度、青春を楽しみたかったのだろう。

治療の予約をした大勢の男たちの中には、ジークムント・フロイトもいた。うなぎの睾丸を見つけ損ねた以上、自身のもので実験しなければという気になっていたのだろうか。

イワノフはヴォロノフの、サルの生殖腺の魔法にあやかりたかった。パスツール研究所は施設こそ提供してくれたが、資金面の支援はなかったので、非常に懐具合が厳しく、ヒューマンジー計画はじり貧だったのだ。そこで彼はアフリカに行く前にパリで途中下車し、ヴォロノフの仕事を手伝うことにした。二人はある女性の卵巣をノラという名前のチンパンジーに移植して、人間の精子を授精するという実験を行い、マスコミの注目を集めた。しかしヒューマンジーは生まれなかった。ヴォロノフは億万長者の睾丸を治療するという安定性のある仕事に専念することにして、イワノフはフランス領ギニアに向かった。味方といえば、医大で学ぶ息子しかいなかった。

一九二七年二月二十八日、イワノフはババベットとシヴェットという二匹のチンパンジーに人間の精子を授精した。イワノフ父はその実験をアフリカ人の助手たちに知られたくなかったので、人手が足りず、状況は理想的とは言いがたかった。「精子が新鮮だったとは言えないが、四十パーセントは動きまわっていた」と、彼は日記に綴っている。「注射は張りつめた空気の中で行われ、サルたちの抵抗、屋外での作業、そして秘密裏に行わなければいけないなど、悪条件が揃っていた」

実験は失敗に終わった。落胆したイワノフはさらに強引な手段に打って出た。戦術を変更して、入院中の女性たちにチンパンジーの精子を授精する許可がほしいと地元の役人に訴えたのだ。道徳的にも問題の大きすぎる実験だったが、なおかつイワノフは治療の名目で、女性たちには知らせずに実験するとしていた。役人たちは実際にこの計画を検討したものの、やがて却下した。イワノフは日記に「晴天の霹靂」と綴っているが、それくらい現実的な感覚を失っていたということだろう。実験は故郷に帰って続けるしかなく、すべてはサルを輸入しつつ、故郷の女性たちを同意させるイワノフの手腕にかかっていた。相変わらず精力的な彼は、いったいどうやったのかは不明だが、サルと女性の両方を確保した。ところが一九三〇年夏、政治的な状況が変わり、イワノフは秘密警察によって逮捕されたあげく反革命分子の非難を受け、現在のカザフスタンにあたる土地の強制収容所に送られた。彼は二年後にそこで亡くなった。

イワノフの夢が実現する可能性はあったのだろうか。わたしはワイル・コーネル医学大学院生殖生物学名誉教授J・マイケル・ベドフォードに聞いてみた。一九七〇年代、受胎の初期の仕組みについて研究を重ねていた人物で、とりわけ精子が卵子に取りつく過程を詳しく調べ、男性用の避妊具の開発にも取り組んでいたという。ベドフォード教授は人間の精子をハムスターやリスザル、テナガザルなどさまざまな動物の卵子に挿入した。驚くべきことに、人間の精子は非常に感度のいいアンテナを持っていて、取りついたのは遠いサルの親戚であるテナガザルの卵子だけだったのだ。チンパンジーの卵子ならどうなっていただろうかと訊くと、ポジティブな結果が出ていたかもしれないという答えだった。「テナガザルよりも人間に近いことを考えると、チンパンジーの精子が人間の卵子にたどり着くことも、その逆も可能だと思います」

ただし着床は、非常に長く失敗の可能性に満ちたプロセスの第一段階にすぎない。たとえチンパンジーとDNAの九十八・四パーセントを共有していても、健康なヒューマンジーの赤ちゃんを産むことは、ベドフォードに言わせれば「博打のようなもの」だった。彼の説明によると、動物の組み合わせによっては胎児が死産されたこともあるし、別の組み合わせではそうではなかったのだ。胎児は成長を始めるものの、妊娠のある段階で失敗した。「胎児が生き残るかどうか、私に予測するすべはありません」と、彼は言った。

人間とチンパンジーのハイブリッドができるのかどうか、わたしたちに知るチャンスはないだろう。しかしハーバードメディカルスクールとマサチューセッツ工科大学（MIT）の共同研究によると、人間の遺伝子には先祖の時代に種の越境が起きたという、恐るべき痕跡が残されているという。

科学者たちは「分子時計」を使って人間とチンパンジーの遺伝子を比較し、いつごろ二つの種が分離したのか調べた。分離するのが早いほど、DNAの並びにはより多くの違いが見られるはずなのだ。研究チームの推測によると、人間とチンパンジーは早くて六百三十万年前、遅くて五百四十万年前に袂を分かっていただろうとのことだった。ただしX染色体にかぎっては非常に重なる部分が多く、ほかの遺伝子よりもはるかに差が少なかったという。最も合理的な説明は、人間とチンパンジーの分化は「複雑だった」ということだろう――二つに分かれた種がセックスを続け、時にハイブリッドを産んでいたという事実を、上品に言うとそうなる。

X染色体に大きな共通点があるというのは、単に一夜かぎりの関係を持ったというのではなく、百二十万年かけて不器用に分化したということを意味した。主任研究員の一人ニック・パターソン曰く、その発見は主要なマスコミに衝撃を与えた。「タブロイド紙は、はしゃいでいましたよ。ドイツの〈ビルト・ツァイトゥング〉は『我々の先祖は猿とセックスしていた』という見出しを打ち、見るからに醜いサルの写真を掲載しました」と、彼は言った。「けれどショックを受けた人たちは、本質がわかっていなかったのです。我々と同じ種類の人間が、チンパンジーと関係を持っていたということではありません。あくまで二つの種類のサルで、片方はチンパンジーよりもう少し我々に近かったというだけです」

わたしたちの先祖が地面に横たわり、最も近い親戚と睦みあっていたというのは、一部の人間にとっては受け入れられないことかもしれない。しかしハーバードとＭＩＴの合同研究チームは、そうして生まれたハイブリッドが進化を促し、木から下りてきてサバンナで暮らすという新しい生活への適応を早めたのかもしれないと考えている。

*

チンパンジーと人間の境界線を超えようというもうひとつの大胆な実験が、一九六〇年代のアメリカで行われた。けれど今回、人間が手を加えたのは遺伝子ではなく行動面だった。生後間もないチンパンジーの赤ちゃんが人間の家庭に迎え入れられ、自分の種からは切り離されて、人間として育てられることになったのだ。このとてつもない計画の首謀者はモーリス・Ｋ・テマーリンというオクラホマ大学の心理学教授で、ルーシーと名付けたチンパンジーが社会的に、とりわけ性的にどのように発達するのか関心を持っていた。

チンパンジーを人間の家庭で育てるという試みは、それまで二度行われていたが、どちらも幼児期だけで、思春期まで続けようというのは未知の計画だった。ジンを飲み、掃除機のホースを使ってマスターベーションにふける十代の娘の父親になるとは、まさかテマーリンも思わなかっただろう。けれどわたしたちは、彼の実験がそのような道筋をたどったと知ることができる。テマーリンが回想録『ルーシー人間になる』を出版し、熱心に語ってくれたおかげだ。その本は、一九六〇年代の科学の驚くべきあやまちのタイムカプセルだった。

「私は心理療法士だ。私の娘、ルーシーはチンパンジーだ」。テマーリンの十一年にわたるチンパンジーの父親としての記録は、こんな自己愛に満ちた文章から始まる。

ルーシーはトラウマになるような手法で家族に迎え入れられた。一九六五年、テマーリンの妻ジェーンが、カリフォルニアのサーカスにいた生後二日のルーシーを母親の手から奪ったのだ。テマーリンはこの誘拐劇が「象徴的な出産としての意味を持つ」と考えていたが、多くの母親は異議を唱えるだろう。テマーリンはルーシーが果たしてどれくらい人間になるだろうかと思った。また自称「ユダヤ人のマザコン」の彼は「いいチンパンジーの父親になれるのだろうか」。物語が進むにつれて、彼の精神的葛藤の答えは「ノー」だということが明らかになる。

序盤は比較的穏やかだった。ルーシーは着替えの方法を覚え、ナイフやフォークを使って、テマーリンの七歳の息子スティーブと並んでテーブルで食事をした(彼もきっと心理療法をたくさん受けることになっただろう)。ルーシーはアメリカ式手話を教わり、結局「口紅」や「鏡」を含む百種類以上の言葉をマスターした。ペットの猫の世話までしていたのだ。ここまではとても愛らしい話だ。けれど「創造的マスターベーション」と題された章に差し掛かると、物語はいささか暗い色彩を帯びてくる。

三歳のころ、ルーシーはアルコールに手を出すようになった。ある学者夫妻が家を訪れたとき、緊張した様子の妻のグラスを奪いとったのがきっかけだという。回想録の中でテマーリンは、十代の息子にアルコールを与えてしまったことへの反省の弁を述べているが、奇妙なことにルーシーについては何も言及がない。夕食の前に、彼はルーシーのために「カクテルを一、二杯」用意した。夏のあいだはジントニック、冬になるとウイスキーサワーだ。ルーシーはやがて台所を使って自分でカクテルを作り、ソファに横になって足の指で雑誌をめくりながら、アルコールを楽しむようになった。

そうして酒を飲んでいたときテマーリンは、ルーシーが掃除機のホースを使って何やら創造的なことをしているのに気がついた。道具を使うことに思い至ったのだろう、とテマーリンは記録している。かつて道具を使うのは人間特有の行動で、「我々」と「彼ら」の間に線を引く重要な手がかりだと思われていた。いっぽうジェーン・グドールは、チンパンジーが木の棒を使ってシロアリを採るところを確認した。グドールの発見を聞いた恩師のドクター・ルイス・リーキーはこう言ったそうだ。「我々は道具を再定義しなければいけない。人間を再定義しなければいけない。チンパンジーを人間として受け入れるかどうか、考え直さなければいけない」。偉大な古人類学者リーキーは、ルーシーの独創的な掃除機の使用法まで再定義の範囲に含んだかどうか、気になるところだ。

テマーリンの内なるフロイト派心理学者は、娘の性的な成熟にたいへん興味を覚えて、ルーシーは人間とチンパンジーのどちらに惹かれるのだろうか、といぶかった。そんなわけで普通の両親なら掃除機を没収して戸棚に片づけてしまうところ、テマーリンはショッピングモールに走り、娘のために〈プレイガール〉を一冊買い求めて、女性向けのエロティックな雑誌と普段のお気に入り

〈ナショナルジオグラフィック〉のどちらを手に取るか観察した。ルーシーは確かに〈プレイガール〉が気に入ったようで、裸の男たちの写真を食い入るように見つめ、大事な部分を強くこするのでページが破けてしまった。その結果に満足したテマーリンは、驚いたことに自分もズボンを脱いで娘の午後の快楽に参加し、「ことの成り行き」を見守ったのだった。

幸いなことに、ルーシーはテマーリンが近くでマスターベーションをしても、毎回無視したという。わたしだったら、おそらくこの少々趣味の悪いエピソードは回想録に載せなかっただろう。けれどモーリス・K・テマーリンはそんな男ではない。「エディプス・シュメディプス（死について）」と題した章で、テマーリンは真面目に結論を述べる——彼のそのような性的な行為が無視されたのは、彼がルーシーの父親である証拠で、ルーシーは近親相姦というタブー（テマーリンの研究対象のひとつだ）を尊重しているということなのだ。

そのうちルーシーの行動は、テマーリン一家の手に余るようになった。家じゅうの鍵の開け閉めを習得し、近所に逃げ出したり、鍵をかけて閉じこもったり、両親を家から締め出したりするようになったのだ。（今までの仕打ちを考えれば不思議ではないだろう）テマーリンは娘が嘘をつくようになったとまで言った。カーペットの上に糞をしたのかと問い詰められると、ルーシーはテマーリンの大学院の生徒兼助手のスーを指さすのだった。

十二歳になり、一人前の大人になったルーシーは、いっさい両親の言うことを聞かなくなった。「ルーシーは歯止めが利かなかった」と、テマーリンは記した。「ごく普通のリビングルームを、五分以内で完全なカオスに変えてしまうことができた」。テマーリン一家も、家庭内での実験が終わ

モーリス・テマーリン、お気に入りの掃除機で遊ぶ「娘」を撮影する。もともと二枚目の写真のキャプションはこうだった。「オーガズムに達したあと、ルーシーはしばし放心してから小屋に戻っていった」幸いにも父親が遊びに参加する写真はない。

りに差し掛かったことを認めざるを得ず、チンパンジーの娘を引き取ってくれる新しい環境を探した。

ここでテマーリンは最も致命的な判断ミスを犯す。ルーシーを生まれ故郷に連れ帰り、自然に返すことにしてしまったのだ。

彼は荷物をまとめて、ルーシーをガンビアのリハビリテーションセンターまで送っていった。若手科学者にしてテマーリンのもう一人の大学院の生徒、ジャニス・カーターが付き添っていた。アフリカの大地はルーシーのオクラホマ郊外の暮らしとはまったく異なっていた。自分以外のチンパンジーに会ったことすらほとんどないルーシーには、新しいコミュニティに溶け込もうという意欲もなかった。野生の葉や果物には食指が動かなかったし、木の上で仲間と一緒に寝るのは問題外だった。もっと洗練された好みの持ち主なのに、ソファもカクテルのキャビネットもなしでジャングルに放り出されたのだ。ジャニス・カーターは数年を費やして、ルーシーがチンパンジーとしてのルーツを思い出すように手を尽くしたものの、結局失敗に終わった。とうとうテマーリン家の娘は手足を切断され、皮膚を剥がされた死体になって発見された。おそらく密猟者の手にかかったのだろう。人間への恐怖がないから、無邪気に近づいていってしまったのだ。彼らはそんなルーシーの純真さを利用した。それがルーシーの最期だった。

*

幸いなことにチンパンジーの研究は、一九六〇年代の自己満足な方法を脱却して、現在では主に自然の中で観察する方法が取られている。ただしこのことは、管理された状況にいるチンパンジーの観察よりはるかに難しいと、わたしはセントアンドリュース大学のドクター・キャット・ホベイターと調査チームに帯同してウガンダのブドンゴ森に行ったときに気がついた。

まず野生のチンパンジーは、食料を求めて一日に十〜二十キロ移動する。彼らの姿を視界に留めておくのは、オリンピック級の相手とかくれんぼをするようなものだ。（そんなときのわたしたちはナマケモノを笑えないはずだ）けれどキャットは辛抱強かった。チンパンジーの野生の生活を記録するのは、人間の行動の原点を研究する際にも有効なひな形になると考えていたのだ。

「ルーシーたち文化的に洗練されたサルは、特殊な環境のもとでサルに何ができるかということを教えてくれました。要するに特殊なサルは、特殊なことを、特殊な環境でできるのです」と、キャットは説明してくれた。「もちろん今では、倫理的な理由からあのような研究をふたたび行うわけにいきません。けれど同じような問題は、現在の保護区でも起きるのです。サルがパズルを解く能力を調べることはできるし、野生ではありえない状況で観察することもできます。けれどどれだけ動物園や保護区が注意していても、それらの環境にいるサルはサルらしいのではなく、人間らしいのです」

キャットはチンパンジーの行動を、人間の影響が及ばない最も素のままの姿で観察しようとしている。それを成し遂げるためには、彼女や帯同するわたしのような人間は、いわば透明人間でなくてはいけない。つまりチンパンジーのように考え、厳密なルールを守り、一番の注意点としてアイコンタクトをしてはならないのだ。見つめるという行為はチンパンジーにとって攻撃を意味する。

研究対象と喧嘩を始めるのは、目立ちたくない者にとって得策ではないだろう（もちろん怪我をしないという意味もある）。

あるとき家族の一団がグルーミングを行うのを、一メートルほど離れたところから観察していると、母親のチンパンジーが顔を上げて、わたしのまなざしに気づくようなそぶりを見せた。わたしはキャットの指示を思い出して、すぐ横を向いた。鼓動が早くなっていた。葉っぱを拾って熱心に観察するふりをしながら、目の端で様子をうかがい、じろじろ見ていたことがばれてしまっただろうかと気を揉んだ。幸いなことに母親のチンパンジーは、十代の息子の毛を漉き、マダニを口に運ぶことに没頭していた。

キャットのフィールドワークに求められる二つ目の約束は「沈黙」だった。普通の状況でも、わたしにとっては苦労の種だ。また自分のボディランゲージを抑圧するのがどれほど大変なことか、わたしは気づいていなかった。チンパンジーの意識的なコミュニケーションの大半は、手をちょっと動かし、少しだけ表情を変えることで行われる。彼らのおしゃべりは通常とても静かで、そんな比較的穏やかな環境で暮らしていることに――おならすることを除いて――わたしは強い感銘を受けた。キャットはまさにこれらのジェスチャーを解読して、世界初のチンパンジー語辞典を作ろうとしているのだった。人間に保護されていたルーシーは、アメリカ式手話を二百五十語覚えたことで雑誌に載ったが、野生のチンパンジーに「口紅」「鏡」などの単語は必要ない。彼らはもっと少ない言葉でまかなっている。今までのところキャットは七十種類ほどのジェスチャーを解読したといい、斬新な辞書の作成を試みている。

チンパンジーのジェスチャーの多くは、人間が使うものに驚くほど似ている。交渉をまとめたビジネスマン同様、握手は相手を受け入れる合図だ。わたしはチンパンジーが手のひらを上に向けて許しを乞い、投げキスをして挨拶するのを見たことがある。ただし黒い毛皮の親戚が、人間のようにコミュニケーションしていると決めつけるべきではない。キャットは人間としての考え方を一旦脇に置き、チンパンジーとして考えることを常に心がけている。「私たちはつい、チンパンジーが自分たちによく似ていると思ってしまうのです。ジェスチャーの分析をしているときは、その罠にはまりがちです。たとえば人間は、握手と腕を握りあうのは違う動作だと考えますが、それはわたしたちにとっての理解なのです」と、彼女は言った。「たぶんチンパンジーは、手足のどの部分を使っているかは気にしていないのでしょう。みんな同じ意味があるのです」

チンパンジーのボディランゲージのいくつかは、人間の観察者が想像するものと正反対の意味を持つ。紅茶のCMに登場した笑顔のチンパンジーは、楽しんでいたわけではなかったのだ。「歯をむき出してニヤリとするのは、緊張している、怖がっている、恐れているという意味です」と、キャットは言った。「だからにっこり笑うチンパンジーの絵が描かれたグリーティングカードを受け取ると怖いんですよ。みんなちっとも笑っていないんですから」

最近では、仲間のチンパンジーが持っている情報の量を考えながら、チンパンジーがコミュニケーションを調節しているという大きな発見がされた。他者の意識を認識すること、発達心理学で言うところの「心の理論」は、動物心理学の世界で注目を集めている領域だ。「心の理論」は長い間、人間だけに存在すると思われていて、「我々」と「彼ら」を隔てる大事な要素の一つだとされていた。保護されたチンパンジーを対象に、このことを確認する実験は既に何度も行われている。いっぽうキャットは、同僚たちが自然の中で行っていた同じ実験に付き合わせてくれた。忍耐を要する作業で、試されたのはチンパンジーの思考を読む人間の能力だった。

実験の手順そのものは、多少エキセントリックとはいえ比較的単純だった。チンパンジーが群れで移動する道の脇にゴム製のヘビのおもちゃを隠して、それを見つけた個体が、既に仲間が気づいているかどうかによってコミュニケーションを調節するか、観察したのだ。シンプルかつエレガントなようだが、実際にやってみると、まったくそんなことはなかった。まず巨大な森の中で、チンパンジーが次に徒歩でどこへ向かうのか予測しなければいけなかった。それから深い森の中を移動して、サルたちに見られないよう、先回りして偽物のヘビを仕掛けた。ヘビを覆う迷彩柄の布には釣り糸がついていて、その先はこれまた身を隠したアシスタントが握り、チンパンジーたちが近づいてきたらすかさず引っぱることになっていた。まずはおもちゃ屋で買ったヘビを、チンパンジーが本物だと信じてくれることを願うしかなかった。そこがうまくいけば、グループ全体に警告が伝わるかどうか、観察することになる。またわたしたちは適切な位置からチンパンジーの反応を映像に収めなければいけなかった。簡単なことではなかった。

計画を実行するための悪戦苦闘は、動物から秘密を聞き出すことの難しさを、あらためて教えてくれた。わたしたちは一日中ジャングルを駆けずりまわって、ひどく道に迷い、下草の中を這いまわるアリに噛まれた。ようやく薄暗くなるころ準備が整った。列のしんがりにいたチンパンジーが蛇に気づき、ほとんど聞き取れないくらいのホーという声をあげる。前のほうの仲間たちは既にヘビを見ているから、この種の危険が訪れたとき普段使う大きな声を出さなくてもいい、と判断しているようだった。

研究者たちは六ヶ月という長期間、森の中を這いまわってこの実験を百十一回行い、結論にたどりついた。実験が終わるころには、きっとげっそり痩せて栄養不良になっていたことだろう。

他者の心を読むという能力は、チンパンジーにとって非常に便利だ。ヒエラルキーが厳格でありながら流動的な社会的ネットワークのなかに、多ければ百頭も住んでいるのだから。ジャングルで繰り広げられるドラマの相関図を理解しておくのは、生き残るために最も重要なことで、それはたくさんの顔（あるいはお尻）を覚えておかなければいけないことも意味する。最近の研究では、仲間のお尻と顔の写真を見せられたチンパンジーは、両方をよく知っているという反応を見せたという。人生の大半を樹上で過ごす動物にとっては当然だろう。「いつもお尻を見上げているんです」と、キャットは言った。彼女はわざわざ陰部のフラッシュカードまで用意して、チームの同僚たちが研究対象の「上」と「下」、両方に馴染みを持てるようにしている。

十年以上追いつづけたおかげで、キャットは自分の家族よりもチンパンジーのことに詳しくなったという。「それぞれの個体の成長を見てきたので、あらゆる情報を持っています」。たとえば二匹のチンパンジーの兄弟、フランクとフレッドがいる。「フランクは若手の影響力のあるオスで、若いころからとても活発で、大人の前でもやんちゃに振る舞っていました。それに比べるとフレッドのほうは、同じ母親がいて、同じ環境で育って、同じコミュニティに属し、同じ森にいるのに、まったく性格が違うのです。本当におとなしくて控えめで、目立つところがないんです」と、キャットは言った。「そのようになった理由を調べて、なぜそこまで生存戦略が違うのかと考えるのは、胸がわくわくすることです」

キャットの考えでは複雑な社会生活、知性、長い生涯が、チンパンジーの個性や能力を形作っていて、それはほかの動物を理解するにも有効だという。「ヨーロッパの科学界では動物の集団を観察して、それらの行動の平均値を割り出し、変数は排除するべきだと言われます。多様性はネガティブで良くないことだとされるのです。人間の行動を観察する場合は、個体の差が重要視されるのですが」と、キャットは言った。「変数を排除しようとするあまり、それこそが動物の行動を知る上で最も興味深いという点を見逃すようになってしまったんです」

アフリカ各地の研究用の土地を訪ねたキャットは、普段観察しているチンパンジーと、それらのグループの間の大きな違いに気づいた。「インド人とスコットランド人が違うようなものです。西アフリカのメスはとても社会的地位が高くて、ブドンゴでは考えられない方法でサルの世界の政治に関わっています。メスがあらわれると、みんなオスにするような方法で挨拶するのです。大きな文化的な違いです」

キャットの説明では、生息地域による文化的な違いに注目するのは比較的新しい試みだそうだ。「チンパンジーの行動を、十把一絡げに扱う研究者は大勢いました。今では『チンパンジーの』行動といわれていたものは、実は相当バイアスを含んでいたことが判明しています。データの大半がゴンベのものだったからです」ゴンベはジェーン・グドールが、この分野の草分けとなる研究を行った土地だ。「それらはゴンベのチンパンジーの行動については正しかったのですが、チンパンジー全体についてはまったく正しくありませんでした。例えばゴンベの中でも、現在のグループと二世代ほど前のグループはまったく違うはずです。だから個体や個性、グループの背景を調べなければいけないのです」

地域による差異の多くは、道具の使い方にあらわれている。セネガルでは最近、チンパンジーの群れが洞窟に住み、木の枝で槍を作って歯で研ぎ、木のウロに隠れてブッシュベイビーを狩るところが目撃された。ギニアのチンパンジーは葉を使ってスポンジを作り、ヤシの実から作った純度の高いアルコールを飲んでいる。ウガンダでは若いメスのチンパンジーが、お人形遊びのように棒をいじっているところを目撃された。抱っこして、寝床を作って、夜は一緒に寝ていたという。どのグループも独自の道具を開発していて、非常に人間的といえるのだ。

最も不思議な道具の使い手としては、西アフリカのチンパンジーがチャンピオンだろう。最近、考古学者が人間の聖地で発見するもののように、石をきれいに積むところを発見されたのだ。そののち小石を木に投げつけ、儀式でもしているような興奮状態になったという。数日のうちに、この奇妙な行動をまとめた科学論文が発表され、世界中のタブロイド紙が「チンパンジーが聖なる木の根元に祭壇を作っている」と報じた。「チンパンジーは神を信じているのだろうか」と、ある見出しは問いかけた。

ドクター・ローラ・キーホーは、取材合戦の渦中にいた「困惑した科学者」だ。「さすがにばかげていましたよ」マスコミの反応について聞いてみると、ローラはそう言ってため息をついた。「神話が芽ぶき、数日のうちにコントロール不能に陥ってしまういい例でした。信仰心の厚い人々は手紙を送ってきて、私の仕事に感謝するんですよ」と、ローラは言った。「ある一通の手紙はとても印象的でした。アイルランドに住んでいる女性が、チンパンジーが宗教を持っているのは素晴らしいことで、私のために祈っていると書いてきたんです」

元の科学論文は、単に古代の人間の石塚と少し比較していただけだった。人間がそのようなものを作った場所が聖地とされているからといって、チンパンジーの手作業と簡単に比較しないように、と警告していたのだ。石塚はオスのチンパンジーが自己主張したり、コミュニケーションを取る一環という可能性もある。木の幹を叩いて長距離メッセージを送るのだから、石を投げるのも同じような目的があるかもしれないのだ。石を積み上げることには、もっと象徴的な意味があり、たとえば縄張りを主張するようなものかもしれない。論文の著者たちは、西アフリカの先住民が石を積んで作った聖地が同じエリアの「聖なる木」のもとにあり、驚くほど似ているので、それらの行動を比較すると面白いかもしれないと記していた。

著者の一人だったキーホーは、多数のオンラインのニュースサイトから執筆を求められたという。その場所が聖なる意味を持っているという前提に基づいて、「もしこうだったら」という大きな問いを発したらどうか、という勧めだった。

彼女は記事を書いたが、編集者がタイトルを「私たちの近い親戚の興味深い行動」から「不思議なチンパンジーの行動は聖なる儀式の証拠?」に書き換えてしまったという。「もちろん記事のタイトルをクリックする人間は、そういうことを読みたいんでしょう。それしか眼中にないんですよ。そこからもう私の手には負えませんでした」

彼女のもとに大量のメッセージが届いた。いくつかは攻撃的で、大半は「まともな人間が書いたものには思えませんでした」。科学者への警告としてとらえるべきだろう。面白く書けば注目が集まるし、研究対象が激減していることも世間に知ってもらえる、と勧められたときは要注意なのだ。インターネットのおかげで、わたしたちは新たな神話作りの時代に突入し、フェイクニュースは本物のニュースとしばしば区別がつかない。

記事の中ではチンパンジーが神を見つけたとは書かなかったものの、キーホーはチンパンジーが「畏敬の念」を抱く能力を持っているのではないか、と思っている。ジェーン・グドールは、チンパンジーの群れが儀式のように一斉に滝の周りを歩くのを見たことがあるそうだ。毛を逆立てて石を投げ、地面に座り、轟きわたる水をじっと眺めていたという。チンパンジーは泳げないので、水辺は危険だ。けれどそれは、断じて恐怖に対する反応ではなかった。何かとても特殊なものだったのだ。グドールが動画を投稿し、その不思議な行動について語ったように「畏れと驚嘆の感覚なのかもしれません」。「チンパンジーの脳は私たちによく似ています。感情があって、人間でいう幸せ、悲しみ、恐怖、不安などと非常によく似たものを感じているのです。では彼らに、精神的なものに対する感受性がないという理由はあるのでしょうか。それは要するに、外の世界に驚嘆するということなんです」

キャットは同じような現象を、雨の中で踊るブドンゴのチンパンジーで見たことがある。「あんなに美しいものを見たことはありません。巨大な嵐が来たときにだけ起きるのです。雷鳴がすべての音をかき消してしまった世界で、チンパンジーは奇妙なバレエを踊るのです——スローモーションのように、雨に打たれながら、完璧な静けさの中で。他のどんな行動とも違って、彼らは壮麗な自然の光景に反応する形で、それを行うのです。人間が素晴らしい音楽を聞いて踊りたくなるのと同じですね。宗教的な儀式だとは思えないのですが、自然の驚異に対する畏敬の念なのかもしれません。だから能力はあるんじゃないでしょうか。はっきりとはわかりませんけれど」

わたしにもわからない。信仰心の芽生えなのかもしれないし、単に動物の王国を人間の目で見ているだけなのかもしれない。多くの動物の謎と同様に、真実が明らかになることはないだろう。でもわたしはブドンゴのチンパンジーが、強い驚嘆の感覚をわたしの中に呼び覚ましたことを覚えている。彼らがあの素晴らしい感情を共有する能力を持っていると信じたい。そしてチンパンジーの数が人間の手によって減少している現在、人間のほうが優れていると信じて線引きをするのではなく、一番近い親戚と繋がりを感じることが、関係を前に進める一歩なのだ。

新しい発見がなされるたびに、人間が何世紀もかけて築いた我々の独自性は薄れていく。十七世紀の動物寓話の作者エドワード・トプセルは、サルについてこんなふうに描写した。「彼らは人間ではない。謙虚さも、正直さも、公正な政府も持たず、口を開いてもその言葉は不完全だ。何より彼らは人間になれない。なぜなら宗教を持っていないからだ。それは（プラトンが言ったように）すべての人間に必要なものだからだ」

今、トプセルがあげた人間の条件にあてはまるのは、人間だろうか？　それともチンパンジーだろうか？

終わりに

何世紀にも及ぶ動物についての誤解からは、学ぶべき点がたくさんある。科学の歴史を扱う人間は成功を祝うが、同じように大事なのは間違いを検証することだ――とりわけどうして真実がこれほど予想外だったのか、ということを考えるときは。

動物を擬人化したいという強い衝動が間違いのもとで、わたしたちの足をすくい、真実から目をそむけさせてしまう。わたしたちは不安な生きもので、酔ったヘラジカや忙しいビーバーから自分たちの行動の正しさを知りたいと願い、怠惰なナマケモノや残酷なハイエナ、汚らしいハゲワシのように、わたしたちの道徳観に当てはまらない動物はすぐさま切り捨てる。これらの動物の真実に対する居心地の悪さは、そのままわたしたちの希望と恐れを映し出しているのだ。

これらの偏見のもとをたどる作業は、とても面白いものだった。本書の場合、多くは四世紀の『フィシオロゴス』がおおもとだ。古代の哲学者や中世の動物寓話の作者の偏屈な道徳観は、今日でもまだマスコミや自然のドキュメンタリーの中に生きていて、（わたし自身の制作したものも含む）。異性愛、一夫一婦制、核家族など伝統的な規範を奨励する。これらは自然界にほとんど存在しない。

だからといって動物の一部が、原始的な道徳の指針を備えていないというわけではない。それは今ホットな話題で、有名な霊長類研究家ドクター・フランス・デ・ウォールのような研究者は道徳の根幹、すなわち共感と公正を重んじる態度はサルやネズミなど様々な種類に見られると指摘している。もしかすると道徳を作り上げるというのは、生物の根本的な成り立ちなのかもしれない。けれど動物の王国を、人工的に作り上げた倫理のブラシで染めあげれば、血を舐めたり、兄妹姉妹を食べたり、死骸をむさぼったりという、彼らの驚くほど多様な生き方を否定することになる。それらの行動を恐れてはいけない。わたしたちにお手本を見せているのではないのだから。ペンギンがゲイなのかストレートなのか、凍った死骸の頭とセックスをしたがるのかは、わたしたちの性的指向とは関係がないのだ。どう考えてもかまわないが、わたしたちは動物の王国にいるわけではないのだ。

この本を通じてふたつめに気をつけたことに触れたい。「擬人化」が最も避けなければならないことの一番手なら、猛烈に追い上げをかける二番手は「傲慢さ」、つまりビーバーを怪しげな薬効のために捕獲したり、カエルを使って妊娠をテストしたり、パンダを外交官として採用したりということがある。わたしたちは動物全般を自分たちのニーズを満たすための存在だと考えがちなのだ。その自己中心的な立ち居振る舞いは、多くの悲劇を引き起こしてきた。動物が大量に死に絶えている現在、これ以上あやまちを犯すことはできない。

真実への道は長く曲がりくねり、多くの落とし穴がある。二歩進んで一歩戻ることもある。幸いにも現在の科学的手法は、昔の目を剥くような手法ほど残酷ではないが、わたしたちは今でも暗闇を手探りで歩き、間違いを犯している。右派の宗教的原理主義者の台頭により、科学を否定しようとする動きも起きている——科学こそ、真実を求めるために最も必要なのに。それでも間違いは科学の進歩の大事な一部分であって、わたしたちは誰しも新しい物事を理解するときには、柔軟な発想を忘れないようにしなければいけない。エゴや、教条主義的な信念が元になっているのでさえなければ、間違いを恐れる必要は一切ない。チャールズ・モートンと、月に移住した彼の鳥のように。

訳者あとがき

まったく、人間の想像力というものは…という話である。

葦の茎で腿を傷つけ、瀉血して体調管理に努めるカバ。みずから睾丸を噛みちぎって猟師に渡し、命乞いをするビーバー。イギリスの寒い冬を逃れ、月で越冬するコウノトリ。本書はリチャード・ドーキンスの薫陶を受けたイギリス人博物学者ルーシー・クックによる、動物と人間の長く複雑な歴史を追ったノンフィクションだが、その中身は今挙げたような「そんなカバな！」な逸話のオンパレードである。多くの逸話は科学知識が極端に限られた中世以前の産物とはいえ、ビーバーが集団で粛々とダムを建設し、仕事をサボる不届き者は「司令官」が懲罰を与えるといった、もはや事実の曲解とさえ呼べない作り話を、なぜあれほどまで大胆に開陳できたのか。著者自身も「あとがき」で触れているように、そこには世の中が精度を高め、わずかな間違いにも厳しい非難が殺到するようになる前の時代の、伸びやかで清々しいまでの想像（妄想）力が感じられる。小さく無力で、己の手の届く範囲で生きるしかない人間が、想像力を手がかりに世界をすっぽり頭の中に収めてしまう――動物王国という他者と出会ったときの、その反応にこそ、人間の本質があらわれているような気がする。

だが、感心してばかりはいられない。勝手に擬人化したり、断片的なエピソードを膨らませた、科学的根拠に立脚しない「どうぶつ物語」は数えきれないほどのデマを生み、多くの動物や人間の運命を狂わせてきた。幻の睾丸のせいで乱獲されたビーバーや、「コウモリの訪問を受ける独身女性は魔女」という言い伝えのせいで火あぶりの刑に処せられたバイヨンヌのレディ・ジャコームなどが、その例だ。二〇世紀に入っても、明らかに無理筋である「X線計画」ことコウモリ爆弾プロジェクトのせいで、アメリカの軍事基地が丸ごとひとつ灰になった。(この事件に関してはインターネットにも動画がアップされているので、興味のある方は是非検索いただきたい)。そして現代は、フェイクニュースの花盛りといわれる。誰かが頭の中で捏ねあげた物語が「事実」としてインターネットを席巻し、科学を堂々と否定する主張が政治家からも聞かれる時代だ。中世の動物寓話に優るとも劣らない、より残酷な「寓話の時代」が来ているといえなくもないのだ。

いっぽう科学の歴史の中には、誤解に満ちた動物の言い伝えを正そうと、早くからメスを手に立ち上がったラザロ・スパランツィーニのような科学者が大勢いる。彼らの実験のおかげで(それもまた妄想とサディズムをふんだんに含んだものだったとはいえ)、動物王国の本当の姿が垣間見られるようになり、自然界をより客観的に観察しようとする科学者たちが後に続いた。すると、出るわ出るわ、乱交するパンダ、クンニリングスするコウモリ、独身のオスをターゲットに売春するペンギン…。耳を疑うような動物の性生活の実態が明らかになったのだ。本書の邦題と、表紙で神秘的な笑みを浮かべるパンダの所以である。動物王国はおよそ、人間の価値観で善悪の判断を下せるようなしろものではないのである。他者を他者として受け入れ、ただし理解する努力は放棄しないこと。それこそ安易な解釈を許さない動物王国と長年向き合ってきた著者が、本書に込めたメッセージのひとつだろう。下ネタ満載、笑いがこぼれること必至の本ではあるのだが…。

最後にこの場をお借りして、ともすれば「ツバメのように」水底で冬眠モードに入りかける訳者にお付き合いくださった、青土社編集部の篠原一平さんと福島舞さんにお礼を申し上げたい。ありがとうございました。

小林玲子

二〇一八年一二月

図版出典

p. 2 The author holding a sloth. (Author's collection.)

p. 6 Bishop-like sea monster. Woodcut from '*Nomenclator Aquatilium Animantium. Icones Animalium Aquatilium* . . .' by Konrad von Gesner, Zurich, Switzerland, 1560. (Granger Historical Picture Archive/Alamy Stock Photo.)

p. 16 Eel. Watercolour illustration by Adriaen Coenen from his *Visboek*, Koninklijke Bibliotheek, Jacob Visser collection, f216r, 1577–81. (Koninklijke Bibliotheek, The Hague, The Netherlands.)

p. 21 'The Beetle in the act of Parturition. The Eel full developed'. Frontispiece to *The Origin of the Silver Eel, with Remarks on Bait & Fly Fishing*, by David Cairncross, London, 1862. (© British Library Board. All Rights Reserved/Bridgeman Images.)

p. 26 Page of drawings by Sigmund Freud from a letter to Eduard Silberstein reproduced in *The Letters of Sigmund Freud to Eduard Silberstein 1871–1881* edited by Walter Boehlich, translated by Arnold J. Pomerans, first published by the Belknap Press of Harvard University Press, Cambridge, Massachusetts, 1990. (By permission of The Marsh Agency Ltd on behalf of Sigmund Freud Copyrights.)

p. 40 Beavers voluntarily handing over their castor sacs to hunter so he will save their lives. Xylograph illustrating an old edition of Aesop's tales, J. Marius and J. Francus, 1685. *Castorologia*. (Augsburg, Germany: Koppmayer.)

p. 45 A beaver. Woodcut illustration from *The History of Four-footed Beasts and Serpents* . . . by Edward Topsell, printed by E. Cotes for G. Sawbridge, T. Williams and T. Johnson in London in 1658. (Special Col- lections, University of Houston Libraries. UH Digital Library.)

p. 54 Detail of 'The Beaver Map' *('L'Amerique, divisée selon Letendue de ses Principales parties, et dont les points principaux sont placez sur les observations de messieurs de l'Academie Royale des Sciences')* by Nicolas de Fer, 1698. (Image reproduced courtesy of Sanderus Maps: www.sanderusmaps.com.)

p. 60 Beaver squashed by the tree it was felling. (© Beate Strøm Johansen.)

p. 66 Drawing of the 'Periquito ligero' (sloth) from Part One of *La Historia natural y general de las Indias* by Gonzalo Fernández de Oviedo, RAH, Muñoz, A/34, Book 12, chapter 24. Signatura RAH 9/4786. (© Real Academia de la Historia. España.)

p. 73 Sloth crossing the road. (Scenic Shutterbug/Shutterstock.)

p. 77 Engraving of sloth by Johann Sebastian Leitner after George Edwards from *Verzameling van Uitlandsche en Zeldzaame Vogelen*, 1772– 1781 by George Edwards and Mark Catesby. (Image from the Biodiversity Heritage Library. Digitized by Missouri Botanical Garden, Peter H. Raven Library, www.biodiversitylibrary.org)

p. 82 William Beebe holding a sloth. (© Wildlife Conservation Society. Reproduced by permission of the WCS Archives.)

p. 91 Hyaena, called Papio or Dabah. Woodcut illustration from *The His- tory of Four-footed Beasts and Serpents* . . . by Edward Topsell, printed by E. Cotes for G. Sawbridge, T. Williams and T. Johnson in London in 1658. (Special Collections, University of Houston Libraries. UH Digital Library.)

p. 96 Spotted hyaena mating. (© NHPA/Photoshot.)

p. 99 Hyena devouring a corpse. Detail from *The Ashmole Bestiary*, England, early thirteenth century. MS Ashmole 1511, folio 17v. (The Bodleian Library, University of Oxford.)

p. 110 Turkey Vulture from *Birds of America* by John James

Audubon, 1827–38. (Natural History Museum, London, UK/ Bridgeman Images.)

p. 113 'A Nondescript' drawn by T. H. Foljambe, engraved on copper (with later tinting) by I. W. Lowry, being the frontispiece to Charles Waterton's *Wanderings in South America*, London, 1825. (Paul D. Stewart/Science Photo Library)

p. 120 German Alonso with Sherlock, a Turkey vulture. (JOHN MAC- DOUGALL/AFP/Getty Images.)

p. 137 'The Batte or Backe or Flittermouse'. Illustration of bats from *The Fowles of Heaven* by Edward Topsell, *c.*1613. E L 1142, folio 35 recto, Egerton Family Papers, The Huntington Library, San Marino, California. (The Huntington Library, San Marino, California.)

p. 139 Author holding bat. (Author's collection.)

p. 142 Illustration of bats flying around a leg of ham from *Hortus Sanitatis*, published by Jacob Meydenbach, Mainz, Germany, 1491. Cambridge University Library, Inc.3.A.1.8[37], folio 332r. (Reproduced by kind permission of the Syndics of Cambridge University Library.)

p. 160 Bat and incendiary device. (United States Army Air Forces.)

p. 166 *Telmatobius culeus*, Lake Titicaca, Bolivia. (Pete Oxford/ Nature Picture Library/Getty Images.)

p. 173 Spermatozoon. Homunculus. Woodcut from 'Essay de dioptrique' by Nicolaas Hartsoeker, Paris, 1694. (Wellcome Library, London.)

p. 175 Mating frogs by Hélène Dumoustier. Ms. 972, BCMHN. (© MNHN (Paris) – Direction des collections – Bibliothèque centrale.)

p. 178 Audrey Peattie working at the family-planning laboratory in Watford hospital. (Reproduced by kind permission of Jesse Olszynko-Gryn, a medical historian based at the University of Cambridge and funded by the Wellcome Trust.)

p. 189 Pfeilstorch. Lithograph by Friedrich Lenthe, 1822, Universitätsbibliothek, Rostock MK-865.55a. (Universitätsbibliothek, Rostock, Germany.)

p. 192 'The Goose tree, Barnacle tree, or the tree bearing geese'. Illustra- tion from *The herbal or, generall historie of plantes* by John Gerard, London, 1633. (Wellcome Library, London.)

p. 196 Fishing for swallows ('*De Hirundinibus ab aquis extractis*'). Illustration from *Historia de gentibus septentrionalibus* by Olaus Magnus, 1555.

p. 216 A hippopotamus, 'the inventor of Phlebotomy'. Illustration from *Il Ministro del medico trattato breve*, part 2 of *Il Chirurgo* by Tarduccio Salvi, Rome, 1642. (Wellcome Library, London.)

p. 219 Author with hippo. (Author's collection.)

p. 223 Hippopotamus. Engraving from *The Gentleman's Magazine*, published in December 1772. (Private Collection/Photo © Ken Welsh/ Bridgeman Images.)

p. 235 'The Elk falling down in an Epileptick fit being pursu'd by the Huntsmen' – from *A compleat history of druggs . . . The second edition* by Pierre Pomet, London, 1737. (© British Library Board. All Rights Reserved/Bridgeman Images.)

p. 240 'An Antelope'. Pen-and-ink drawing tinted with body colour and translucent washes on parchment from 'The Northumberland Bestiary', Ms. 100, folio 9, England, *c.*1250–1260. The J. Paul Getty Museum, Los Angeles. (Digital image courtesy of the Getty's Open Content Program.)

p. 242 Intoxicated moose, Gothenburg, Sweden, 6 September, 2011. (JAN WIRIDEN/GT/SCANPIX/TT News Agency/Press Association Images.)

p. 249 'Male Moose'. Broadside, printed by G. Forman, New York,

1778. (Courtesy, American Antiquarian Society.)

p. 257 Bear licking her cub into shape. Illustration from French bestiary, *c.*1450, The Hague, Museum Meermanno, 10 B 25, folio 11v. (Museum Meermanno, The Hague, The Netherlands.)

p. 262 London Zoo keeper Alan Kent feeding Chi-Chi the giant panda, 29 September 1959. (William Vanderson/Stringer/Hulton Archive/ Getty Images.)

p. 268 Staff of Chengdu Panda Breeding Base with 23 panda cubs born in 2016. Photograph dated 20 January 2017. (Barcroft Media/ Getty Images.)

p. 281 'One of the Earliest Maps of the Strait of Magellan'. Engraving after sixteenth-century Portuguese map, from *The Romance of the River Plate*, Vol. 1, by W. H. Koebel, 1914. (Private Collection/Bridgeman Images.)

p. 284 Comparative embryos of hog, calf, rabbit and man. Lithograph after Haeckel from *Anthropogenie, oder, Entwickelungsgeschichte des menschen* ... by Ernst Haeckel. Published by Wilhelm Englemann, Leipzig, 1874. (Wellcome Library, London.)

p. 292 Gay penguins at the Zoo in Bremerhaven, Germany, February 2006. (Ingo Wagner, Epa/REX/Shutterstock.)

p. 295 Adélie Penguin with stone for nesting material. (FLPA/REX/ Shutterstock.)

p. 307 'Anthropomorpha'. Engraving from *Amoenitates academicae, seu dissertationes variae physicae, medicae, botanicae* by Carl Von Linnaeus. Published by L. Salvius, Stockholm, 1763. (Wellcome Library, London.)

p. 311 Serge Abrahamovitch Voronoff and his assistant operating on an old dog, according to his method of rejuvenation by grafting. Front page of *Le Petit Journal Illustré*, 22 October 1922. (Photo by Leemage/ UIG via Getty Images.)

p. 318 Lucy the chimpanzee with hoover. (Photographs taken from *Lucy:Growing Up Human* by Maurice K. Temerlin, reproduced courtesy of Science & Behavior Books, Inc.)

参考文献

序文

Aldersey-Williams, Hugh, *The Adventures of Sir Thomas Browne in the Twenty-First Century* (London: Granta, 2015)

Clark, Anne, *Beasts and Bawdy* (London: Dent, 1975)

Curley, Michael J. (trans.), *Physiologus: A Medieval Book of Natural Lore* (Chicago: University of Chicago Press, 1979)

Raven, Charles E., *English Naturalists from Neckam to Ray: A Study of the Making of the Modern World* (Cambridge: Cambridge University Press, 2010)

White, T. H., *The Book of Beasts: Being a Translation from a Latin Bestiary of the Twelfth Century* (Madison, WI: Parallel Press, 2002; f.p. 1954)

第1章　ウナギ

Amilhat, Elsa, Kim Aarestrup, Elisabeth Faliex, Gaël Simon, Håkan Westerberg and David Righton, 'First Evidence of European Eels Exiting the Mediterranean Sea During Their Spawning Migration', *Nature Scientific Reports* 6.21817 (24 February 2016), https://www.nature.com/articles/srep21817

Aristotle, 'Historia Animalium', *The Works of Aristotle,* vol. 4, trans. by D'Arcy Wentworth Thompson (Oxford: Clarendon Press, 1910)（アリストテレス「動物誌」『アリストテレス全集』金子善彦、伊藤雅巳、金澤修、濱岡剛 訳、岩波書店、二〇一五年）

Cairncross, David, *The Origin of the Silver Eel: With Remarks on Bait and Fly Fishing* (London: G. Shield, 1862)

Fort, Tom, *The Book of Eels* (London: HarperCollins, 2002)

Goode, G. Brown, 'The Eel Question', *Transactions of the American Fisheries Society*, vol. 10 (New York: Johnson Reprint Corp., 1881), pp. 81-124

Grassi, G. B., 'The Reproduction and Metamorphosis of the Common Eel (*Anguilla vulgaris*)', *Reproduction and Metamorphosis of Fish* (1896), p. 371

Jacoby, Leopold, 'The Eel Question', in US Commission of Fish and Fisheries, *Report of the Commissioner for 1879* (Washington: US Government Printing Office, 1882), http://penbay.org/cof/COF_1879_IV.pdf

Magnus, Albert, *On Animals: A Medieval Summa Zoologica,* vol. 2, trans. by Kenneth F. Kitchell Jr and Irven Michael Resnick (Baltimore: John Hopkins University Press, 1999)

Marsh, M. C., 'Eels and the Eel Questions', *Popular Science Monthly* 61.25 (September 1902), pp. 426–33

Poulsen, Bo, *Global Marine Science and Carlsberg: The Golden Connections of Johannes Schmidt (1877–1933)* (Leiden: Brill, 2016)

Prosek, James, *Eels: An Exploration, from New Zealand to the Sargasso, of the World's Most Amazing and Mysterious Fish* (London: HarperCollins, 2010)

Righton, David, Kim Aarestrup, Don Jellyman, Phillipe Sébert, Guido van den Thillart and Katsumi Tsukamato, 'The *Anguilla* spp. Migration Problem: 40 Million Years of Evolution and Two Millennia of Speculation', *Journal of Fish Biology* 81.2 (July 2012), pp. 365–86, https://www.ncbi.nlm.nih.gov/pubmed/22803715

Schmidt, Johannes, 'The Breeding Places of the Eel', *Philosophical Transactions of the Royal Society of London, Series B* 211.385 (1922), pp.179-208

Schmidt, Johannes, 'Breeding Places and Migrations of the Eel',

Nature 111.2776 (13 January 1923), pp. 51-4

Schweid, Richard, *Consider the Eel: A Natural and Gastronomic History* (Chapel Hill: University of North Carolina Press, 2002)

Schweid, Richard, *Eel* (London: Reaktion, 2009)

Schweid, Richard, 'Slippery Business: Scientists Race to Understand the Reproductive Biology of Freshwater Eels', *Natural History* 118.9 (November 2009), pp. 28–33, http://www.naturalhistorymag.com/features/291856/slippery-business

Walton, Izaak, and Charles Cotton, *The Complete Angler: Or the Contemplative Man's Recreation*, ed. by John Major (London: D. Bogue, 1844)

第二章 ビーバー

Browne, Thomas, *Pseudodoxia Epidemica* (London: Edward Dodd, 1646)

Buffon, Georges-Louis Leclerc, Comte de, *History of Quadrupeds*, vol. 6, trans. by William Smellie (London: T. Cadell, 1812)

Campbell-Palmer, Róisín, Derek Gow and Robert Needham, *The Eurasian Beaver* (Exeter: Pelagic Publishing, 2015)

Clark, W. B., *A Medieval Book of Beasts: The Second-Family Bestiary: Commentary, Art, Text and Translation* (Suffolk: Boydell and Brewer, 2006)

Dolin, Eric Jay, *Fur, Fortune, and Empire: The Epic History of the Fur Trade in America* (New York: W. W. Norton, 2011)

Gerald of Wales, *The Itinerary of Archbishop Baldwin Through Wales*, vol. 2, ed. by Sir Richard Colt Hoare (London: William Miller, 1806)

Gould, James L., and Carol Grant Gould, *Animal Architects: Building and the Evolution of Intelligence* (New York: Basic Books, 2012)

Gould, Stephen Jay, *The Mismeasure of Man* (New York: W. W. Norton, 1996)（スティーヴン・J・グールド『人間の測りまちがい――差別の科学史』鈴木善次、森脇靖子訳、上下巻、河出文庫、二〇〇八年）

Griffin, Donald R., *Animal Minds: Beyond Cognition to Consciousness* (Chicago: University of Chicago Press, 2001)（ドナルド・R・グリフィン『動物の心』長野敬、宮木陽子訳、青土社、一九九五年）

McNamee, Gregory, *Aelian's on the Nature of Animals* (Dublin: Trinity University Press, 2011)

Martin, Horace Tassie, *Castorologia: Or, the History and Traditions of the Canadian Beaver* (London: E. Stanford, 1892)

Mortimer, C., 'The Anatomy of a Female Beaver, and an Account of Castor Found in Her', *Philosophical Transactions* 38 (1733), pp. 172–83, http://rstl.royalsocietypublishing.org/content/38/427-435/172

Müller-Schwarze, Dietland, *The Beaver: Its Life and Impact*, 2nd ed. (Ithaca, NY: Cornell University Press, 2011)

Müller-Schwarze, Dietland and Lixing Sun, *The Beaver: History of a Wetlands Engineer* (Ithaca, NY: Cornell University Press, 2003)

Nolet, Bart A., and Frank Rosell, 'Comeback of the Beaver *Castor fiber*: An Overview of Old and New Conservation Problems', *Biological Conservation* 83.2 (1998), pp. 165–73, http://hdl.handle.net/20.500.11755/6cc63738-2516-44f4-b31a-f4d686b4e249

Platt, Carolyn V., *Creatures of Change: An Album of Ohio Animals* (Kent, OH: Kent State University Press, 1998)

Poliquin, Rachel, *Beaver* (London: Reaktion, 2015)

Sax, Boria, *The Mythical Zoo: An Encyclopedia of Animals in World Myth, Legend, and Literature* (Santa Barbara, CA: ABC-Clio, 2001)

Sayre, Gordon, 'The Beaver as Native and a Colonist', *Canadian Review of Comparative Literature/Revue canadienne de littérature comparée*

22.3–4 (September and December 1995), pp. 659–82

Simon, Matt, 'Fantastically Wrong: Why People Used to Think Beavers Bit Off Their Own Testicles', wired.com, 2014.

Tasca, Cecilia, Mariangela Rapetti, Mauro Giovanni Carta and Bianca Fadda, 'Women and Hysteria in the History of Mental Health', *Clinical Practice and Epidemiology in Mental Health* 8 (October 2012), pp. 110–19, https://www.ncbi.nlm.nih.gov/pmc/articles/PMC3480686

Wilsson, Lars, *Observations and Experiments on the Ethology of the European Beaver (*Castor Fiber L.*): A Study in the Development of Phylogenetically Adapted Behaviour in a Highly Specialized Mammal* (Uppsala: Almqvist & Wiksell, 1971)

第三章　ナマケモノ

Beebe, William, 'Three-Toed Sloth', *Zoologica*, 7.1 (25 March 1926)

Buffon, Georges-Louis Leclerc, Comte de, *Natural History, General and Particular*, vol. 9, ed. by William Wood, (London: T. Cadell, 1749)

Choi, Charles Q., 'Freak of Nature: Sloth Has Rib-Cage Bones in Its Neck', *LiveScience*, 21 October 2010, https://www.livescience.com/10178-freak-nature-sloth-rib-cage-bones-neck.html

Cliffe, Rebecca N., Judy A. Avey-Arroyo, Francisco J. Arroyo, Mark D. Holton and Rory P. Wilson, 'Mitigating the Squash Effect: Sloths Breathe Easily Upside Down', *Biology Letters* 10.4 (April 2014), http://rsbl.royalsocietypublishing.org/content/10/4/20140172

Cliffe, Rebecca N., Ryan J. Haupt, Judy A. Avey-Arroyo and Rory P. Wilson, 'Sloths Like It Hot: Ambient Temperature Modulates Food Intake in Brown-Throated Sloth (*Bradypus variegatus*)', *PeerJ* 3 (2 April 2015), p. e875, https://www.ncbi.nlm.nih.gov/pubmed/25861559

Conniff, Richard, *Every Creeping Thing: True Tales of Faintly Repulsive Wildlife* (New York: Henry Holt, 1999)（リチャード・コニフ『ちょっと気持ち悪い動物とのつきあい方』長野敬、赤松眞紀 訳、青土社、二〇〇〇年）

Eisenberg, John F., and Richard W. Thorington Jr, 'A Preliminary Analysis of a Neotropical Mammal Fauna', *Biotropica* 5.3 (1973), pp. 150–61

Goffart, Michael, *Function and Form in the Sloth* (Oxford: Pergamon Press, 1971)

Gould, Carol Grant, *The Remarkable Life of William Beebe: Naturalist and Explorer* (Washington, DC: Island Press: 2004)

Gould, Stephen Jay, *Leonardo's Mountain of Clams and the Diet of Worms* (Belknap Press, 2011)（スティーヴン・J・グールド『ダ・ヴィンチの二枚貝――進化論と人文科学のはざまで』渡辺政隆訳、上下巻、早川書房、二〇〇二年）

Horne, Genevieve, 'Sloth Fur Has a Symbiotic Relationship with Green Algae', *Biomed Central* blog, 14 April 2010, https://blogs.biomedcentral.com/on-biology/2010/04/14/sloth-fur-has-symbiotic-relationship-with- green-algae [accessed 28 May 2017]

Montgomery, G. Gene, and M. E. Sunquist, 'Habitat Selection and Use by Two-Toed and Three-Toed Sloths', in *The Ecology of Arboreal Folivores* (Washington, DC: Smithsonian Institute, 1978), pp. 329–59

Oviedo y Valdés, Gonzalo Fernández de, *The Natural History of the West Indies* ed. by Sterling A. Stoudemire (Chapel Hill: University of North Carolina Press, 1959), pp. 54–5

Pauli, Jonathan N., Jorge E. Mendoza, Shawn A. Steffan, Cayelan C. Carey, Paul J. Weimar and M. Zachariah Peery, 'A Syndrome of Mutualism Reinforces the Lifestyle of a Sloth', *Proceedings of the Royal Society B* 281.1778 (7 March 2014), http://dx.doi.org/10.1098/rspb.2013.3006

Rattenborg, Niels C., Bryson Voirin, Alexei L. Vyssotski, Roland W.

Kays, Kamiel Spoelstra, Franz Kuemmeth, Wolfgang Heidrich and Martin Wikelski, 'Sleeping Outside the Box: Electroencephalographic Measures of Sleep in Sloths Inhabiting a Rainforest', *Biology Letters* 4.4 (23 August 2008), pp. 402–5, http://rsbl.royalsocietypublishing.org/content/4/4/402

Voirin, Bryson, Roland Kays, Martin Wikelski and Margaret Lowman, 'Why Do Sloths Poop on the Ground?', in Margaret Lowman, T. Levy and Soubadra Ganesh (eds), *Treetops at Risk* (New York: Springer, 2013), pp. 195–9

第四章　ハイエナ

Aristotle, *On the Parts of Animals*, trans. by W. Ogle (London: Kegan Paul, Trench, 1882)（アリストテレス「動物の諸部分について」濱岡剛訳『アリストテレス全集』岩波書店、二〇一六年）

Baynes-Rock, Markus, *Among the Bone Eaters: Encounters with Hyenas in Harar* (State College: Pennsylvania State University Press, 2015)

Benson-Amram, Sarah, and Kay E. Holekamp, 'Innovative Problem Solving by Wild Spotted Hyenas', *Proceedings of the Royal Society B* 279.1744 (October 2012), pp. 4087–95, https://www.ncbi.nlm.nih.gov/pmc/articles/PMC 3427591

Benson-Amram, Sarah, Virginia K. Heinen, Sean L. Dryer and Kay E. Holekamp, 'Numerical Assessment and Individual Call Discrimination by Wild Spotted Hyaenas, *Crocuta crocuta*', *Animal Behaviour* 82.4 (October 2011), pp. 743–52, https://doi.org/10.1016/j.anbehav.2011.07.004

Brottman, Mikita, *Hyena* (London: Reaktion, 2013)

Cunha, Gerald R., Yuzhuo Wang, Ned J. Place, Wenhui Liu, Larry Baskin and Stephen E. Glickman, 'Urogenital System of the Spotted Hyena (*Crocuta crocuta Erxleben*): A Functional Histological Study', *Journal of Morphology* 256.2 (May 2003), pp. 205–18, http://onlinelibrary.wiley.com/doi/10.1002/jmor.10085/full

Drea, Christine M., Mary L. Weldele, Nancy G. Forger, Elizabeth M. Coscia, Laurence G. Frank, Paul Licht and Stephen E. Glickman, 'Androgens and Masculinization of Genitalia in the Spotted Hyaena (*Crocuta crocuta*) 2: Effects of Prenatal Anti-Androgens', *Journal of Reproduction and Fertility* 113.1 (May 1998), pp. 117–27, https://www.ncbi.nlm.nih.gov/pubmed/9713384

Drea, Christine M., and Allisa N. Carter, 'Cooperative Problem Solving in a Social Carnivore', *Animal Behaviour* 78.4 (October 2009), pp. 967– 77, http://dx.doi.org/10.1016/j.anbehav.2009.06.030

Frank, Laurence G., Stephen E. Glickman and Irene Powch, 'Sexual Dimorphism in the Spotted Hyaena (*Crocuta crocuta*)', *Journal of Zoology* 221.2 (1990), pp. 308–13, http://onlinelibrary.wiley.com/doi/10.1111/j.1469-7998.1990.tb04001.x/full

Frank, Laurence G., 'Evolution of Genital Masculinization: Why do Female Hyaenas have such a Large "Penis"?', *Trends in Ecology & Evolution* 12.2 (February 1997), pp. 58–62, https://www.ncbi.nlm.nih.gov/pubmed/21237973

Glickman, Stephen E., 'The Spotted Hyena from Aristotle to *The Lion King*: Reputation Is Everything', *Social Research* 62.3 (Fall 1995), pp. 501–37

Glickman, Stephen E., Gerald R. Cunha, Christine M. Drea, Al J. Conley and Ned J. Place, 'Mammalian Sexual Differentiation: Lessons from the Spotted Hyena', *Trends in Endocrinology & Metabolism* 17.9 (November 2006), pp. 349–56, https://www.ncbi.nlm.nih.gov/pubmed/17010637

Gould, Stephen Jay, *Hen's Teeth and Horse's Toes: Further Reflections in Natural History* (New York: W. W. Norton, 1984)（スティーヴン・

J・グールド『ニワトリの歯――進化論の新地平』渡辺政隆、三中信宏訳、上下巻、ハヤカワ文庫、一九九七年）

Holekamp, Kay E., Sharleem Sakai and Barbara Lundrigan, 'Social Intelligence in the Spotted Hyena (*Crocuta crocuta*)', *Philosophical Transactions of the Royal Society of London B* 362.1480 (29 April 2007), pp. 523–38, https://www.ncbi.nlm.nih.gov/pmc/articles/PMC2346515

Hyena Specialist Group, www.hyaenas.org

Kemper, Steve, 'Who's Laughing Now?', *Smithsonian Magazine*, May 2008.

Kruuk, Hans, *The Spotted Hyena: A Study of Predation and Social Behaviour* (Chicago: University of Chicago Press, 1972)

Nicholls, Henry, 'The Truth About Spotted Hyenas', BBC Earth, 28 October 2014, http://www.bbc.co.uk/earth/story/20141028-the-truth-about-spotted-hyenas

Racey, Paul A., and Jennifer D. Skinner, 'Endocrine Aspects of Sexual Mimicry in Spotted Hyaenas *Crocuta crocuta*', *Journal of Zoology* 187.3 (March 1979), pp. 315–26, http://onlinelibrary.wiley.com/doi/10.1111/j.1469-7998.1979.tb03372.x/full

Sakai, Sharon, Bradley M. Arsznov, Barbara Lundrigan and Kay E. Holekamp, 'Brain Size and Social Complexity: A Computed Tomography Study in Hyaenidae', *Brain, Behavior and Evolution* 77.2 (2011), pp. 91– 104, https://www.ncbi.nlm.nih.gov/pubmed/21335942

Sax, Boria, *The Mythical Zoo: Animals in Life, Legend and Literature* (The Overlook Press, 2013)

Smith, Jennifer E., Joseph M. Kolowski, Katharine E. Graham, Stephanie E. Dawes and Kay E. Holekamp, 'Social and Ecological Determinants of Fission–Fusion Dynamics in the Spotted Hyaena', *Animal Behaviour* 76.3 (September 2008), pp. 619–36, https://doi.org/10.1016/j. anbehav.2008.05.001

Szykman, Micaela, Russell C. Van Horn, Anne L. Engh, Erin E. Boydston and Kay E. Holekamp, 'Courtship and Mating in Free-Living Spotted Hyenas', *Behaviour* 144.7 (July 2007), pp. 815–46, http://www.jstor.org/stable/4536481

Watson, Morrison, 'On the Female Generative Organs of Hyaena *Crocuta*', *Proceedings of the Zoological Society of London* 24 (1877), pp. 369–79

Zimmer, Carl, 'Sociable and Smart', *New York Times*, 4 March 2008

第五章　ハゲワシ

Audubon, John James, 'An Account of the Habits of the Turkey Buzzard (*Vultur aura*) Particularly with the View of Exploding the Opinion Generally Entertained of Its Extraordinary Power of Smelling', *Edinburgh New Philosophical Journal* 2 (Edinburgh: Adam Black, 1826)

Beck, Herbert H., 'The Occult Senses in Birds', *The Auk* 37 (1920), pp. 55–9

Birkhead, Tim, *Bird Sense: What It's Like to Be a Bird* (London: Bloomsbury, 2012)（ティム・バークヘッド『鳥たちの驚異的な感覚世界』沼尻由起子訳、河出書房新社、二〇一三年）

Blackburn, Julia, *Charles Waterton, 1782–1865: Traveller and Conservationist* (London: Vintage, 1989)

Buffon, Georges-Louis Leclerc, Comte de, *The Natural History of Quadrupeds by the Count of Buffon; Translated from the French. With an Account of the Life of the Author* (Edinburgh: Thomas Nelson and Peter Brown, 1830).

Darlington, P. J., 'Notes on the Senses of Vultures', *The Auk* 47.2 (1930), pp. 251–2

Dooren, Thom van, *Vulture* (London: Reaktion, 2011)

Dooren, Thom van, 'Vultures and Their People in India: Equity and

Entanglement in a Time of Extinctions', *Australian Humanities Review* 50 (May 2011), pp. 130–46, http://www.australianhumanitiesreview.org/archive/Issue-May-2011/vandooren.html

Gurney, J. H., 'On the Sense of Smell Possessed by Birds', *Ibis* 4.2 (April 1922)

Henderson, Carrol L., *Birds in Flight: The Art and Science of How Birds Fly* (Minneapolis: Voyageur Press, 2008)

Houston, David C., 'Scavenging Efficiency of Turkey Vultures in Tropical Forest', *Condor* 88.3 (1986), pp. 318–23, https://sora.unm.edu/sites/default/files/journals/condor/v088n03/p0318-p0323.pdf

Jackson, Andrew L., Graeme D. Ruxton and David C. Houston, 'The Effect of Social Facilitation on Foraging Success in Vultures: A Modelling', *Biology Letters* 4.3 (23 June 2008), p. 311, http://rsbl.royalsocietypublishing.org/content/4/3/311

Kendall, Corinne J., Munir Z. Virani, J. Grant C. Hopcraft, Keith L. Bildstein and Daniel I. Rubenstein, 'African Vultures Don't Follow Migratory Herds: Scavenger Habitat Use Is Not Mediated by Prey Abundance', *PLoS One* 9.1 (8 January 2014), https://doi.org/10.1371/journal.pone.0083470

Markandya, Anil, Tim Taylor, Alberto Longo, M. N. Murty, Sucheta Murty and Kishore Kumar Dhavala, 'Counting the Cost of Vulture Decline: An Appraisal of the Human Health and Other Benefits of Vultures in India', *Ecological Economics* 67.2 (September 2008), pp. 194–204, http://dx.doi.org/10.1016/j.ecolecon.2008.04.020

Martin, Graham R., Steven J. Portugal and Campbell P. Murn, 'Visual Fields, Foraging and Collision Vulnerability in *Gyps* Vultures', *Ibis* 154.3 (July 2012), pp. 626–31, http://onlinelibrary.wiley.com/doi/10.1111/j.1474-919X.2012.01227.x/abstract

Rabenold, Patricia Parker, 'Recruitment to Food in Black Vultures: Evidence for Following from Communal Roosts', *Animal Behaviour* 35.6 (December 1987), pp. 1775–85, http://www.sciencedirect.com/science/article/pii/S0003347287800702

Smith, Steven A., and Richard A. Paselk, 'Olfactory Sensitivity of the Turkey Vulture (*Cathartes aura*) to Three Carrion-Associated Odorants', *The Auk* 103.3 (July 1986), pp. 586–92, http://mambobob-raptorsnest.blogspot.co.uk/2008/02/olfactory-capabilities-in-t-rex-and.html

Stager, Kenneth E., 'The Role of Olfaction in Food Location by the Turkey Vulture (*Cathartes aura*)', PhD thesis, University of Southern California (2014), https://nhm.org/site/sites/default/files/pdf/contrib_science/C S 81.pdf

'Vultures', Vulture Conservation Foundation website, http://www.4vul-tures.org/vultures

Waddell, Gene (ed.), *John Bachman: Selected Writings on Science, Race, and Religion* (Athens: University of Georgia Press, 2011)

Ward, Jennifer, Dominic J. McCafferty, David C. Houston and Graeme D. Ruxton, 'Why Do Vultures have Bald Heads? The Role of Postural Adjustment and Bare Skin Areas in Thermoregulation', *Journal of Thermal Biology* 33.3 (April 2008), pp. 168–73, https://www.researchgate.net/publication/223457788

Waterton, Charles, *Essays on Natural History* (London: Frederick Warne, 1871)

Wilkinson, Benjamin Joel (dir.), *Carrion Dreams 2.0: A Chronicle of the Human–Vulture Relationship* (Abominationalist Productions, 2012)

第六章　コウモリ

Allen, Glover M., *Bats: Biology, Behavior, and Folklore* (Mineola, NY: Dover Publications, 2004)

Boyles, Justin G., Paul M. Cryan, Gary F. McCracken and Thomas

H. Kunz, 'Economic Importance of Bats in Agriculture', *Science* 332.6025 (1 April 2011), pp. 41–2, http://science.sciencemag.org/content/332/6025/41

Carter, Gerald G., and Gerald S. Wilkinson, 'Food Sharing in Vampire Bats: Reciprocal Help Predicts Donations More than Relatedness or Harassment', *Proceedings of the Royal Society B* 280.1753 (22 February 2013), pp. 1–6, https://www.ncbi.nlm.nih.gov/pmc/articles/PMC3574350

Chivers, Charlotte, 'Why Isn't Everyone "Batty" About Bats?', One Poll, 19 May 2015, http://www.onepoll.com/why-isnt-everyone-batty-about-bats

Dijkgraaf, Sven, 'Spallanzani's Unpublished Experiments on the Sensory Basis of Object Perception in Bats', *Isis* 51.1 (1960), pp. 9–20

Ditmars, Raymond, 'The Vampire Bat: A Presentation of Undescribed Habits and Review of its History', *Zoologica*, vol. XIX, no.2, 1935

Dodd, Kevin, *Blood Suckers Most Cruel: The Vampire and the Bat in and before Dracula* (Kevin Dodd, Visiting Scholar, Vanderbilt University)

Galambos, Robert, 'The Avoidance of Obstacles by Flying Bats: Spallanzani's Ideas (1794) and Later Theories', *Isis* 34.2 (1942), pp. 132–40

Greenhall, Arthur, *Natural History of Vampire Bats* (CRC Press, 1988)

Griffin, Donald R., *Listening in the Dark: The Acoustic Orientation of Batsand Men* (New Haven, CT: Yale University Press, 1958)

Gröger, Udo, and Lutz Wiegrebe, 'Classification of Human Breathing Sounds by the Common Vampire Bat, *Desmodus rotundus*', *BMC Biology* 4.1 (16 June 2006), https://bmcbiol.biomedcentral.com/articles/10.1186/1741-7007-4-18

McCracken, Gary F., 'Bats and Vampires', *Bat Conservation International* 11.3 (Fall 1993), http://www.batcon.org/resources/media-education/bats-magazine/bat_article/603

McCracken, Gary F., 'Bats in Belfries and Other Places', *Bat Conservation International* 10.4 (Winter 1992), http://www.batcon.org/resources/media-education/bats-magazine

McCracken, Gary F. 'Bats in Magic, Potions, and Medicinal Preparation', *Bat Conservation International* 10.3 (Fall 1992), http://www.batcon.org/resources/media-education/bats-magazine/bat_article/546

Müller, Briggite, Martin Glösmann, Leo Peichl, Gabriel C. Knop, Cornelia Hagemann and Josef Ammermüller, 'Bat Eyes Have Ultraviolet-Sensitive Cone Photoreceptors', *PLoS One* 4.7 (28 July 2009), p. e6390, https://doi.org/10.1371/journal.pone.0006390

Pitnick, Scott, Kate E. Jones and Gerald S. Wilkinson, 'Mating System and Brain Size in Bats', *Proceedings of the Royal Society of London B* 273.1587 (22 March 2006), pp. 719–24

Riskin, Daniel K., and John W. Hermanson, 'Biomechanics: Independent Evolution of Running in Vampire Bats', *Nature* 434 (17 March 2005), p. 292, https://www.nature.com/nature/journal/v434/n7031/full/434292a.html

Schutt, Bill, *Dark Banquet: Blood and the Curious Lives of Blood-Feeding Creatures* (Broadway Books, 2009)

Schutt, William A., J. Scott Altenbach, Young Hui Chang, Dennis M. Cullinane, John W. Hermanson, Farouk Muradali and John E. A. Bertram, 'The Dynamics of Flight-Initiating Jumps in the Common Vampire Bat *Desmodus rotundus*', *Journal of Experimental Biology* 200.23 (1997), pp. 3003–12, http://jeb.biologists.org/content/200/23/3003

Surlykke, Annemarie, and Elisabeth K. V. Kalko, 'Echolocating Bats Cry Out Loud to Detect Their Prey', *PLoS One* 3.4 (30 April 2008), https://doi.org/10.1371/journal.pone.0002036

Tan, Min, Gareth Jones, Guangjian Zhu, Jianping Ye, Tiyu Hong, Shanyi Zhou, Shuyi Zhang and Libiao Zhang, 'Fellatio by Fruit Bats Prolongs Copulation Time', *PLoS One*, 4.10 (28 October 2009) https://doi.org/10.1371/journal.pone.0007595

Wilkinson, Gerald S., 'Social Grooming in the Common Vampire Bat, *Desmodus rotundus*', *Animal Behaviour* 34.6 (1986), pp. 1880–89

Wilson, E. O., and Stephen R. Kellert (eds), *The Biophilia Hypothesis* (Washington, DC: Island Press, 1993)

第十章　カエル

Berger, Lee, Richard Speare, Peter Daszak, D. Earl Green, Andrew A. Cunningham, C. Louise Goggin, Ron Slocombe, Mark A. Ragan, Alex D. Hyatt, Keith R. McDonald, Harry B. Hines, Karen R. Lips, Gerry Marantelli and Helen Parkes, 'Chytridiomycosis Causes Amphibian Mortality Associated with Population Declines in the Rain Forests of Australia and Central America', *Proceedings of the National Academy of Sciences USA* 95.15 (21 July 1998), pp. 9031–6, http://www. pnas.org/content/95/15/9031.full

Bondeson, Jan, *The Feejee Mermaid: And Other Essays in Natural and Unnatural History* (Ithaca, NY: Cornell University Press, 1999)

Cobb, Matthew, *The Egg and Sperm Race: the Seventeenth-Century Scientists Who Unravelled the Secrets of Sex, Life, and Growth* (London: Simon & Schuster, 2007)

Collins, James P., Martha L. Crump and Thomas E. Lovejoy III, *Extinction in Our Times: Global Amphibian Decline* (Oxford: Oxford University Press, 2009)

Cousteau, Jacques (dir.), 'Legend of Lake Titicaca', *The Undersea World of Jacques Cousteau* (Metromedia Productions, 1969)

Daston, Lorraine, and Elizabeth Lunbeck, *Histories of Scientific Observation* (Chicago: University of Chicago Press, 2011)

Gurdon, John B., and Nick Hopwood, 'The Introduction of *Xenopus Laevis* into Developmental Biology: of Empire, Pregnancy Testing and Ribosomal Genes', *International Journal of Developmental Biology* 44.1 (2003), pp. 43–50, http://www.ijdb.ehu.es/web/paper.php?doi=10761846

Hogben, Lancelot Thomas, *Lancelot Hogben, Scientific Humanist: An Unauthorised Autobiography* (London: Merlin Press, 1998)

Lips, Karen R., Forrest Brem, Roberto Brenes, John D. Reeve, Ross A. Alford, Jamie Voyles, Cynthia Carey, Lauren Livo, Allan P. Pessier and James P. Collins, 'Emerging Infectious Disease and the Loss of Biodiversity in a Neotropical Amphibian Community', *Proceedings of the National Academy of Sciences USA* 103.9 (28 February 2006), pp.3165–70, http://www.pnas.org/content/103/9/3165

McCartney, Eugene S., 'Spontaneous Generation and Kindred Notions in Antiquity', *Transactions and Proceedings of the American Philological Association* 51 (1920), pp. 101–15, http://www.jstor.org/stable/282874

Olszynko-Gryn, Jesse, 'Pregnancy Testing in Britain, c. 1900–67: Laboratories, Animals and Demand from Doctors, Patients and Consumers', PhD thesis, University of Cambridge (2015)

Oxford, Pete, and Renée Bish, 'In the Land of Giant Frogs: Scientists Strive to Keep the World's Largest Aquatic Frog Off a Growing Global List of Fleeting Amphibians', 1 October 2003, https://www.nwf.org/News-and-Magazines/National-Wildlife/Animals/Archives/2003/In-the-Land-of-Giant-Frogs.aspx

Piper, Ross and Mike Shanahan, *Extraordinary Animals: An Encyclopedia of Curious and Unusual Animals* (Westport, CT: Greenwood, 2007)

Redi, Francesco, *Experiments on the Generation of Insects* (Chicago: Open Court Publishing Company, 1909)

Skerratt, Lee Francis, Lee Berger, Richard Speare, Scott Cashins, Keith R. McDonald, Andrea D. Phillott, Harry B. Hines and Nicole Kenyon, 'Spread of Chytridiomycosis Has Caused the Rapid Global Decline and Extinction of Frogs', *EcoHealth* 4 (2007), pp. 125–34, https://link.springer.com/article/10.1007%2Fs10393-007-0093-5

Sleigh, Charlotte, *Frog* (London: Reaktion, 2012)

Soto-Azat, Claudio, Barry T. Clarke, John C. Poynton, Matthew Charles Fisher, S. F. Walker and Andrew A. Cunningham, 'Non-Invasive Sampling Methods for the Detection of *Batrachochytrium dendrobatidis* in Archived Amphibians', *Diseases of Aquatic Organisms* 84.2 (6 April 2009), pp. 163–6, https://www.ncbi.nlm.nih.gov/pubmed/19476287

Soto-Azat, Claudio, Andés Valenzuela Sánchez, Ben Collen, J. Marcus Rowcliffe, Alberto Veloso and Andrew A. Cunningham, 'The Population Decline and Extinction of Darwin's Frogs', *PLoS One* 8.6 (12 June 2013), p. e66957, https://www.ncbi.nlm.nih.gov/pmc/articles/PMC3680453

Soto-Azat, Claudio, Alexandra Peñafiel-Ricaurte, Stephen J. Price, Nicole Sallaberry-Pincheira, María Pía García, Mario Alvarado-Rybak and Andrew A. Cunningham, '*Xenopus laevis* and Emerging Amphibian Pathogens in Chile', *EcoHealth* 13.4 (December 2016), pp. 775–83, https://link.springer.com/article/10.1007/s10393-016-1186-9

Terrall, Mary, 'Frogs on the Mantelpiece: The Practice of Observation in Daily Life', in Lorraine Daston and Elizabeth Lunbeck (eds), *Histories of Scientific Observation* (Chicago: University of Chicago Press, 2011)

van Sittert, Lance, and G. John Measey, 'Historical Perspectives on Global Exports and Research of African Clawed Frogs (*Xenopus laevis*)', *Transactions of the Royal Society of South Africa* 71.2 (2016), pp. 157–66, http:// www.tandfonline.com/doi/abs/10.1080/0035919X.2016.1158747.

Waller, John, *Leaps in the Dark: The Making of Scientific Reputations* (Oxford: Oxford University Press, 2004)

第八章　コウノトリ

Aldersey-Williams, Hugh, *The Adventures of Sir Thomas Browne in the Twenty-First Century* (London: Granta, 2015)

Aristotle, *History of Animals in Ten Books*, vols. 8–9, trans. by Richard Cresswell (London: George Bell, 1878)

Arnott, Geoffrey, *Birds in the Ancient World from A to Z* (Routledge, 2012) Barrington, Daines, *Miscellanies* (London: Nichols, 1781)

Beattie, James, et al., *Eco-Cultural Networks of the British Empire* (Bloomsbury, 2014)

Birkhead, Tim, *Bird Sense: What It's Like to Be a Bird* (London: Bloomsbury, 2011)（ティム・バークヘッド『鳥たちの驚異的な感覚世界』沼尻由起子訳、河出書房新社、二〇一三年）

Birkhead, Tim, Jo Wimpenny and Bob Montgomerie, *Ten Thousand Birds: Ornithology Since Darwin* (Princeton, NJ: Princeton University Press, 2014)

Birkhead, Tim, *The Wisdom of Birds: An Illustrated History of Ornithology* (London: Bloomsbury, 2008)

Bont, Raf de, *Stations in the Field: A History of Place-Based Animal Research, 1870–1930* (Chicago: University of Chicago Press, 2015)

Buffon, Georges-Louis Leclerc, Comte de, *The Book of Birds: Edited and Abridged from the Text of Buffon* (London: R. Tyas, 1841)

Cocker, Mark, and David Tipling, *Birds and People* (London: Jonathan Cape, 2013)

Cuvier, Georges, *The Animal Kingdom*, ed. by H. M'Murtrie (New

York:Carvill, 1831)

Gerald of Wales, *Topographia Hibernica*, quoted in Patrick Armstrong, *The English Parson-Naturalist: A Companionship Between Science and Religion* (Leominster: Gracewing Publishing, 2000)

'Guide to North American Birds: Common Poorwill (*Phalaenoptilus nuttallii*)', National Audubon Society, http://www.audubon.org/field-guide/bird/common-poorwill

Harrison, C. J. O., 'Pleistocene and Prehistoric Birds of South-west Brit- ain', *Proceedings of the University of Bristol Spelaeological Society* 18.1 (1987), pp. 81–104, http://www.ubss.org.uk/resources/proceedings/vol18/UBS S_Proc_18_1_81-104.pdf

Haverschmidt, F., *The Life of the White Stork* (Leiden: Brill Archive, 1949) Kinzelbach, Ragnar K., *Das Buch Vom Pfeilstorch* (Berlin: Basilisken-Presse, 2005)

Lewis, Andrew J., *A Democracy of Facts: Natural History in the Early Republic* (Philadelphia: University of Pennsylvania Press, 2011)

McCarthy, Michael J., *Say Goodbye to the Cuckoo* (London: John Murray, 2010)

McNamee, Gregory, *Aelian's on the Nature of Animals* (Dublin: Trinity University Press, 2011)

Park, Thomas (ed.), *The Harleian Miscellany: A Collection of Scarce, Curious, and Entertaining Pamphlets and Tracts*, vol. 5 (London: White and Murray, 1810)

Rennie, James, *Natural History of Birds: Their Architecture, Habits, and Faculties* (London: Harper, 1859)

Rickard, Bob, and John Michell, *The Rough Guide to Unexplained Phenomena* (London: Penguin, 2010)

Simon, Matt, 'Fantastically Wrong: The Scientist Who Thought That Birds Migrate to the Moon', *Wired*, 22 October 2014, https://www.wired.com/2014/10/fantastically-wrong-scientist-thought-birds-migrate-moon

Tate, Peter, *Flights of Fancy: Birds in Myth, Legend and Superstition* (London: Random House, 2007)

Turner, Angela, *Swallow* (London: Reaktion, 1994)

Vaughan, Richard, *Wings and Rings: A History of Bird Migration Studies in Europe* (Penryn: Isabelline Books, 2009)

Wilcove, David S., and Martin Wikelski, 'Going, Going, Gone: Is Animal Migration Disappearing', *PLoS Biology* 6.7 (29 July 2008), http://journals.plos.org/plosbiology/article?id=10.1371/journal.pbio.0060188

Wilkins, John, *The Discovery of a World in the Moone* (London: Sparke and Forrest, 1638)

Witsen, Nicholaas, Emily O'Gorman and Edward Mellilo (eds), *Beattie's Eco-Cultural Networks and the British Empire: New Views on Environmental History* (London: Bloomsbury, 2016)

第九章　カバ

Barklow, William E., 'Amphibious Communication with Sound in Hip- pos, *Hippopotamus amphibius*', *Animal Behaviour* 68.5 (2004), pp. 1125–32, doi:10.1016/j.anbehav.2003.10.034

Bostock, John, and Henry T. Riley (eds), *The Natural History of Pliny* (London: Henry G. Bohn, 1855)

Dawkins, Richard, *The Ancestor's Tale: A Pilgrimage to the Dawn of Life* (London: Weidenfeld & Nicolson, 2010)（リチャード・ドーキンス『祖先の物語――ドーキンスの生命史』、上下巻、垂水雄二訳、小学館、二〇〇六年）

Gatesy, John, 'More DNA Support for a Cetacea/Hippopotamidae

Clade: The Blood-Clotting Protein Gene Gamma-Fibrinogen', *Molecular Biology and Evolution* 14.5 (May 1997), pp. 537–43, https://www. ncbi. nlm.nih.gov/pubmed/9159931

Grice, Gordon, *Book of Deadly Animals* (London: Penguin, 2012)

Kremer, William, 'Pablo Escobar's Hippos: A Growing Problem', BBC News, 26 June 2014, http://www.bbc.com/news/magazine-27905743

Lihoreau, Fabrice, Jean-Renaud Boisserie, Frederick Kyalo Manthi and Stéphane Ducrocq, 'Hippos Stem from the Longest Sequence of Terrestrial Cetartiodactyl Evolution in Africa', *Nature Communications* 6.6264 (24 February 2015), https://www.nature.com/articles/ncomms7264

Saikawa, Yoko, Kimiko Hashimoto, Masaya Nakata, Masato Yoshihara, Kiyoshi Nagai, Motoyasu Ida and Teruyuki Komiya, 'Pigment Chemistry: The Red Sweat of the Hippopotamus', *Nature* 429 (27 May 2004), p. 363, https://www.nature.com/nature/journal/v429/n6990/full/429363a.html

Sax, Boria, *The Mythical Zoo: An Encyclopedia of Animals in World Myth, Legend, and Literature* (Santa Barbara, CA: ABC-Clio, 2001)

Thewissen, J. G. M. 'Hans', *The Walking Whales: From Land to Water in Eight Million Years* (Berkeley: University of California Press, 2014)（J・G・M・シューウィセン『歩行するクジラ――800万年で陸上から水中へ』松本忠夫 訳、東海大学出版部、二〇一八年）

Thompson, Ken, *Where Do Camels Belong?: The Story and Science of Invasive Species* (London: Profile, 2014)（ケン・トムソン『外来種のウソ・ホントを科学する』屋代通子 訳、築地書館、二〇一七年）

第十章　ヘラジカ

Ceaser, James W., *Reconstructing America: The Symbol of America in Modern Thought* (London: Yale University Press, 2000)（ジェームズ・W・シーザー『反米の系譜学――近代思想の中のアメリカ』村田晃嗣、伊藤豊、長谷川一年、竹島博之 訳、MINERVA人文・社会科学叢書、二〇一〇年）

Dudley, Theodore Robert, *The Drunken Monkey: Why We Drink and Abuse Alcohol* (Berkeley: University of California Press, 2014)

Dugatkin, Lee Alan, *Mr Jefferson and the Giant Moose: Natural History in Early America* (Chicago: University of Chicago Press, 2009)

Ford, Paul (ed.), *The Works of Thomas Jefferson; Correspondence and Papers, 1816–1826*, vol. 7 (New York: Cosimo Books, 2009)

Griggs, Walter S., and Frances P. Griggs, *A Moose's History of North America* (Richmond, VA: Brandylane Publishers, 2009)

Jackson, Kevin, *Moose* (London: Reaktion, 2008)

Jefferson, Thomas, *Notes on the State of Virginia* (Boston, MA: H. Sprague, 1802)

Merrill, Samuel, *The Moose Book: Facts and Stories from Northern Forests* (New York: Dutton, 1920)

Mooallem, Jon, *Wild Ones*: A *Sometimes Dismaying, Weirdly Reassuring Story About Looking at People Looking at Animals in America* (London: Penguin Books, 2014)

Morris, Steve, David Humphreys and Dan Reynolds, 'Myth, Marula, and Elephant: An Assessment of Voluntary Ethanol Intoxication of the African Elephant (*Loxodonta africana*) Following Feeding on the Fruit of the Marula Tree (*Sclerocarya birrea*)', *Physiological and Biochemical Zoology* 79.2 (March/April 2006), pp. 363–9, http://www.jour-nals.uchicago.edu/doi/abs/10.1086/499983

Mosley, Adam, *Bearing the Heavens: Tycho Brahe and the Astronomical*

Community of the Late Sixteenth Century (Cambridge: Cambridge University Press, 2007)

Siegel, Ronald K., and Mark Brodie, 'Alcohol Self-Administration by Elephants', *Bulletin of the Psychonomic Society* 22.1 (July 1984), https://link.springer.com/article/10.3758/BF03333758

Siegel, Ronald K., *Intoxication: the Universal Drive for Mind-Altering Substances* (Park Street Press, 1989).

第十一章　パンダ

Becker, Elizabeth, *Overbooked: The Exploding Business of Travel and Tourism* (New York: Simon & Schuster, 2016)

Buckingham, Kathleen C., Jonathan Neil, William David and Paul R. Jepson, 'Diplomats and Refugees: Panda Diplomacy, Soft "Cuddly" Power, and the New Trajectory in Panda Conservation', *Environmental Practice* 15.3 (2013), pp. 262–70, https://www.researchgate.net/publication/255981642.

Christiansen, Per, and Stephen Wroe, 'Bite Forces and Evolutionary Adaptations to Feeding Ecology in Carnivores', *Ecology* 88.2 (February 2007), pp. 347–58, https://www.jstor.org/stable/27651108

Conniff, Richard, *The Species Seekers: Heroes, Fools, and the Mad Pursuit of Life on Earth* (New York: W. W. Norton, 2010)（リチャード・コニフ『新種発見に挑んだ冒険者たち——地球生命の驚異に魅せられた博物学の時代』長野敬、赤松眞紀訳、青土社、二〇一二年）

Cooke, Lucy, 'The Power of Cute', BBC Radio4, http://www.bbc.co.uk/programmes/p03w3sxn

Croke, Vicky, *The Lady and the Panda: The True Adventures of the First American Explorer to Bring Back China's Most Exotic Animal* (New York: Random House, 2006)

Davis, D. Dwight, *The Giant Panda: A Morphological Study of Evolutionary Mechanisms* (Chicago: Natural History Museum, 1964)

Ellis, Susie, Anju Zhang, Hemin Zhang, Jinguo Zhang, Zhihe Zhang, Mabel Lam, Mark Edwards, JoGayle Howard, Donald Janssen, Eric Miller and David Wildt, 'Biomedical Survey of Captive Giant Pandas: A Catalyst for Conservation Partnerships in China', in Donald Lind- burg and Karen Baragona (eds), *Giant Pandas: Biology and Conservation* (Berkeley: University of California Press, 2004), pp. 250–63, http://www.jstor.org/stable/10.1525/j.ctt1ppskn

'Giant Panda Feeding on Carrion', BBC Natural History Unit, http://www.arkive.org/giant-panda/ailuropoda-melanoleuca/video-08b.html [accessed 7 July 2017]

Graham-Jones, Oliver, *Zoo Doctor* (Fontana Books, 1973)

Hagey, Lee R. and Edith A. MacDonald, 'Chemical Composition of Giant Panda Scent and Its Use in Communication', in Donald Lindburg and Karen Baragona (eds), *Giant Pandas: Biology and Conservation* (Berkeley: University of California Press, 2004), pp. 121–4.

Hartig, Falk, 'Panda Diplomacy: The Cutest Part of China's Public Diplomacy', *Hague Journal of Diplomacy* 8.1 (2013), pp. 49–78, https://eprints.qut.edu.au/59568

Hull, Vanessa, Jindong Zhang, Shiqiang Zhou, Jinuyan Huang, Rengui Li, Dian Liu, Weihua Xu, Yan Huang, Zhiyun Ouyang, Hemin Zhang and Jianguo Liu, 'Space Use by Endangered Giant Pandas', *Journal of Mammalogy* 96.1 (2015), pp. 230–36, https://doi.org/10.1093/jmammal/gyu031

Lindburg, Donald, and K. Baragona (eds), *Giant Pandas: Biology and Conservation* (Berkeley: University of California Press, 2004)

Morris, Ramona, and Desmond Morris, *Men and Pandas* (London: Hutchinson, 1966)

Nicholls, Henry, *Lonesome George: The Life and Loves of a Conservation Icon* (New York: Palgrave, 2007)（ヘンリー・ニコルズ『ひとりぼっちのジョージ――最後のガラパゴスゾウガメからの伝言』佐藤桂訳、早川書房、二〇〇七年）

Nicholls, Henry, *Way of the Panda: The Curious History of China's Political Animal* (London: Profile, 2011)（ヘンリー・ニコルズ『パンダが来た道――人と歩んだ150年』遠藤秀紀監修、池村千秋訳、白水社、二〇一四年）

Ringmar, Erik, 'Audience for a Giraffe: European Exceptionalism and the Quest for the Exotic', *Journal of World History* 17.4 (December 2006), pp. 375–97

Schaller, George, *The Last Panda* (Chicago: University of Chicago Press, 1994)（ジョージ・B・シャラー『ラスト・パンダ――中国の竹林に消えゆく野生動物』武者圭子訳、早川書房、一九九六年）

Schaller, George, Hu Jinchu, Pan Wenshi and Zhu Jing, *The Giant Pandas of Wolong* (Chicago: University of Chicago Press, 1985)（ジョージ・B・シャラー、胡錦矗、潘文石、朱靖『野生のパンダ』熊田清子訳、どうぶつ社、一九八九年）

White, Angela M., Ronald R. Swaisgood, Hemin Zhang, 'The Highs and Lows of Chemical Communication in Giant Pandas (*Ailuropoda melanoleuca*): Effect of Scent Deposition Height on Signal Discrimination', *Behavioural Ecology Sociobiology* 51.6 (May 2002), pp. 519–29

Zhang, Peixun, Tianbing Wang, Jian Xiong, Feng Xue, Hailin Xu, Jian- hai Chen, Dianying Zhang, Zhongguo Fu and Baoguo Jiang, 'Three Cases of Giant Panda Attaching on Human at Beijing Zoo', *Interna- tional Journal of Clinical and Experimental Medicine* 7.11 (2014), pp. 4515–18, https://www.ncbi.nlm.nih.gov/pmc/articles/PMC4276236

Zhao, Shancen, Pingping Zheng, Shanshan Dong, Xiangjiang Zhan, Qi Wu, Xiaosen Guo, Yibo Hu, Weiming He, Shanning Zhang, Wei Fan, Lifeng Zhu, Dong Li, Xuemei Zhang, Quan Chen, Hemin Zhang, Zhihe Zhang, Xuelin Jin, Jinguo Zhang, Huanming Yang, Jian Wang, Jun Wang and Fuwen Wei, 'Whole-Genome Sequencing of Giant Pandas Provides Insights into Demographic History and Local Adaptation', *Nature Genetics* 45.1 (January 2013), pp. 67–71, http://www.nature.com/ng/journal/v45/n1/full/ng.2494.html

第十二章　ペンギン

Bagemihl, Bruce, *Biological Exuberance: Animal Homosexuality and Natural Diversity* (New York: St Martin's Press, 1999)

Bried, Joël, Frédéric Jiguet and Pierre Jouventin, 'Why Do *Aptenodytes* Penguins Have High Divorce Rates?', *The Auk* 116.2 (1999), pp. 504–12, https://sora.unm.edu/sites/default/files/journals/auk/v116n02/p0504-p0512.pdf

Cherry-Garrard, Apsley, *The Worst Journey in the World: Antarctic, 1910-1913*, vol. 2 (New York: George H. Doran, 1922)（チェリー・ガラード『世界最悪の旅：スコット南極探検隊』加納一郎訳、中公文庫、二〇〇二年）

Clayton, William, 'An Account of Falkland Islands', *Philosophical Transactions of the Royal Society of London* 66 (1 January 1776), pp. 99–108, http://rstl.royalsocietypublishing.org/content/66/99.full.pdf+html

Davis, Lloyd S., and Martin Renner, *The Penguins* (London: Bloomsbury, 2010)

Davis, Lloyd S., Fiona M. Hunter, Robert G. Harcourt and Sue Michelsen Heath, 'Short Communication: Reciprocal Homosexual Mounting, Adélie Penguins *Pygoscelis adeliae*', *Emu* 98.2 (2001), pp.

136–7, http://www.publish.csiro.au/mu/MU98015

Fuller, Errol, *The Great Auk: The Extinction of the Original Penguin* (Piermont, NH: Bunker Hill Publishing, 2003)

Gurney, Alan, *Below the Convergence: Voyages Toward Antarctica, 1699– 1839* (New York: W. W. Norton, 2007)

Haeckel, Ernst, *The Riddle of the Universe at the Close of the Nineteenth Century* (New York: Harper, 1905)

Hunter, Fiona M., and Lloyd S. Davis, 'Female Adélie Penguins Acquire Nest Material from Extrapair Males After Engaging, Extrapair Copulations', *The Auk* 115.2 (April 1998), pp. 526–8, http://www.jstor.org/stable/4089218

Jacquet, Luc, and Bonne Pioche (dirs), *March of the Penguins* (National Geographic Films, 2005)

Larson, E. J., *An Empire of Ice: Scott, Shackleton, and the Heroic Age of Antarctic Science* (London: Yale University Press, 2011)

Martin, Stephen, *Penguin* (London: Reaktion, 2009)

Narborough, John, Abel Tasman, John Wood and Friderich Martens, *An Account of Several Late Voyages and Discoveries to the South and North* (Cambridge: Cambridge University Press, 2014; f.p. 1711)

Roy, Tui de, Mark Jones and Julie Cornthwaite, *Penguins: The Ultimate Guide* (Princeton, NJ: Princeton University Press, 2014)

Russell, Douglas G. D., William J. L. Sladen and David G. Ainley, 'Dr George Murray Levick (1876–1956): Unpublished Notes on the Sexual Habits of the Adélie Penguin', *Polar Record* 48.4 (October 2012), pp. 387–93, https://doi.org/10.1017/S0032247412000216

Wheeler, Sara, *Cherry: A Life of Apsley Cherry-Garrard* (London: Vintage, 2007)

Williams, T. D., 'Mate Fidelity, Penguins', *Oxford Ornithology Series* 6.1, pp. 268–85

Wilson, Edward A., and T. G. Taylor, *With Scott: The Silver Lining* (New York: Dodd, Mead and Company, 1916)

Wilson, Edward A., *Report on the Mammals and Birds, National Antarctic Expedition 1901–1904*, vol. 2 (London: Aves, 1907)

第十三章　チンパンジー

Bedford, J. M., 'Sperm/Egg Interaction: The Specificity of Human Spermatozoa', *Anatomical Record*, 188 (1977), pp. 477–87. doi:10.1002/ar.1091880407

Buffon, Georges-Louis Leclerc, Comte de, *History of Quadrupeds*, vol. 3 (Edinburgh: Thomas Nelson, 1830)

Cohen, Jon, 'Almost Chimpanzee: Redrawing the Lines that Separate Us from Them' (London: St Martin's Press, 2002)

Crockford, Catherine, Roman M. Wittig, Roger Mundry and Klaus Zuberbühler, 'Wild Chimpanzees Inform Ignorant Group Members of Danger', *Current Biology* 22.2 (24 January 2012), pp. 142–6, https://www.ncbi.nlm.nih.gov/pubmed/22209531

Cuperschmid, E. M. and T. P. R. D. Campos, 'Dr. Voronoff's Curious Glandular Xeno-Implants', *História, Ciências, Saúde-Manguinhos* 14.3 (2007), pp. 737–60

de Waal, Frans, and Jennifer J. Pokorny, 'Faces and Behinds: Chimpanzee Sex Perception', *Advanced Science Letters* 1.1 (June 2008), pp. 99– 103, https://doi.org/10.1166/asl.2008.006

Gould, Stephen Jay, *Leonardo's Mountain of Clams and the Diet of Worms* (Cambridge, MA: Harvard University Press, 2011)（スティーヴン・J・グールド『ダ・ヴィンチの二枚貝――進化論と人文科学のはざまで』渡辺政隆訳、上下巻、早川書房、二〇〇二年）

Gross, Charles, 'Hippocampus Minor and Man's Place in Nature: A

Case Study in the Social Construction of Neuroanatomy', *Hippocampus* 3.4 (1993), pp. 403–16

Hawks, John, 'How Strong Is a Chimpanzee, Really?', *Slate*, http://www.slate.com/articles/health_and_science/science/2009/02/how_strong_is_a_chimpanzee.html

Hobaiter, Cat, and Richard W. Byrne, 'The Meanings of Chimpanzee Gestures', *Current Biology* 24.14 (21 July 2014), pp. 1596–600, https://www.ncbi.nlm.nih.gov/pubmed/24998524

Hockings, Kimberley J., Nicola Bryson-Morrison, Susana Carvalho, Michiko Fujisawa, Tatyana Humle, William C. McGrew, Miho Nakamura, Gaku Ohashi, Yumi Yamanashi, Gen Yamakoshi and Tetsuro Matsuzawa, 'Tools to Tipple: Ethanol Ingestion by Wild Chimpanzees Using Leaf-Sponges', *Royal Society: Open Science* 2.6 (9 June 2015), http://rsos.royalsocietypublishing.org/content/2/6/150150

IUCN, 'Four Out of Six Great Apes One Step Away from Extinction – IUCN Red List', 2016, https://www.iucn.org/news/species/201609/four-out-six-great-apes-one-step-away-extinction-%E2%80%93-iucn-red-list [accessed 6 May 2017]

Janson, H. W., *Apes and Ape Lore in the Middle Ages and the Renaissance* (London: Warburg Institute, 1952)

Kahlenberg, Sonya M., and Richard W. Wrangham, 'Sex Differences in Chimpanzees' Use of Sticks as Play Objects Resemble Those of Children', *Current Biology* 20.24 (21 December 2010), pp. R1067–8, http:// dx.doi.org/10.1016/j.cub.2010.11.024

Kühl, Hjalmar S., Ammie S. Kalan, Mimi Arandjelovic, Floris Aubert, et al., 'Chimpanzee Accumulative Stone Throwing', *Scientific Reports* 6 (29 February 2016), https://www.nature.com/articles/srep22219

Lucas, J. R., 'Wilberforce and Huxley: A Legendary Encounter', *Historical Journal* 22.2 (1979)

Marks, Jonathan, *What It Means to Be 98% Chimpanzee: Apes, People, and Their Genes* (Berkeley: University of California Press, 2002) (ジョナサン・マークス『98%チンパンジー――分子人類学から見た現代遺伝学』長野敬、赤松眞紀訳、青土社、二〇〇四年)

Owen, Richard, 'On the Characters, Principles of Division, and Primary Groups of the Class Mammalia', *Journal of the Proceedings of the Linnean Society I: Zoology* (London: Longman, 1857)

Pain, Stephanie, 'Blasts from the Past: The Soviet Ape-Man Scandal', *New Scientist*, 2008, https://www.newscientist.com/article/mg19926701-000-blasts-from-the-past-the-soviet-ape-man-scandal [accessed 5 May 2017]

Patterson, Nick, Daniel J. Richter, Sante Gnerre, Eric S. Lander and David Reich, 'Genetic Evidence for Complex Speciation of Humans and Chimpanzees', *Nature* 441 (29 June 2006), pp. 1103–8, https:// www.nature.com/nature/journal/v441/n7097/full/nature04789.html

Pliny the Elder, *The Natural History*, trans. by H. Rackham (London: William Heinemann, 1940)

Pruetz, Jill D., Paco Bertolani, Kelly Boyer Ontl, Stacy Lindshield, Mack Shelley and Erin G. Wessling, 'New Evidence on the Tool-Assisted Hunting Exhibited by Chimpanzees (*Pan troglodytes verus*) in a Savannah Habitat at Fongoli, Sénégal', *Royal Society: Open Science* 2.4 (15 April 2015), http://rsos.royalsocietypublishing.org/content/2/4/140507

Rossiianov, Kirill, 'Beyond Species: Il'ya Ivanov and His Experiments on Cross-Breeding Humans with Anthropoid Apes', *Science in Context* 15.2 (2002), pp. 277–316, https://www.cambridge.org/core/journals/science-in-context/article/div-classtitlebeyond-species-ilya-ivanov-and-his- experiments-on-cross-breeding-humans-with-anthropoid-apesdiv/D3E0E117E953A0038D63984A D 92F4B80

Sax, Boria, *The Mythical Zoo: An Encyclopedia of Animals in World*

Myth, Legend, and Literature (Santa Barbara, CA: ABC-Clio, 2001)

Schwartz, Jeffrey H., *Orang-utan Biology* (Oxford: Oxford University Press, 1988)

Sorenson, John, *Ape* (Reaktion, 2009)

Temerlin, Maurice K., *Lucy: Growing Up Human – A Chimpanzee Daughter in a Psychotherapist's Family* (Palo Alto, CA: Science & Behavior Books, 1975)

Topsell, Edward, *The History of Four-Footed Beasts and Serpents and Insects,* vol. 1 (New York: DaCapo, 1967; f.p. 1658)

Yerkes, Robert, and Ada Yerkes, *The Great Apes: A Study of Anthropoid Life* (New Haven, CT: Yale University Press, 1929)

Zimmer, Carl, 'Searching for Your Inner Chimp', *Natural History*, December 2002–January 2003, http://www.carlzimmer.com/articles/PDF/02.ChimpDNA.pdf

終わりに

de Waal, Frans, http://www.npr.org/2014/08/15/338936897/do-animals-have-morals

Mills, Brett, 'The Animals Went in Two by Two: Heteronormativity in Television Wildlife Documentaries', *European Journal of Cultural Studies* 16(1), pp. 100–114. © The Author(s) 2012, reprints and permission: sagepub.co.uk/journalsPermissions.nav DOI: 10.1177/1367549412 457477

子どもには聞かせられない
動物のひみつ

著　者　ルーシー・クック
訳　者　小林玲子

2019年 1 月10日　第一刷発行
2020年 4 月10日　第二刷発行

発行者　清水一人
発行所　青土社

〒101-0051　東京都千代田区神田神保町1-29　市瀬ビル
［電話］03-3291-9831（編集）　03-3294-7829（営業）
［振替］00190-7-192955

印刷・製本　ディグ
装丁　松田行正

ISBN978-4-7917-7131-8　Printed in Japan

索引

か行

さ行

た行

な行

は行

ま行

や行

ら行

わ行